普通高等教育“十三五”规划教材

机械制造工艺及装备设计案例

杨丙乾 主编　贾新杰 副主编

化学工业出版社
·北京·

内容提要

《机械制造工艺及装备设计案例》共分四章：第 1 章是概论；第 2 章介绍了机械加工工艺规程及专用机床夹具设计实例；第 3 章介绍了典型零件加工工艺过程及典型工艺装备；第 4 章提供了训练题目零件图。

本书以某发动机润滑机油泵支架零件为项目课题，阐述其机械加工工艺规程设计和工序专用机床夹具设计的全过程，以期培养学生对项目课题设计过程的全貌及细节的学习和掌握。

本书还提供了具有典型代表性的某发动机零件——连杆、曲轴和缸体的大批量生产机械加工工艺过程安排和切削用量选用情况，以及其工艺过程中所用典型机床夹具、辅具和检验夹具的图例及分析说明，以供设计、研究和学习参考。

本书可作为高等院校机械工程及自动化、机械设计制造及自动化、机械电子工程等机械类和近机类专业的实践教学用书，也可作为机械设计、机械加工人员的培训用书，对从事机械设计、制造和研究的工程技术人员也有一定的参考价值。

图书在版编目（CIP）数据

机械制造工艺及装备设计案例/杨丙乾主编. —北京：化学工业出版社，2020.8
普通高等教育“十三五”规划教材
ISBN 978-7-122-36760-0

Ⅰ.①机… Ⅱ.①杨… Ⅲ.①机械制造工艺-高等学校-教材②机械制造-工艺装备-高等学校-教材 Ⅳ.①TH16

中国版本图书馆 CIP 数据核字（2020）第 078460 号

责任编辑：高　钰　　　　文字编辑：陈　喆
责任校对：王　静　　　　装帧设计：刘丽华

出版发行：化学工业出版社（北京市东城区青年湖南街 13 号　邮政编码 100011）
印　　装：三河市延风印装有限公司
787mm×1092mm　1/16　印张 15¼　字数 380 千字　2020 年 9 月北京第 1 版第 1 次印刷

购书咨询：010-64518888　　售后服务：010-64518899
网　　址：http://www.cip.com.cn
凡购买本书，如有缺损质量问题，本社销售中心负责调换。

定　　价：58.00 元

前言

为顺应新工科教学改革和教学培养计划，编者根据多年的教学、科研及生产实践经验，组织编写了本书。

本书立足于培养机械设计与制造的创新工程师，使其能够应用自然之理进行机械工程的创新设计。创新型工程师需要有扎实的理论基础、创新的设计理念、卓越的设计能力，能够将设想通过设计、制造变为现实。因此，培养应用型、创新型人才，除培养学生扎实的理论基础外，还要重点培养创新的设计理念和设计能力。设计理念和设计能力的培养，需要对大量前人已有设计进行分析和研究，根据设计功能去分析研究其解决办法和设计根本，并能从中发现存在的问题、提出改进方法。

本书围绕机械工程的设计和制造两大主题，主要阐述零件机械加工的工艺规程和工艺装备（主要是机床夹具）的设计过程及方法。本书参照实际工程项目的组织和实施过程，基于项目式教学的理念进行编写，并对章节内容尽量简化处理，对查阅手册的数据不列表提供，只提供数据的出处。

全书工艺设计查表数据主要依据赵如福主编，2006 年由上海科学技术出版社出版的《金属机械加工工艺人员手册》（简称《工艺》）。夹具设计依据：吴拓主编，2010 年由化学工业出版社出版的《简明机床夹具设计手册》，简称《简明夹具》；王光斗、王春福主编，2000 年由上海科学技术出版社出版的《机床夹具设计手册》，简称《夹具》。

全书共分四章：第 1 章主要介绍项目设计的意义、要求、路径及前期准备，提出设计任务书；第 2 章详述实例零件的工艺规程和夹具设计全过程；第 3 章展示大批量制造某发动机典型零件——连杆、曲轴和缸体的工艺过程安排、切削用量选用及典型工艺装备应用的说明和分析；第 4 章提供了工艺规程和夹具设计的训练零件图。

本书的内容已制作成用于多媒体教学的 PPT 课件，并将免费提供给采用本书作为教材的院校使用。如有需要，请发电子邮件至 cipedu@163.com 获取，或登录 www.cipedu.com.cn 免费下载。

本书可作为高等院校的机械类或近机类专业的教学用书，配合机械制造工艺及装备课程设计，以培养学生的机械加工工艺规程和专用机床夹具设计能力，也可作为生产实习的参考用书，以及作为广大自学者及工程技术人员的自学和培训用书，对从事机械工程设计、制造和研究的科技人员也有一定的参考价值。

本书第 1 章由河南科技大学杨丙乾和张壮雅编写；第 2 章由河南科技大学杨丙乾和华北水利水电大学金向杰编写；第 3 章的 3.1 节由河南科技大学杨丙乾编写，第 3 章的 3.2 节由河南科技大学杨丙乾和陈立海编写，第 3 章的3.3节由河南科技大学杨丙乾和贾新杰编写；第4章由河南科技大学杨丙乾和洛阳理工学院王雅红编写。河南科技大学许惠丽、姬爱玲老师参与了本书编写的前期筹备和准备工作。

本书由杨丙乾担任主编，贾新杰担任副主编，全书由杨丙乾统稿。

在本书编写过程中得到了相关老师和部门的大力支持，在此一并表示感谢。

本书编写中参阅了同行专家学者、院校和企业的教材、资料和文献，在此谨致谢意。限于编者水平，本书难免存在遗漏及不足之处，敬请读者批评指正。

编　者

2020年3月

目录

第1章 概论 / 1

第2章 机械加工工艺规程及专用机床夹具设计实例 / 28

第1章 概论

1.1 设计的意义

新工科教学改革提出了创新型应用人才的培养目标，实践教学环节是培养创新型应用人才的重要环节。“机械制造工艺及装备课程设计”是在学完“机械制造技术基础”和“机械制造装备设计”课程，并通过到企业体验完成生产实习后安排的重要实践教学环节，它要求学生针对一个具体零件，自己动手完成其机械加工工艺规程制订，以及专用机床夹具的结构设计。该设计的目的和意义在于以下几点。

① 检验和培养学生对已学知识的综合应用能力。针对复杂工程问题，解决问题需要有系统性思维，需要多学科知识的综合运用。例如：一个简单结构的零件设计，需要根据其功用考虑其精度设计的经济性，结构及工艺的可行性，视图表达的完整与清晰性，材料、毛坯与热处理的匹配性，使用的安全与持久性，后期维护的方便性等。所以本次课程设计，可以全面检验学生对已学课程知识的掌握程度，并培养他们对已学课程知识的综合应用能力。

② 培养工艺规程设计能力。“设计是基础、材料是关键、工艺是保证”，道出了设计、材料和工艺对产品质量的影响；“好的设计师必须首先是一个好的工艺师”，更是强调了工艺的重要性。零件加工工艺规程就是零件加工工艺过程的法律，作为“立法者”，必须熟练掌握立法的依据、目的、方法和过程。针对一个具体零件加工，如何选用材料和毛坯、如何安排其加工工艺过程、如何选择设备和工艺装备、如何确定工序加工要求、如何确定切削用量、如何计算工序时间定额，这些问题都需要逐次思考和解决。

③ 培养结构设计能力。企业在制造产品前，需要做大量的生产准备工作，其中设计、制造非标准的刀具、夹具、量具、辅具等就属于准备工作的一部分，所以从事机械制造的技术人员必须具备一定的结构设计能力。专用机床夹具是具有一定系统性理论的非标准装置，通过专用机床夹具设计，可以培养学生利用系统性理论设计机械结构的能力。学生需要根据零件的工序加工要求，考虑工艺系统的布局、夹具的组成与布置，然后再依据所学理论对定位方案、夹紧方案、对刀引导装置、其他装置、夹具体、与机床的连接逐次进行设计。

④ 培养独立分析解决问题的能力。实践环节是培养学生独立分析解决问题的重要环节。在设计中，教师作为指路人和引导者，可以启发学生的创新思维能力，使学生充分发挥自己的想象力，根据已学知识去应对设计中遇到的各种问题，独立分析和解决这些问题。

⑤ 培养获取知识的能力。复杂工程技术问题，在书本中找不到现成的解决方案，甚至有些问题牵涉到的知识，在课堂上从没学过，这就需要引导学生到网络上、图书馆和企业等进行自学。通过这一过程培养学生的自学和终身学习能力，为他们走向工作岗位、独立解决

问题奠定能力基础。

⑥ 培养各种资料的运用能力。在工程设计中，需要借助各种资料，如国家和行业标准、技术手册、图册、法律法规等。有时查找的各种数据可能还会交互影响，需要运用多种手段对数据进行比对、验算、甄别。因此，通过这次课程设计，可以培养学生初步运用各种资料的能力。

⑦ 培养技术报告的组织、表述和撰写能力。在完成零件加工工艺规程和机床夹具设计后，学生需要采用定性和定量相结合，从技术、经济、法律法规、人文社会等多角度、全方位，论证所设计内容的合理性；需要学生对项目课题所涉及的内容进行组织排序，层次分明、逐次展开地进行分析和说明，说明书要内容全面、计算正确、有理有据、条理清晰、语言简练、表达准确、图文并茂、遥相呼应。这是对学生技术报告撰写能力的一次仿真训练和提升。

⑧ 培养团结协作精神。工程项目一般都是系统性工程，往往需要多人共同完成，有时甚至需要多学科、跨部门、跨地域的联合，这就需要有团队协作精神。本次课程设计是按任务零件分组，一个零件一般需要多道工序加工才能完成，每个人完成不同工序的机床夹具设计。但工艺规程设计部分需要团队讨论和协作，共同制订出比较合理的工艺规程，在讨论中也可相互学习，共同提高。

总之，通过这次课程设计，学生能够对已学的基础理论和专业知识进行一次综合应用训练，逐步培养机械加工工艺规程制订和专用机床夹具设计能力，为随后的毕业设计进行一次预演和准备，也为以后所从事的机械工程工作打下基础。

1.2 设计要求

1.2.1 设计任务要求

本次课程设计根据任务零件划分设计小组，先由小组同学协作完成：零件图熟悉与分析；毛坯确定；零件加工工艺过程的方案讨论和确定，编制出零件加工的工艺规程。在工艺规程编制完成后，对夹具设计进行分工，每个学生完成指定工序的专用机床夹具设计，并撰写设计说明书。最后，每个学生必须提交的设计成果文档如下：

① 任务零件毛坯图（或毛坯零件综合图）一张；

② 工艺规程一本；

③ 夹具装配图一张；

④ 夹具体零件图一张；

⑤ 设计说明书一本。

1.2.2 进度计划要求

机械制造工艺及装备课程设计的计划学时一般为 3 周。为保证能够按计划完成设计任务，学生必须严格按照指导教师规定的时间节点，按时完成相应阶段的规定任务。对有特殊情况影响设计进度的学生，在设计计划学时内，由学生自己想办法解决。对不能在设计计划学时内完成全部设计任务的，依照学校相关规定处理。

课程设计的计划进度安排（参考）如下：

确定毛坯、绘制毛坯零件综合图　　（2 天）
机械加工工艺规程编制　　（5 天）
夹具装配图设计　　（5 天）
夹具体零件图测绘　　（1 天）
撰写说明书　　（1 天）
答辩　　（1 天）

1.2.3　设计纪律要求

实践教学环节有其特殊性，如果因故影响课程设计导致成绩不及格，无法像课程考试一样进行补做，只有随下一年级进行补做。为切实保证课程设计保质、保量按时完成，根据学校相关文件特制订设计纪律如下。

① 在规定时间内，学生必须在指定教室进行课程设计，否则按相应的旷课、迟到和早退处理。

② 设计期间，原则上不允许请假。如果必须请假，按照学校相关规定办理。

③ 因请假影响设计进度者，自己想办法解决。请假超出 3 天者，取消课程设计资格。

④ 因故不能按计划完成全部设计任务者，按不及格处理。

⑤ 杜绝抄袭、代做、替做、买卖等现象，非自己完成的设计文档，一经发现查实按考试作弊处理。

1.3　设计的方法和过程

1.3.1　机械加工工艺规程制订

（1）调研

调研阶段的任务就是对项目课题进行相关的资料收集，并进行全方位的研究和分析，以便制定出科学、合理的工艺方案。

调研阶段需要收集、分析的内容：待加工零件的用途和作用、结构、大小、精度、工作环境与受力情况、材料与热处理要求等基本情况；生产批量要求；毛坯情况；国内外同类零件的加工技术现状和发展趋势；企业的现状和条件；相关的技术标准和规范；相关的国家法律法规等。重点要审查图纸表达的完整性和正确性，零件结构工艺的可行性，设计精度的合理性等内容。

（2）确定毛坯

根据对零件情况的了解，需要逐次确定毛坯的如下情况。

① 确定毛坯的类型。常用的毛坯类型有铸件、锻件、焊接件、型材、组合件、粉末冶

金等。确定毛坯的类型时，主要考虑的因素有零件的受力情况、结构形状、尺寸大小、零件材料的工艺性等。

② 确定毛坯的精度。毛坯的精度主要与生产批量有关，一般批量越大，对毛坯的精度要求就越高。

③ 选择毛坯的制造方法。例如铸件，是采用金属型造型，还是木模造型；是采用砂型铸造，还是采用熔模铸造；是采用普通铸造，还是采用压力、旋转等特殊铸造。

④ 选择分型面与冒口位置。冒口位置选择除考虑铸造工艺性外，应尽量避免设置在粗基准定位面上，在粗基准定位面上也应尽量避免出现结构斜度。

⑤ 确定毛坯的余量。根据零件尺寸大小、毛坯精度等级、毛坯的结构特点、毛坯制造时的放置方位，分别确定各加工表面的毛坯余量大小及毛坯尺寸公差和偏差。

⑥ 绘制毛坯图。用网格线表示出余量大小，绘制出毛坯图。

(3) 拟订工艺路线

拟订机械加工工艺路线需要综合考虑各加工面的加工工艺方案、定位基准的选择与转换情况、加工阶段划分情况、工序加工内容的组合情况。辅助工序安排，需要对辅助工序的用途和目的加以分析，进行相应的安排。零件加工工艺路线拟订应按照下列步骤依次进行。

① 确定各加工表面的加工方案。通过对零件的全面分析和研究，分别确定出零件各加工面的加工工艺方案，主要包括加工方法和加工次数。确定加工方法时，需要考虑零件的结构特点、零件的加工质量要求、生产批量大小、零件材料性能、热处理状况、加工面尺寸大小等因素。表面加工次数的多少主要受加工精度高低的影响。

② 确定各加工表面的定位基准。对加工面的定位基准进行追踪分析，如图 1-1 所示。某零件有加工面 A、B、C、D，对其定位基准进行追踪分析，最终形成 A、B 加工面的相互循环，或追踪到非加工面 E，则定位基准的选用与转换也就可以确定：先以 A、B 面互为基准加工对方，再以 A、E 面定位加工 C 面，最后以 A、C 面定位加工 D 面。

$$D \rightarrow \begin{cases} A \rightarrow B \rightarrow A \\ C \rightarrow \begin{cases} A \\ E\ (\text{非加工面}) \end{cases} \end{cases}$$

图 1-1 定位基准追踪分析

实际零件定位情况可能会比图 1-1 复杂许多，但道理是一样的。总之，在选择定位基准时需要注意：粗、精基准选择首先要遵循相关原则；当粗基准有多个非加工面可供选择时，应选择位置精度要求较高的非加工面；在保证质量的前提下，定位基准要尽量统一；当工件不便定位或为实现基准统一，可以考虑采用辅助精基准定位。

③ 加工阶段的划分。加工分阶段就是根据事物发展由低级到高级的规律，对零件加工工艺过程进行安排的一种工艺手段。零件加工的阶段是否划分、如何划分，需要考虑零件生产的批量、精度、大小等因素。对批量大、精度高、工艺路线长的零件加工，加工就必须考虑分阶段；对精度要求不高、单件小批、重量大、搬运和装夹不便的零件加工，加工可以不分阶段。

④ 工序的组合。工序组合就是考虑将哪些加工内容安排在同一道工序进行加工。按照工序加工内容安排的多少，工序组合方式有工序集中和工序分散两种。由于工序集中具有较多重要的优点，所以工序一般采用工序集中的方式进行组合。

进行工序组合时，需要考虑同一工序所组合内容的加工方法一致性和可实现性，流水线加工时各工序时间的均衡性，组合内容加工时工件定位和夹紧的同一性，以及工件刚度、精度对工序组合的适应性等问题。

⑤ 拟订机械加工工艺路线。在完成加工面加工方案确定、定位基准选择与转换统计分

析、加工阶段的划分考虑及工序内容组合后，依据“基准先行，先主后次，先粗后精、先面后孔、改善条件、避免影响”原则，可以确定出零件的机械加工工艺路线。

影响工艺路线安排的其他因素如图 1-2 所示：图 1-2（a）中，ϕD、ϕd 两孔贯穿，由于 ϕd 孔较小，钻头的刚度较差，因此工艺安排上应先加工 ϕd，再加工 ϕD，以改善加工 ϕd 孔时刀具的工作条件；在图 1-2（b）中，由于加工 ϕd 孔时无法进刀，在加工 ϕd 孔前，应先在法兰上铣出尺寸 R 的工艺缺口，以避免法兰对 ϕd 孔加工的影响；在图 1-2（c）中，铣削尺寸 H 的凹坑时，下刀不便，可以先钻出 ϕd 孔，不仅有利于下刀，而且有助于排屑。

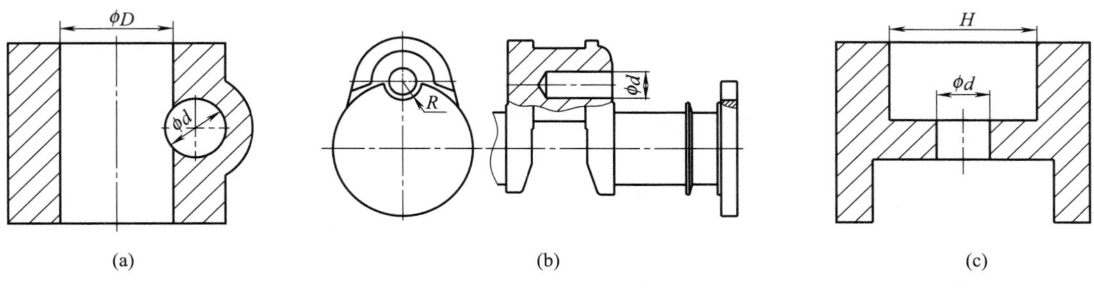

图 1-2　影响工艺路线安排的其他因素

⑥ 其他辅助工序的安排。零件除机械加工外，往往还伴随有清洗、去毛刺、检验、热处理等诸多辅助工序。在零件的机械加工工艺过程安排就绪后，可视辅助工序的作用和目的，对辅助工序进行穿插安排。

a. 清洗。清洗的作用就是去除工件表面的油污，其目的主要是防止油污对精密量仪造成污损，或影响装配精度。因此，这种清洗应该安排在使用精密量仪检测之前，或装配之前进行。

b. 去毛刺。机械加工后的锐边和毛刺都需要处理，一般都由工序加工后自行对锐边进行倒钝并去除毛刺；对需要机械加工去除的毛刺，需进行工序安排。去毛刺的目的是方便定位、工艺需要、有利于检测和装配等。如定位孔加工后要安排倒角、攻螺纹前底孔要倒角、检测和装配之前要安排去毛刺等。

c. 检验。检验的目的主要在于随时掌握加工精度保证情况，以便及时补救和解决问题，同时也兼具区分责任界限的作用。因此，工序加工后均要自行进行检验，但对重要表面和工序的加工要求，需要采用复杂、精密量仪进行测量的项目，以及影响重要责任界限划分的项目检验等，均需要安排单独的检验工序加以检测。各质量项目的检验比例，视加工质量的保证稳定情况及重要程度进行确定。零件全部加工完成后，必须安排终了检验，简称终检。加工过程中，根据上述需要，也需安排相应的中间检验。

d. 热处理。热处理的目的主要有四个方面：消除残余应力，提高材料切削加工性能，改善零件物理、力学性能，对零件进行美化和防护。对消除残余应力的热处理，应该安排在容易产生残余应力的工序之后，如热加工工序和粗加工工序之后。对提高材料切削加工性能的热处理，理应安排在毛坯制造完成之后、机械加工之前。以改善零件物理、机械性能为目的的热处理，应该安排在半精加工之后、精加工之前，热处理后安排的精加工可以修正热处理产生的变形误差。以美化和防护为目的的热处理，多采用物理或化学沉积工艺，在工件表面形成非常微薄的美化、防护层，因此必须安排在零件机械加工全部完成之后进行。

（4）工序设计

在完成零件工艺路线拟订后，需要对每道工序的加工技术要求、工艺参数、工时定额进行确定，对所使用的设备和工艺装备（简称“工装”）做出选择，对非标准设备和工装，如果需要设计制造，应提出设计任务书，如果购买，则要提出功能及技术参数要求。这里只提供设备和工装的选择方法和要求。

① 选择工序加工的设备和工艺装备。设备和工装选择需要与零件生产批量、精度要求、尺寸大小相适应。设备的动力要能够满足零件加工切削功率要求，工装选择或设计需要考虑设备的安装接口形式和尺寸。

② 确定工序余量、工序尺寸及公差。工序余量是影响工序加工精度的重要因素，而工序尺寸及公差是保证零件加工精度的根本因素。工序余量、工序尺寸及公差确定的合理与否，不但会影响零件的加工质量，同时也会影响生产率和成本。

a. 工序余量确定。对于批量化生产的零件，毛坯形状与零件形状基本接近，也就是说，各加工面的余量不大，在工艺过程安排中，工序加工基本都是一次走刀完成。因此，在确定工序加工余量时，根据该表面的加工次数、参照《金属机械加工工艺人员手册》（简称《工艺》）第十三章，将该表面的毛坯余量，按从精加工到粗加工的次序，依次分配给各加工工序即可。

b. 工序公差确定。采用工艺尺寸链解算的工序尺寸和公差，按照解算结果执行；对于需要自行确定的工序尺寸公差，按工序加工方法的经济加工精度进行确定，一般尺寸按照单向入体原则标注偏差，孔（轴）心距按照对称标注分配偏差。

c. 工序尺寸确定。工序尺寸是指加工面本身的尺寸（如孔直径）或加工面到对刀基准的位置尺寸。一般情况下，采用夹具上的定位基准进行对刀，此时工序尺寸就是加工面到工件上定位基面的尺寸，详细见参考文献［8］中的1.4.3小节。

工序余量、工序尺寸及公差的具体确定分为以下三种情况。

a. 工序基准与设计基准重合，且在整个工艺过程中加工面的工序基准没有发生过位置变化。这种情况下，依照从精加工到粗加工的顺序，倒推确定出各工序（或工步）的工序尺寸，具体见参考文献［8］中的4.4.2小节【例4-1】。

b. 工序基准与设计基准不重合，且在整个工艺过程中加工面的工序基准没有发生过位置变化。这种情况下，采用工艺尺寸链换算即可求得工序尺寸。

【例 1-1】 如图1-3所示，图1-3（a）为零件简图，经图1-3（b）工序加工后保证图1-3（a）尺寸要求，试求工序尺寸 H 和 J。

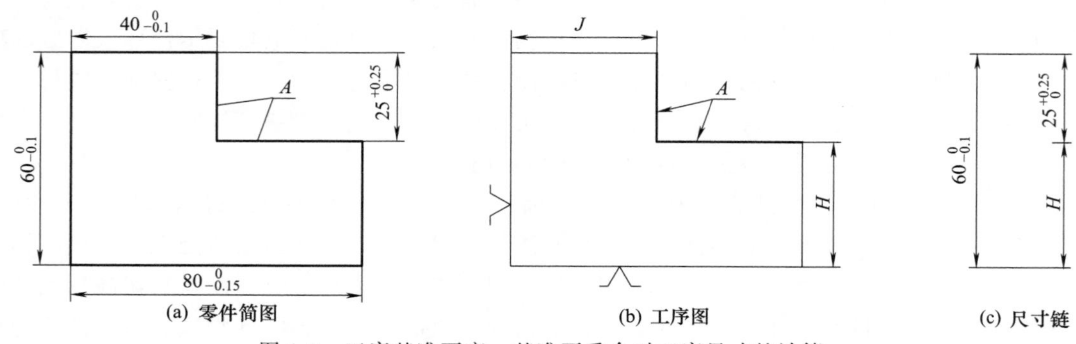

图1-3　工序基准不变、基准不重合时工序尺寸的计算

【解】 工序尺寸 J 符合第一种情况，所以有 $J=40_{-0.1}^{\ 0}$ mm。

工序尺寸 H 属于第二种情况，需要通过尺寸链换算求得。根据题意可建立尺寸链，如图1-3（c）所示，其中尺寸 $60_{-0.1}^{\ 0}$ mm、H 为组成环，尺寸 $25_{\ 0}^{+0.25}$ mm为封闭环，则根据尺寸链原理可列尺寸链方程如下：

$$25=60-H$$
$$+0.25=0-EI_H$$
$$0=-0.1-ES_H$$

求得 $H=35_{-0.25}^{-0.10}$mm。

所以图 1-3（b）工序加工需要保证的工序尺寸为 $H=35_{-0.25}^{-0.10}$mm，$J=40_{-0.1}^{0}$mm。

c. 工艺过程中加工面的工序基准发生过位置变化。这种情况下，一般需要采用图解追踪法解算工艺尺寸链求得各工序尺寸。

【例 1-2】 如图 1-4 所示套筒零件简图，有关轴向尺寸加工过程如下。

① 以 4 面定位，粗车 1 面，保证 1、4 面距离尺寸 A_1；粗车 3 面，保证 1、3 面距离尺寸 A_2。

② 以 1 面定位，精车 2 面，保证 1、2 面距离尺寸 A_3；粗车 4 面，保证 2、4 面距离尺寸 A_4。

③ 以 2 面定位，精车 1 面，保证 1、2 面距离尺寸 A_5；精车 3 面，保证设计尺寸 A_6。

④ 靠火花磨削 2 面，控制余量 $Z_7=(0.1\pm0.02)$ mm，同时保证设计尺寸(6 ± 0.1) mm。试确定各工序尺寸及公差。

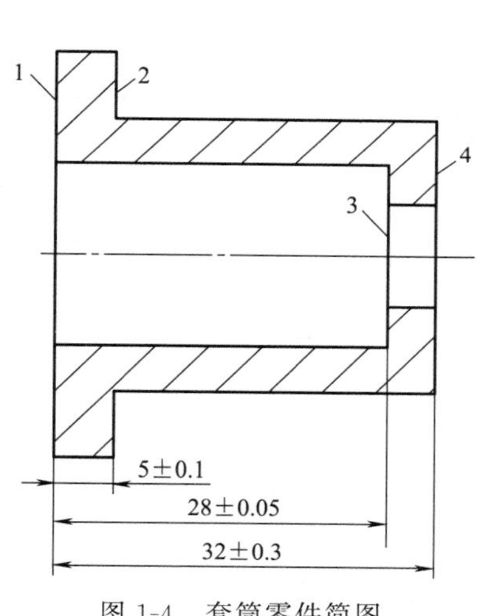

图 1-4　套筒零件简图

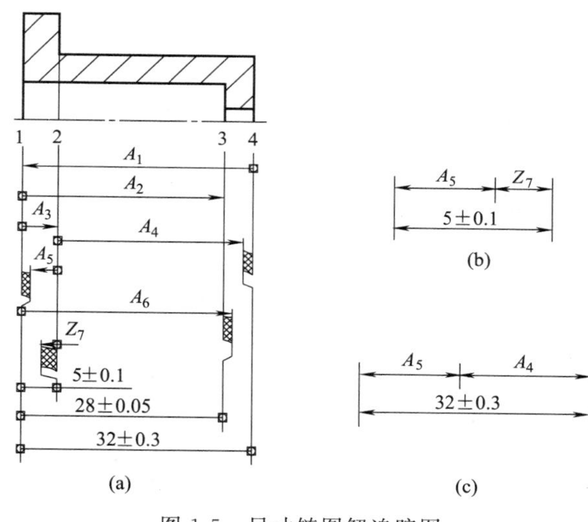

图 1-5　尺寸链图解追踪图

【解】 ① 画图解追踪图。

a. 画零件简图，对加工面编号，沿各加工面分别向下引射线。

b. 按加工先后顺序，将工序尺寸和余量依次画入图解中。工序尺寸线指向加工面一端画箭头，指向工序基准一端画圆点，第一次加工未使用过的表面，余量可以不画入。靠火花磨削的余量为直接保证的组成环，按工序尺寸画法画入图解中。

c. 在最下方画出所有的设计尺寸，且两端均画圆点。

依题意，按上述画法可画出该例题的尺寸链图解追踪图，如图 1-5（a）所示。

② 追踪建立尺寸链并求解。

在加工工艺尺寸链中，工序尺寸是工序加工直接保证的，即工序尺寸都是组成环，则封闭环只能是设计尺寸或余量。因此，尺寸链可基于下列方法建立。

沿设计尺寸或余量两端同时向上追踪，遇到箭头拐弯追踪，不遇箭头继续向上追踪，两者相遇停止追踪，则该设计尺寸或余量即为封闭环，追踪路径所经工序尺寸即为尺寸链的组成环。如果追踪结果是：一个设计尺寸与一个工序尺寸构成封闭，说明该工序尺寸直接保证该设计尺寸，即该工序尺寸等于该设计尺寸。

对图 1-5（a）进行追踪可知：$A_6=(28\pm0.05)$ mm，并可建立图 1-5（b）、（c）所示尺寸链。对该尺寸链进行解算可求得：$A_5=(4.9\pm0.08)$ mm，$A_4=(27.1\pm0.22)$ mm。

③ 通过上述尺寸链解算，只是求得与设计尺寸有尺寸链关联关系的工序尺寸，但还有些工序尺寸与设计尺寸没有尺寸链关联关系，这些工序尺寸可通过表 1-1 进行确定。

在表 1-1 中填入：已知项目和求得的工序尺寸；查得待求工序尺寸的经济加工精度公差，偏差按对称标注；各工序加工的初定余量。

表 1-1　无关联工序尺寸解算前的原始数据　　mm

工序尺寸 A			工序余量 Z			工序尺寸精度	
计算尺寸	调整尺寸	单向入体标注	初定余量	调整余量	最小余量	经济公差	偏差
			2			0.3	±0.15
			2			0.4	±0.2
			1			0.2	±0.1
27.1±0.22			2				
4.9±0.08			0.5				
28±0.05			0.5				
			0.1±0.02				

④ 解算未知工序尺寸。以余量做封闭环，建立尺寸链如图 1-6 所示，求得未知工序尺寸公称值，采用表中已确定的经济公差及偏差，将求得的工序尺寸填入表 1-2 中。

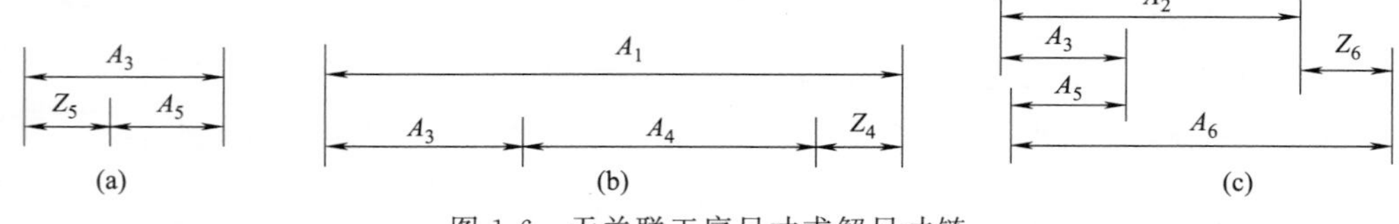

图 1-6　无关联工序尺寸求解尺寸链

表 1-2　无关联工序尺寸解算　　mm

工序尺寸 A			工序余量 Z			工序尺寸精度	
计算尺寸	调整尺寸	单向入体标注	初定余量	调整余量	最小余量	经济公差	偏差
32.4±0.15			2			0.3	±0.15
28±0.2			2			0.4	±0.2
5.3±0.1			1			0.2	±0.1
27.1±0.22			2				
4.9±0.08			0.4				
28±0.05			0.4				
			0.1±0.02				

⑤ 验算最小余量。靠磨余量是直接保证的，不需要验算。工序尺寸 A_1、A_2、A_3 对应的加工余量 Z_1、Z_2、Z_3 受毛坯尺寸影响，也不需要验算。这里只需验算图 1-6 尺寸链中各余量的最小值，由尺寸链可求得填入表 1-3 中。

表 1-3 验算工序最小余量

mm

工序尺寸 A			工序余量 Z			工序尺寸精度	
计算尺寸	调整尺寸	单向入体标注	初定余量	调整余量	最小余量	经济公差	偏差
32.4±0.15			2			0.3	±0.15
28±0.2			2			0.4	±0.2
5.3±0.1			1			0.2	±0.1
27.1±0.22			2		−0.47		
4.9±0.08			0.4		0.22		
28±0.05			0.4		−0.03		
			0.1±0.02				

⑥ 工序尺寸调整。从表 1-3 求得的数据可发现：$Z_{5\min}$ 大小基本合适，无需调整。$Z_{4\min}=-0.47\text{mm}$，$Z_{6\min}=-0.03\text{mm}$，余量均不足，因此需要对相关工序尺寸做出调整。

由图 1-6 尺寸链（b）可知：影响 Z_4 余量的工序尺寸有 A_1、A_3、A_4，其中 A_3 为公共环，对 A_4 调整会影响到公共环 A_5 和设计尺寸（32±0.3）mm，均不便调整，所以只有加大 A_1 尺寸。

由图 1-6 尺寸链（c）可知：影响 Z_6 余量的工序尺寸有 A_2、A_3、A_5、A_6，其中 A_3、A_5 为公共环，不便调整；A_6 用来直接保证设计尺寸，不能调整，所以只能调整 A_2。

调整后的工序尺寸见表 1-4。

表 1-4 工序尺寸调整

mm

工序尺寸 A			工序余量 Z			工序尺寸精度	
计算尺寸	调整尺寸	单向入体标注	初定余量	调整余量	最小余量	经济公差	偏差
32.4±0.15	34.4±0.15		2			0.3	±0.15
28±0.2	27.77±0.2		2			0.4	±0.2
5.3±0.1			1			0.2	±0.1
27.1±0.22			2		−0.47		
4.9±0.08			0.4		0.22		
28±0.05			0.4		−0.03		
			0.1±0.02				

⑦ 计算调整后的余量和最小余量。根据调整后的工序尺寸，通过解算图 1-6 尺寸链，重新计算工序余量和最小余量，填入表 1-5 中。

表 1-5　工序尺寸调整后的余量计算　　mm

	工序尺寸 A			工序余量 Z			工序尺寸精度	
1 2 3 4	计算尺寸	调整尺寸	单向入体标注	初定余量	调整余量	最小余量	经济公差	偏差
A_1	32.4±0.15	34.4±0.15	$34.55_{-0.3}^{0}$	2	—	—	0.3	±0.15
A_2	28±0.2	27.77±0.2	$27.57_{0}^{+0.4}$	2	—	—	0.4	±0.2
A_3	5.3±0.1	—	$5.4_{-0.2}^{0}$	1	—	—	0.2	±0.1
A_4	27.1±0.22	—	$27.32_{-0.44}^{0}$	2	2	1.53	—	—
A_5	4.9±0.08	—	$4.98_{-0.16}^{0}$	0.4	—	0.22	—	—
A_6	28±0.05	—	$27.95_{0}^{+0.1}$	0.4	0.63	0.2	—	—
Z_7				0.1±0.02				
5±0.1								
28±0.05								
32±0.3								

需要注意以下几点：由于毛坯尺寸没有确定，所以此例中没有确定和校验工序尺寸 A_1、A_2、A_3 加工时的余量；该例是以毛坯总余量和工序加工精度已确定为前提，通过调整工序尺寸大小，以满足零件加工的工艺流程安排和要求；表 1-5 中的调整余量和最小余量，均按对称标注的工序尺寸计算；当余量要求苛刻时，也可先给定各工序余量的变化范围，再推算各工序的加工尺寸和精度要求；在工艺流程和工序余量确定的前提下，可以确定毛坯的尺寸。

③ 确定工序技术要求及验收标准。在工序加工中，对影响加工质量的因素要做必要的技术要求，对工序操作中存在变量的因素要做技术说明和认定。

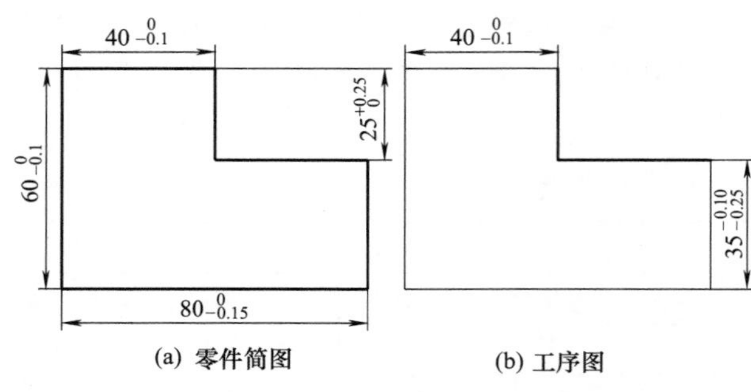

(a) 零件简图　　(b) 工序图

图 1-7　工序基准与设计基准不重合对质量验收的影响

如图 1-7 所示，尺寸 $25_{0}^{+0.25}$mm 是零件设计要求保证的一个尺寸，图 1-7（b）工序加工要求保证的尺寸是 $35_{-0.25}^{-0.10}$mm，若经图 1-7（b）工序加工后实测该尺寸为 34.95mm，用工序尺寸 $35_{-0.25}^{-0.10}$mm 判断显然不合格。如果设计尺寸 $60_{-0.1}^{0}$mm 的实际加工尺寸为 59.95mm，则设计尺寸 $25_{0}^{+0.25}$mm 的实际保证尺寸为 25mm，符合零件设计要求。

由上可知：工序加工直接保证的是工序尺寸及精度要求，而最终必须保证的是设计尺寸及精度，但当工序基准与设计基准不重合时，会出现工序加工“超差”的工件，实际符合零件设计尺寸及精度要求。这种由于基准不重合导致产生的不合格、但对零件设计要求而言是合格的工件，就属于“假废品”。在工序加工质量检验时，需要针对“假废品”制定质量验收方法和标准。例如，在该例中，由于该工序加工后已经最终间接保证设计尺寸 $25_{0}^{+0.25}$，因此可以直接检验该设计尺寸。

④ 确定切削用量。切削用量选择合理与否，直接关系到零件加工的质量、生产率和成本。确定切削用量时必须遵循：在保证质量的前提下，充分发挥设备的潜能，最大限度地提高生产率，尽量降低生产成本。影响切削用量各参数选择的因素有所不同，例如：确定背吃

刀量 a_p 时，重点考虑机床的功率和工艺系统的刚度；确定进给量 f 时，重点考虑加工表面粗糙度要求，以及刀具和机床进给系统的刚度；确定切削速度 v_c 时，重点考虑刀具的寿命、机床的功率，以及对积屑瘤的控制和利用。

关于切削用量的确定方法和过程，见参考文献［8］中的 3.3.5 小节。具体工序加工的切削用量，可依据《工艺》第十四章进行选择和计算。

⑤ 计算工序时间定额。工艺文件中，一般只体现机动时间和辅助时间。机动时间可通过计算确定，具体参见《工艺》第十五章。辅助时间是指为完成切削加工所必需的一些操作的时间，如工件的装卸、夹紧、对刀、换刀、刀具快进和快退、机床的启动和停止等。辅助时间确定需结合具体工序加工的操作动作，可进行模拟操作计时确定。

(5) 填写工艺文件并装订

在机械加工中，工艺文件是以卡片的形式来体现。传统机械加工的工艺文件包括工艺过程卡、工序卡、检验卡和调整卡。工艺文件的齐全与否，主要取决于零件的生产批量，零件生产批量越大，一般要求工艺文件越齐全。不同企业的工艺文件格式会有所不同，但大同小异。各种工艺文件格式与填写要求如下。

① 工艺过程卡。工艺过程卡也称工艺流程卡、工艺过程综合卡，主要用于反映零件加工工艺过程的全貌。工艺过程卡中需要表达的内容主要有零件的基本信息（如材料、名称、编号等），毛坯情况（如种类、重量、硬度、轮廓尺寸等），加工的工艺过程及车间，加工所使用的设备和工装，工时定额等。工艺过程卡的样式如表 1-6 所示。

② 工序卡。用于全面表达某道工序加工的具体情况，主要用于规范和指导工序的操作和加工。工序卡的样式和需要填写的内容如表 1-7 所示。在工序卡左上方空白大表格中要画工序图，对工序图的绘制有如下要求。

a. 表达的内容。需表达加工面的加工要求，如粗糙度、工序尺寸及偏差，形位公差等；用符号表达工件的定位和夹紧情况，具体符号及应用情况，可参见《简明夹具》中表 1-1～表 1-5。

b. 视图选择与配置。主视图选择应能最大限度反映工件的加工情况，且不影响工序操作者的误解为原则。一般选择工序加工的操作位置视图，即操作者在操作位置面对工件看过去的视图作为主视图，当操作位置视图无法表达加工面情况时，也可选择操作位置的侧向视图或沿刀具看向工件的视图。视图配置数量，以表达清楚为原则，视图越少越好。

c. 绘制方法。工序图按本工序加工终了的工件形貌进行投影和绘制，在不影响对视图理解和表达的情况下，非本工序加工内容的工件细微结构可以忽略不画，即工件可以简化画出，甚至只画工件的局部视图。工件的加工面用粗实线绘制，工件轮廓用细实线绘制。工序图绘制无比例要求，但不要失真。

③ 检验卡。检验工序是把控加工质量的最后一道防线，为严控零件的加工质量，在零件的加工终了必须安排终检工序，在零件加工过程的重要阶段也要安排中间检验工序。检验工序卡（检验卡）的样式如表 1-8 所示。

检验卡左上方空白大表格中要画检验工序图，其画法可参照工序图画法，但可以全部采用粗实线绘制。检验项目和抽检率主要根据加工质量保证的难易程度决定。量具的种类选择需考虑零件的生产批量，规格大小应与检验尺寸大小相匹配，其精度一般取检验尺寸公差的 1/10～1/6。检验卡还需对检验的操作过程和操作方法做出规范性技术要求。

④ 调整卡。调整卡是工序卡的辅助卡，用于规范对自动化机床的调整工作。当工序加工

表 1-6　工艺过程卡样式

	机械加工工艺过程卡	产品型号		零件图号		第　页
		产品名称		零件名称		共　页

材料牌号		毛坯种类		毛坯外形尺寸		每毛坯件数		每台件数		备注	

	工序号	工序名称	工序内容	车间	工段	设备	工艺装备	工时	
								准终	单件
描　图									
描　校									
底图号									
装订号									

											设计(日期)	审核(日期)	标准化(日期)	会签(日期)		
	标记	处数	更改文件号	签字	日期	标记	处数	更改文件号	签字	日期						

表 1-7　工序卡样式

	机械加工工序卡	产品型号		零件图号		第　页
		产品名称		零件名称		共　页

车间	工序号	工序名称	材料牌号	
毛坯种类	毛坯外形尺寸	每毛坯可制件数	每台件数	
设备名称	设备型号	设备编号	同时加工件数	
夹具编号	夹具名称		切削液	
工位器具编号	工位器具名称		工序工时	
			准终	单件

	工步号	工步内容	工艺装备	主轴转速/(r/min)	切削速度/(m/min)	进给量/(mm/r)	背吃刀量/mm	进给次数	工步工时 机动	工步工时 辅助
描　图										
描　校										
底图号										
装订号										

										设计(日期)	审核(日期)	标准化(日期)	会签(日期)		
标记	处数	更改文件号	签字	日期	标记	处数	更改文件号	签字	日期						

表 1-8 检验卡样式

	检验工序卡	产品型号		零件图号	
		产品名称		零件名称	

车间			材料		
工序号			牌号	硬度	强度
工序名称					
工时定额	单件时间/min		毛坯		
	每班件数		轮廓尺寸		质量
	每台制品/min				
技术条件					

	序号	测量名称	测量部位	尺寸	抽检百分数	量具代号	量具名称	量具规格	量具等级	备注
描图										
描校										
底图号										
装订号										

更改						编制		技术科科长		第 页
						校对		分厂厂长或总师		共 页
	标记	处数	依据	签字	日期					

采用自动或半自动机床时，需要对机床各主要运动的参数（速度、起始和终了位置、运动行程大小等）、循环、逻辑关系进行绘图确定，对调整手柄、旋钮等的位置进行标定，对设定的参数、改动的内容和部位进行说明，以保证机床安全、高效和稳定的循环作业。

装订时，工艺过程卡在前，其他工艺文件按工艺过程顺序进行排序，装订成册，就形成零件加工的工艺规程。

1.3.2　专用机床夹具设计

(1) 明确设计任务，确定夹具总体设计方案

仔细阅读任务书，深入分析任务书给定的任务要求、设计条件；根据零件结构特点和工序加工面与加工要求，认真分析工艺规程中定位基准和夹紧力作用部位和方向的合理性；对任务工序的机床形状、布局、运动、操作，以及与夹具连接面的形式、结构和尺寸进行深入了解；了解刀具、辅具的结构和尺寸，及与机床的连接；了解刀具与工件的相互位置关系，以及刀具的对刀、引导需要；了解本单位夹具的使用和制造情况；并收集夹具零部件相关设计标准和国内外同类夹具的资料。

在对上述情况进行熟悉和分析后，确定夹具的类型、组成部分及相互关系，确定夹具在机床上的安装方式和方位；确定夹具的自动化程度和布局，优化夹具的“人机环境”，以满足对夹具高质量、高效率、低成本、易制造、易排屑、易操作、易维护、安全和省力等要求。

(2) 定位方案设计

在完成夹具总体方案设计后，可以依照下列步骤设计夹具的定位方案。

① 自由度限制分析。根据工序加工要求，分析必须限制的第一类自由度。根据零件的结构特点、夹紧特点和工序加工特点，分析是否需要限制第二类自由度。

② 确定定位方式，设置定位元件。主要根据工件的结构特点和加工要求，确定工序加工的定位方式；根据定位面的结构和自由度限制要求，选择并设置定位元件。

③ 计算定位尺寸。有些定位元件的尺寸对定位误差并没有影响，如图1-8所示的A、B、C尺寸，不妨把这类尺寸称为定位结构尺寸，设计时可以根据定位元件结构需要和夹具需要确定它们的尺寸。而对图1-9中的尺寸，无论是定位元件之间的位置尺寸H和L，还是定位副的配合尺寸ϕd_1和ϕd_2，它们都会对工件的定位误差造成影响，把这类尺寸统称为定位尺寸。

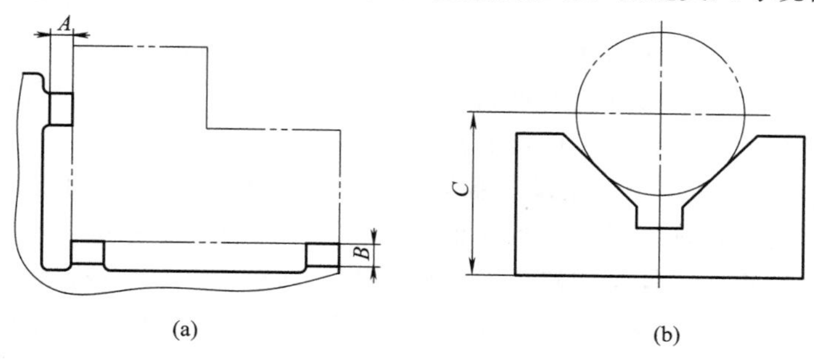

图1-8　定位结构尺寸

定位尺寸设计时有三种情况：过定位尺寸、非过定位位置尺寸和配合尺寸。对图1-9(a)中的过定位尺寸设计，参见参考文献[8]中的6.2.2小节；对图1-9(b)中非过定位位置尺寸H的设计，可按图1-9(a)中L尺寸的设计方法进行确定；对图1-9(c)中非过

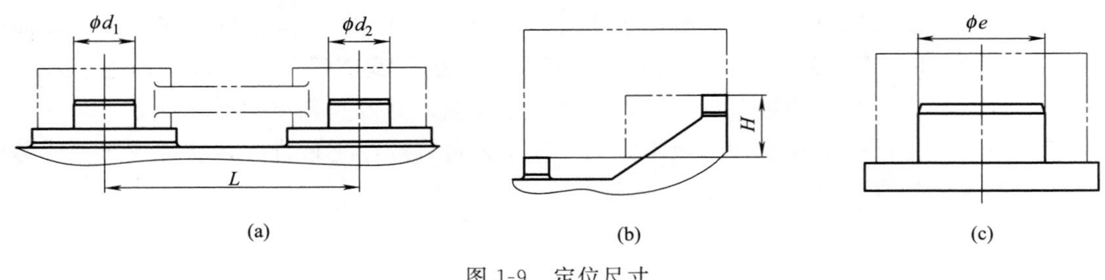

图 1-9 定位尺寸

定位配合尺寸 ϕe 的设计，可按图 1-9（a）中 ϕd_1 尺寸的设计方法进行确定。

④ 计算定位误差。定位误差是采用调整法、批量加工工件时，由于定位原因，可能导致加工要求产生的最大变化量。定位误差与加工要求是一一对应的关系，但不是所有加工要求都会有定位误差，只有加工工序的位置尺寸和位置精度才会有定位误差。根据所设计的定位方案，对工序加工要保证的每个位置尺寸和位置精度，分别计算它们的定位误差。

⑤ 定位方案合理性判定。对所设计的定位方案进行定性和定量的合理性判定。定性是指定位方案需满足高质、高效、易制造等要求；定量判定需满足：

$$\Delta_{dw}=\left(\frac{1}{2}\sim\frac{1}{5}\right)\delta_g \tag{1-1}$$

式中 Δ_{dw}——工序加工要求的定位误差，mm；

δ_g——工序加工要求的允许误差，mm。

(3) 夹紧方案设计

夹紧方案设计需考虑以下问题。

① 夹紧力设计与计算。根据夹紧力设计原则，对夹紧力的方向和作用点进行确定。对工件进行受力分析，根据力平衡求得理论夹紧力；根据加工特点、加工性质、刀具磨钝情况和工件材料组织不均匀性确定安全系数；根据理论夹紧力和确定的安全系数求得实际需要的夹紧力 J。夹紧力设计见参考文献［8］中的 6.3.2 小节。

② 夹紧动力源确定。根据零件生产批量对夹具自动化程度的需要，以及生产现场条件和需要，选择合适的夹紧动力源及动力源参数。

③ 夹紧机构选择。对采用人工夹紧的夹紧机构，由于人的作用力一般为 10～15kg，为满足夹紧力 J，需要根据夹紧机构的扩力情况，选择适合的夹紧机构，或采用多机构多次扩力的复合夹紧机构。

④ 夹紧行程确定。夹紧压板相对工件夹紧点的移动距离称为夹紧行程。为满足工件对装卸空间的要求，需要对夹紧压板的夹紧行程进行设计计算。确定夹紧行程时，还需考虑夹紧弹性变形、夹紧行程储备、夹紧压板磨损等因素。

⑤ 自锁性设计。自锁是指夹紧动力撤除后，夹紧压板还需保持对工件的夹紧状态。对人工和电动夹紧机构，自锁性需要得到保证。对液压、气动夹紧系统，由于液压、气动回路中可以采用单向阀或锁止阀保持回路压力，所以夹紧机构可以不具备自锁性。

⑥ 夹紧力源系统设计。采用电磁、液压、气动等系统夹紧时，需要对系统的回路、参数、元器件等进行设计和选择。

⑦ 结构设计。在进行结构尺寸设计时，需要根据动力源可能产生的最大危险力，对承力件（如夹紧压板、夹紧螺栓、销轴、杠杆、油缸等）的结构尺寸进行设计确定；为控制夹紧力的大小，操作手柄尺寸可根据夹紧力 J 进行计算确定；根据夹紧压板行程确定相关运动件的行程。凡此种种以满足对夹紧机构的安全、可靠、快捷、紧凑、省力等需要。

(4) **刀具的对刀、引导方案设计**

在金属切削加工中，为了实现换刀后对刀具的快速定位，以保证加工面尺寸的正确性，夹具上应考虑设置对刀元件。对刀具刚度不足或刀具与主轴之间采用柔性连接时，还需对刀具进行导引。具体机床的对刀和导引设计如下。

① 铣刀的对刀设计。铣刀的对刀一般在铣床夹具上进行，即在铣床夹具上设计有对刀块，对刀时采用塞尺快速确定刀具与对刀块之间的位置关系，从而达到保证加工面尺寸要求的目的。常用对刀块与塞尺的种类及对刀原理如图 1-10 所示。

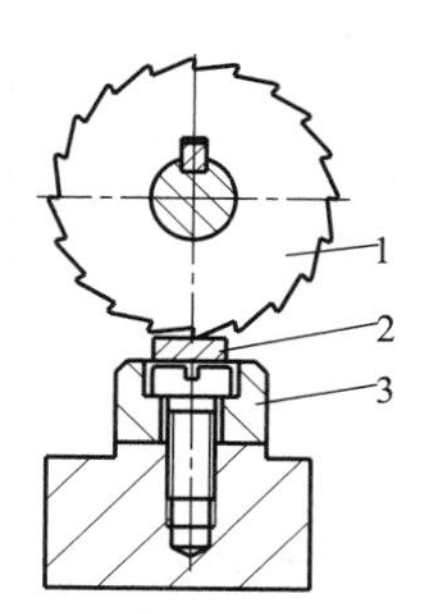

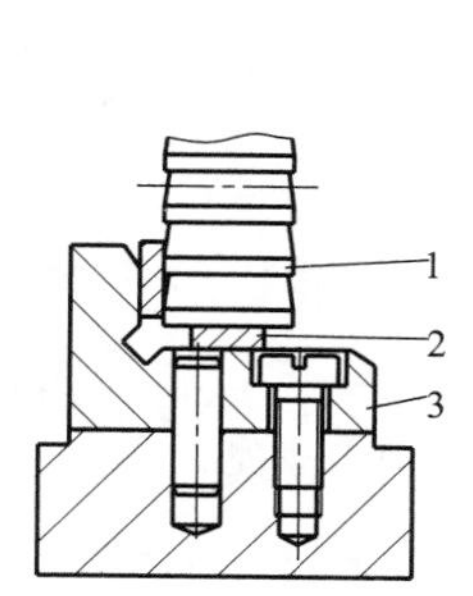

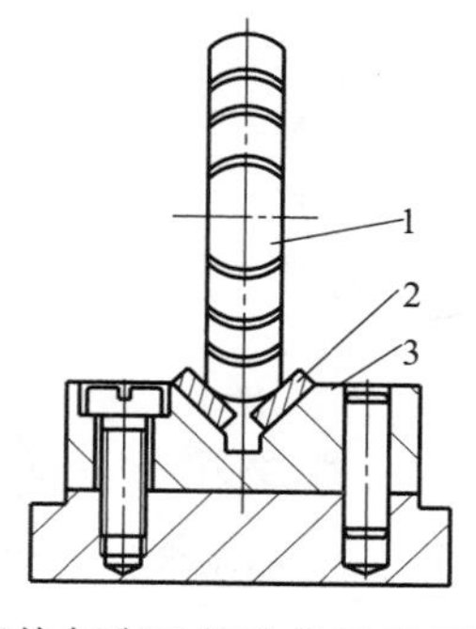

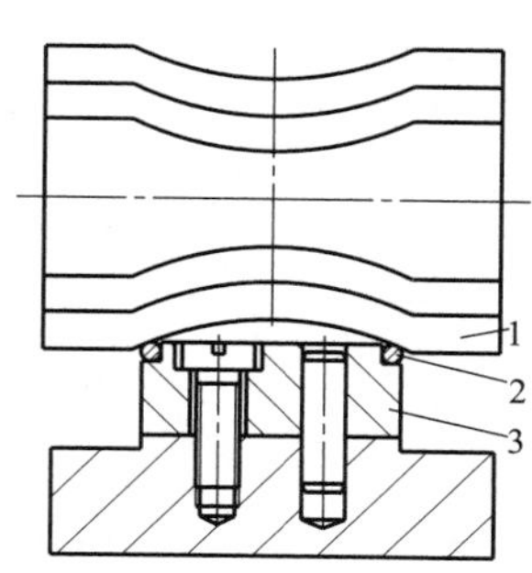

图 1-10　常用对刀块与塞尺的种类及对刀原理

1—铣刀；2—塞尺；3—对刀块

对刀时，移动机床工作台，使对刀块接近刀具，在移动工作台的同时，在图示位置插入塞尺并不断来回推拉，当推拉塞尺感到有阻力时，说明刀具位置已经正确，停止移动工作台，在对刀方向上将工作台的位置锁定即可。

② 钻头的对刀与导引设计。钻孔加工时，孔直径靠刀具尺寸保证，无需对刀，需要对刀保证的只有孔的深度尺寸和孔的位置尺寸。由于钻孔加工对孔深尺寸一般要求不严，实际加工中多采用加工孔所在的工件表面进行对刀。钻孔的位置靠钻套对刀保证。由于钻孔加工的刀具刚度较差，钻套还有提高刀具刚度、对刀具引导导向的功能。

钻孔加工时，切削速度一般为 $v_c<20\text{m/min}$，此时钻头与钻套一般采用滑动配合（F7/h6），当速度更高时，可考虑加强冷却润滑，或采用滚动导引。关于钻套的其他导向尺寸设计，见图 1-11。

钻套高度 H 即导引孔长度，设计时需要考虑加工孔直径尺寸 D、深度尺寸 K、位置精度，以及工件材料、孔口所在的表面状况及刀具刚度等因素综合而定。一般取 $H=(1\sim3)D$；当刀具容易引斜（如在斜面或曲面上钻孔）或位置精度要求较高时，H 可按（4～8）D 选取。

图 1-11　钻套导引尺寸设计

钻套距加工孔顶面的距离（间隙）h 会影响排屑和刀具导向，h 确定的原则是引偏量要小且有利于排屑，确定 h 时需综合考虑工件材料和加工孔位置精度要求。一般加工铸铁等脆性材料时，可取 $h=(0.3\sim0.7)D$；加工塑性材料时，可取 $h=(0.7\sim1.5)D$。当在斜面上钻孔时，为防止引偏，可按 $h=(0\sim0.2)D$ 选取；当被加工孔的位置精度要求很高时，也可以不留间隙（即 $h=0$）。

钻模板的厚度尺寸 l 不允许大于钻套的安装配合长度尺寸 L，以防造成切屑拥堵。关于钻套的种类选择与具体设计，可参见参考文献［8］中的 6.4.2 小节内容。

③ 镗刀的对刀与导引设计。由于镗孔加工的特点，采用“体内”对刀多有不便，所以其对刀采用“体外”对刀装置进行，即对刀装置独立于镗床夹具之外。镗刀的对刀装置及对刀原理如图 1-12 所示。

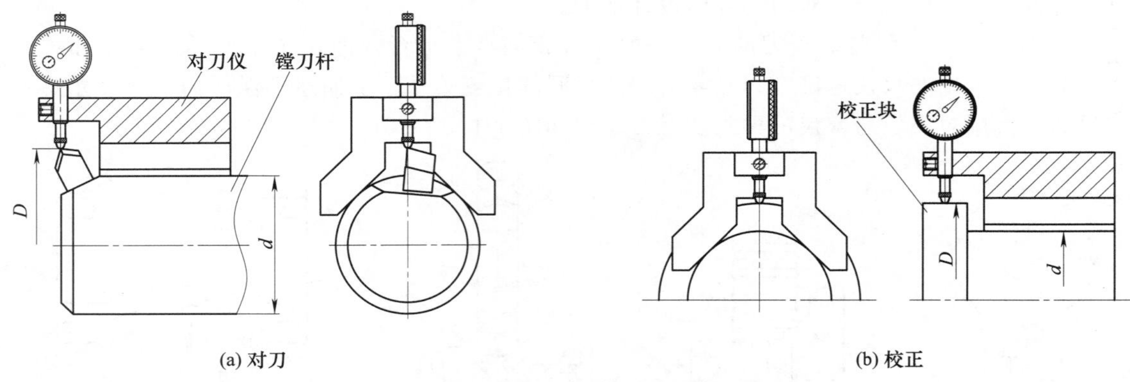

图 1-12 镗刀的对刀装置及对刀原理

镗刀的对刀装置由对刀仪和校正块两部分组成，校正块的工作面尺寸分别按照加工孔尺寸和镗刀杆尺寸制造，但精度更高。对刀时，先在校正块上将对刀仪的百分表（或千分表）调零，然后将对刀仪放在镗刀杆上，调整镗刀位置，使百分表（或千分表）指针回到其调零的位置，然后将镗刀固定锁紧即可。但需要注意：采用该方法对刀时，安放对刀仪的镗刀杆部分尺寸必须达到一定的精度。

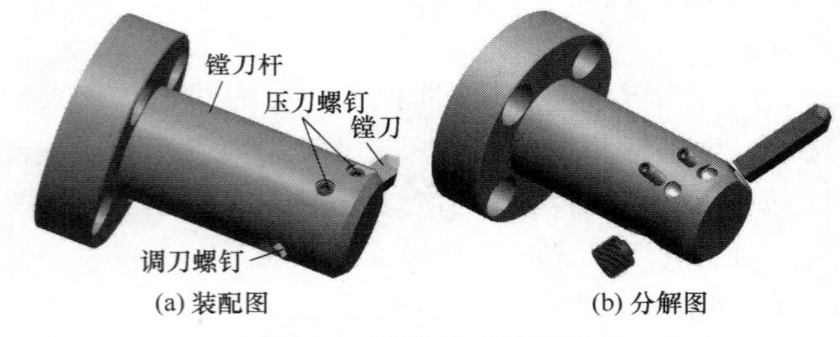

图 1-13 刚性镗刀杆的组成

镗孔加工分为刚性镗孔和柔性镗孔。刚性镗孔时，镗刀杆与机床主轴刚性连接，加工孔的位置精度直接由机床主轴保证，这种情况不需要对镗刀杆进行导引，图 1-13 是刚性镗刀杆的组成。柔性镗孔时，镗刀杆与机床主轴柔性连接，机床主轴只提供切削转矩，加工孔的位置精度由镗刀杆保证，此时在夹具上需要设置镗套对镗刀杆进行导向和定位，统称导引或引导。由于镗孔加工的切削速度较高，为避免镗刀杆与镗套的摩擦发热和磨损，对镗刀杆一般采用滚动式导引。

a. “外滚式”导引设计。镗孔直径尺寸较小时，可采用外滚式镗套，即滚动轴承位于镗套导引孔外部，镗套可以旋转，镗刀杆相对镗套不旋转。外滚式镗套导引的主要技术参数如图 1-14 所示，表 1-9 是其主要技术参数的设计参考。

b. “内滚式”导引设计。镗削大直径尺寸孔时，应采用内滚式导引，即工作时轴承位于镗套孔内旋转，镗刀杆与轴承等零件装配在一起，形成一个组件，镗套固定不旋转，如图 1-15 所示。镗刀杆的内滚式导引主要技术参数选择见表 1-10。

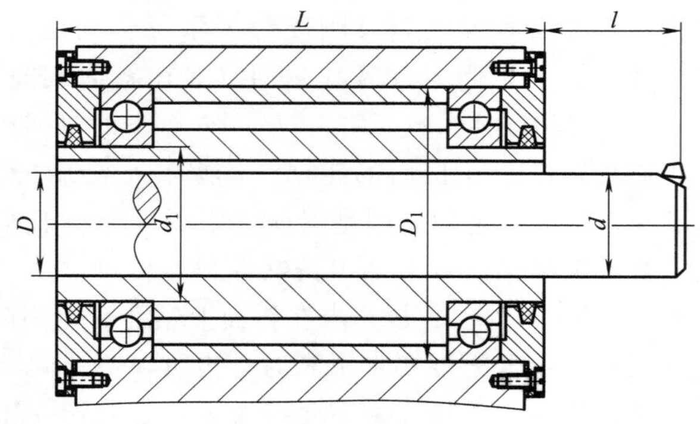

图 1-14 外滚式镗套导引的主要技术参数

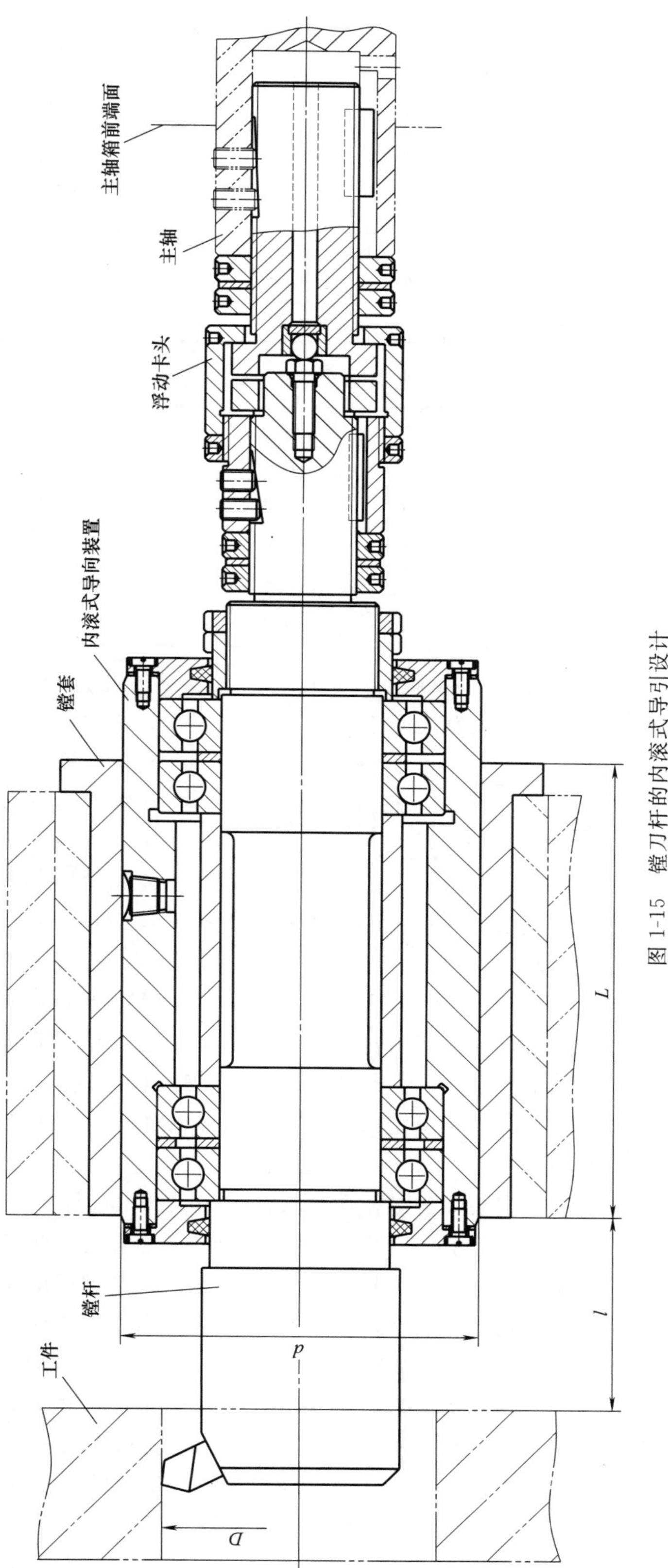

图 1-15 镗刀杆的内滚式导引设计

表 1-9　外滚式镗套导引的主要技术参数的设计参考

加工性质	导引长度 L		轴承		导引配合			
	单导引	前导引	轴承形式	精度等级	D	D_1	d	d_1
粗加工	$(2.5\sim3.5)D$ 或：$(1.5\sim2)\ l$	$(1.5\sim2)D$	单列向心球轴承 单列圆锥滚子轴承 滚针轴承	0	H7	J7	g6 或 h6	k6
半精加工			单列向心球轴承 向心推力球轴承	5、6	H7	J7	h6 或 g5	k6
精加工			向心推力球轴承	4、5	H6	K6	h5	j5 或 k5

表 1-10　镗刀杆的内滚式导引主要技术参数选择

导引长度		轴承选择			D	l
单导引 L	前导引 L_1	转速	导引直径 d	轴承形式		
$(2\sim3)d$	$L_1<L$	中速	≥50	滑动轴承	$<d$	20～50 视结构许可而定 要求精度高时取小值
		中速	≥55	滚针轴承		
		中速，较高速	≥85	滚锥轴承		
		中、高速	≥70	滚珠轴承		

c. 镗刀杆的导引定向设计。当精加工或镗孔直径大于导引孔直径时，需要在旋转镗套与镗刀杆或固定镗套与可动导引装置之间设置定向键，以保证它们之间不发生相对转动。

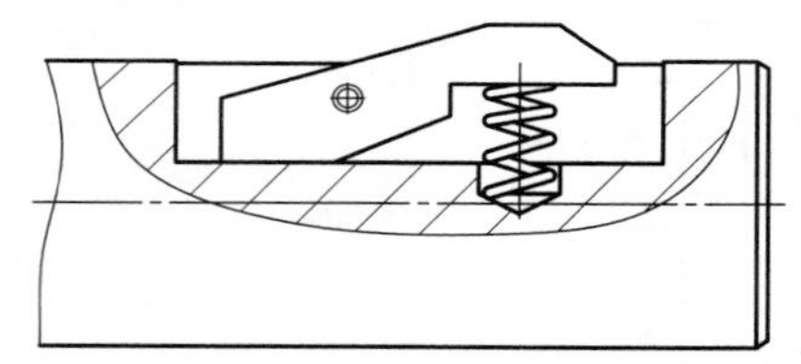

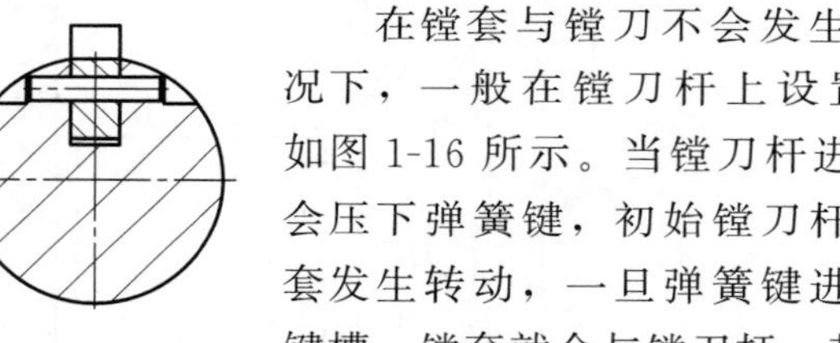

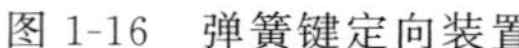

图 1-16　弹簧键定向装置

在镗套与镗刀不会发生干涉的情况下，一般在镗刀杆上设置弹簧键，如图 1-16 所示。当镗刀杆进入镗套时会压下弹簧键，初始镗刀杆会相对镗套发生转动，一旦弹簧键进入镗套的键槽，镗套就会与镗刀杆一起转动。

当旋转镗套内孔直径小于镗孔直径，并且刀具需要通过镗套时，在镗套内孔需设置让刀槽，此时镗刀杆相对镗套在旋转方向上必须进行角度定位。这种情况下，一般需要机床具有主轴定位功能，保证镗刀进入镗套前处于固定方位，镗刀进入镗套时，再由定向键保证镗刀杆相对镗套的准确转角方位。常采用的转角定位方式有以下两种。

如图 1-17 所示，在镗套上安装尖头键，在镗刀杆上加工有螺旋导引面，当镗刀杆进入镗套时，尖头键会顶在镗刀杆的螺旋曲面上滑移，使镗套旋转，当尖头键彻底进入镗刀杆的导向键槽后，镗套与镗刀杆的相互转角位置就得到了保证。采用尖头键进行角度定位时，机床主轴不需要准确的定位功能，但需要防止定位键的尖头正好顶上镗刀杆螺旋导引曲面的尖头部位。

图 1-18 所示是对镗刀杆与镗套进行转角定位的另一种方式。在镗套端部安装有弹簧钩头键，当镗刀杆进入镗套孔时，孔内的钩头键会进入镗刀杆键槽，对镗刀杆与镗套进行转角定位，同时镗刀杆的键槽底平面会压下钩头键的孔内一端，使钩头键另一端脱离轴承盖上的限位槽，以保证镗套可以随镗刀杆一起旋转。当镗刀杆退出镗套时，在弹簧力的作用下，钩头键孔外部分又会嵌入轴承盖端面的限位槽中，以使镗套保持在固定的转角方位上。这种转角定位方式，可以避免上一种定位方式可能发生的两尖头对顶现象，但要求机床必须具有主

轴定位功能。

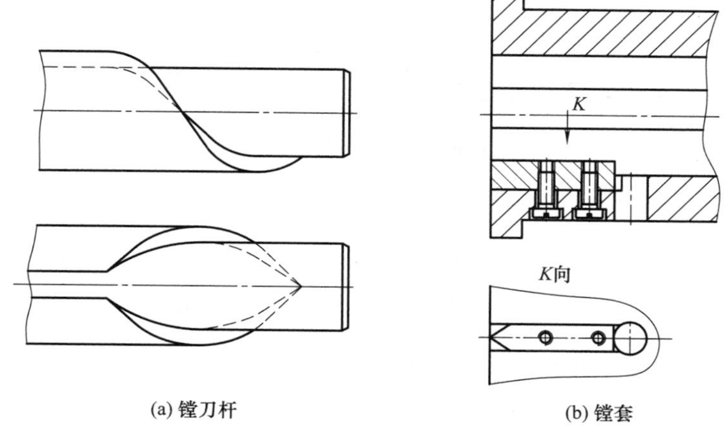

图 1-17　尖头键与螺旋面定向装置

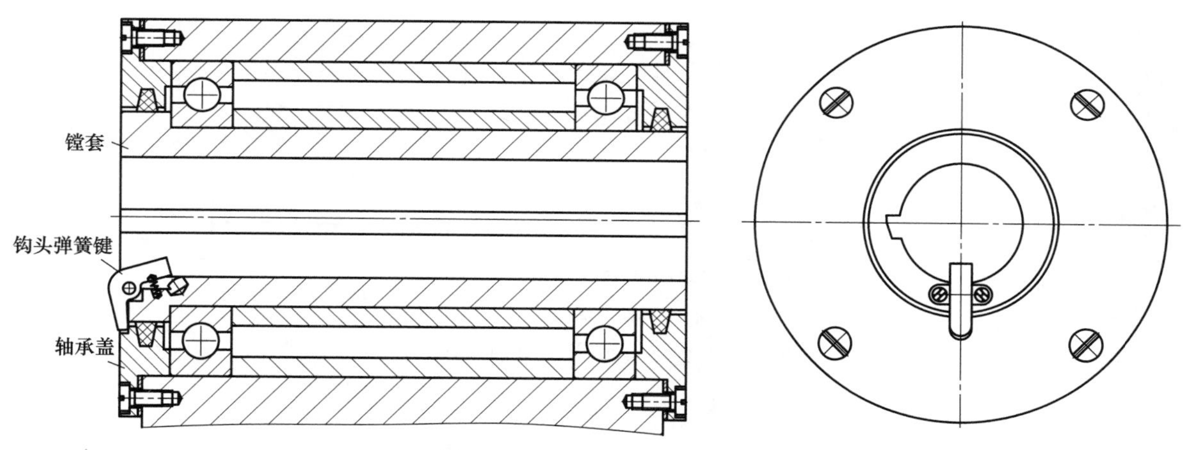

图 1-18　弹簧钩头键定向装置

(5) 其他装置的方案设计

定位和夹紧是夹具设计需要保证的基本功能，但在工件实际加工中，有时还会需要夹具提供其他功能，以满足工件加工的需要，如加工等分面时，需要夹具提供分度功能；为避让刀具，需要夹具提供让刀功能；为提高自动化程度和降低工人劳动强度，需要夹具具有自动上下料功能等。

在设计这些功能装置时，需要考虑以下问题：零件加工工艺、质量和生产率需要、功能和结构空间需要、制造成本和工艺性需要、可靠性和维护便利性需要、操作安全性和便利性需要等。在具体设计某功能装置时，可根据功能需要，分析其功能和构成，构造工作的原理，确定实现的方法，按照从宏观到微观，从模糊到清晰逐步设计实现。

(6) 夹具与机床连接方案确定

夹具在机床上的安装连接方式选择，需要考虑以下问题。

① 机床上安装夹具基面的结构形式与尺寸。如在车床上，夹具一般安装在主轴端部，而车床的主轴端部有多种结构形式，如图 1-19 所示，夹具的连接面结构和尺寸必须与工序

所选车床的主轴端部结构和尺寸相一致。

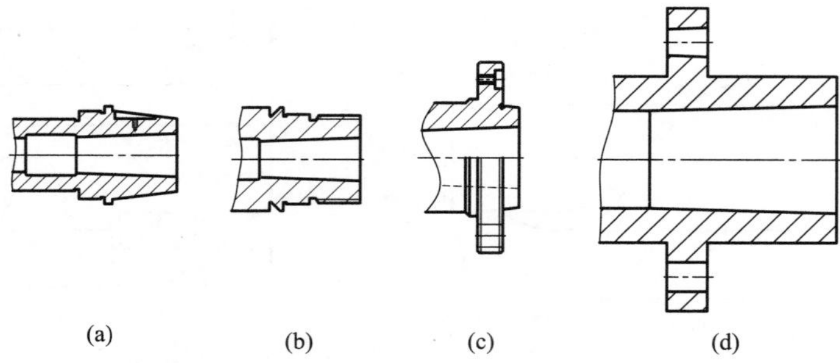

图 1-19 几种常见的车床主轴端部结构形式

② 零件的生产批量。当零件生产批量不大时，为避免频繁装卸夹具对机床连接基面造成的伤害，夹具一般不直接安装在机床上，而是借助过渡法兰、基础平板等安装在机床上。如图 1-20 所示，夹具与过渡法兰连接，过渡法兰通过空套在主轴上的螺母锁紧在主轴上。更换夹具时，可以避免夹具与主轴装配基面的接触，从而可以避免主轴的磨损。

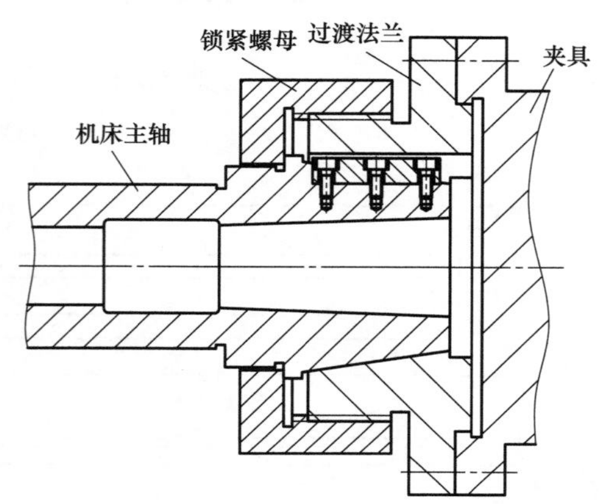

图 1-20 生产批量对夹具连接方式的要求

③ 夹具尺寸大小。如图 1-21 所示的车床夹具，当径向尺寸 D 小于 140mm 时，或 $D<(2\sim3)d$ 的小型夹具，一般通过锥柄安装在车床主轴锥孔中，以提高定心精度，并用拉杆拉紧。对于径向尺寸较大的夹具，一般利用过渡盘与车床主轴轴颈连接。

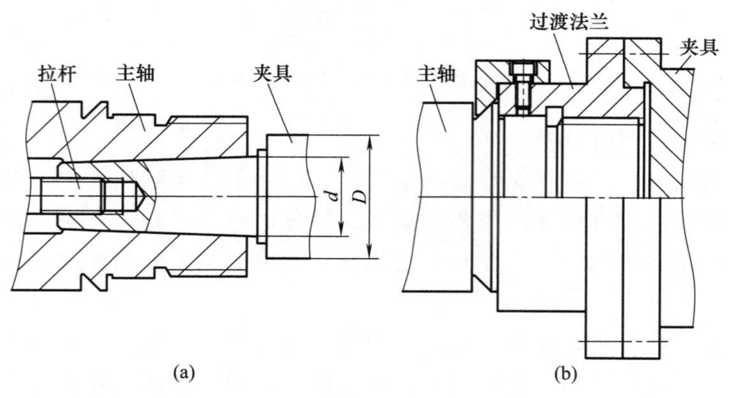

图 1-21 夹具大小对连接方式的影响

④ 机床的加工特点。在铣削加工时，加工面相对机床进给方向往往有相互位置关系要求，因此夹具在机床上安装时需要定向。如图 1-22 所示，铣削某拨叉口两端平面的夹具，其底平面安装有一对定位键，两个定位键的布置方向需平行于机床工作台进给方向，定位键的一部分嵌入夹具底平面的槽中，另一部分嵌入机床工作台的 T 形槽中，从而实现夹具在机床工作台上的安装定向。定位键除可对铣床夹具的安装进行快速定向外，也可起到抵消切

削转矩的作用。

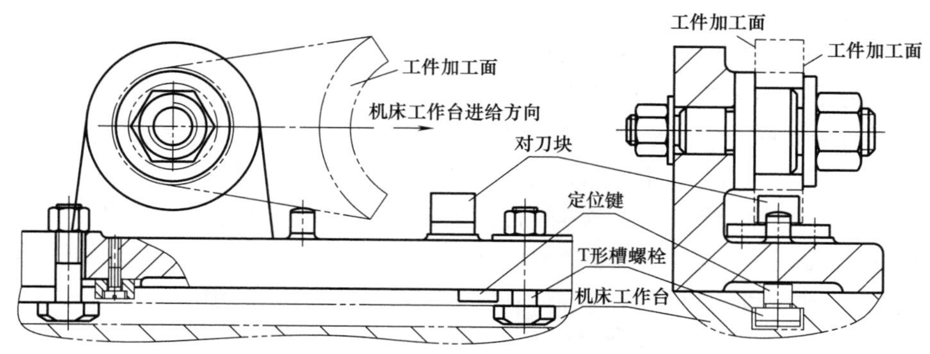

图 1-22 铣床夹具与机床工作台的连接

⑤ 机床工作台 T 形槽尺寸。对小型翻转夹具，为减轻夹具重量和便于翻转，多采用支脚安装。但需要注意：支脚的尺寸应该大于机床工作台 T 形槽宽度，以防夹具支脚卡入 T 形槽内。

⑥ 机床的布局及尺寸。图 1-23 为机床布局对夹具连接的影响，其中，图 1-23（a）所示的立式钻床，由于主轴与工作台 T 形槽存在位置尺寸 A。因此设计钻模时，如果采用夹紧耳座固定夹具，就需要保证夹紧耳座与钻模套之间的位置尺寸 B 与尺寸 A 相一致。实际钻模多采用图 1-23（b）的压板夹紧固定。

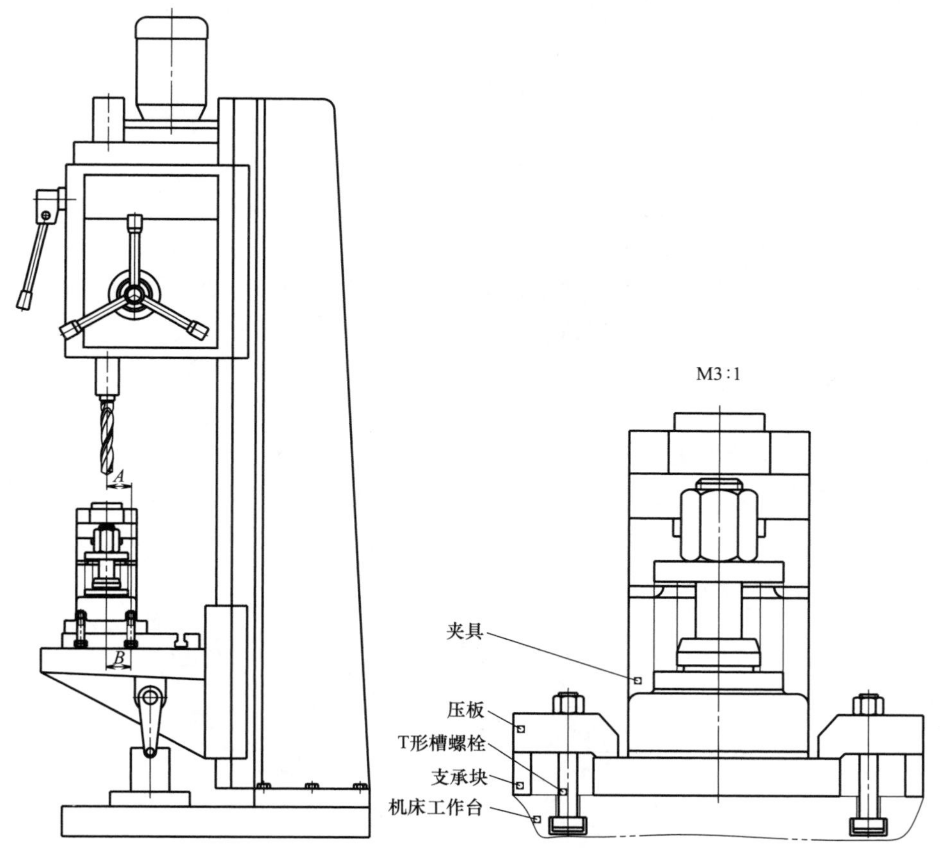

图 1-23 机床布局及尺寸对夹具连接的影响

(7) 夹具体方案确定

夹具体一般是夹具中最大的一个零件，夹具的各组成部分通过夹具体连接成一个有机的整体。夹具体设计需满足：安全性、工艺性、操作便利性，以及容屑或排屑、与机床连接等需要。根据上述需要确定夹具体的结构后，再根据下列情况确定夹具体的种类。

① 夹具体性能和特点。铸造可以生产结构复杂的铸件，而且铸件具有较好的吸震性，但生产周期长，成本较高；焊接可以生产结构比较复杂的夹具体，但焊接应力大，易造成夹具体变形，一般需要去应力，生产周期短，成本较高；直接采用型材或经简单加工后组装的夹具体，可以构成结构较为复杂的夹具体，也能避免焊接应力引起的变形，生产周期短，成本较低，但夹具体结构刚度受连接质量和连接刚度的影响；锻造夹具体，强度高、结构比较简单、成本高。

② 结构复杂性。依据结构复杂程度，夹具体可依次采用铸件、焊接件、锻件和型材。

③ 零件生产批量。对批量生产的零件，除结构简单，直接采用型材外，当夹具体结构比较复杂时，应尽量采用铸件；当结构比较简单，受力要求较高时，可采用焊接件；对单件、少量生产的零件，依据夹具体结构复杂性，依次可采用型材、焊接件和铸件。

④ 制造周期要求。当生产周期要求紧迫时，根据结构复杂性，夹具体应依次采用型材、焊接件、铸件。

⑤ 只有对较高强度要求且结构比较简单的夹具体，才采用锻件。

(8) 夹具装配图绘制

夹具装配图一般按 1∶1 的比例绘制，主视图应取机床操作位置视图，以表达清楚零部件的装配和位置关系以及工作原理为宗旨。夹具装配图的绘制方法和步骤见参考文献［8］中的 6.5.4 小节。

夹具装配图中必须标注如下五类尺寸：夹具轮廓尺寸；定位尺寸；刀具的对刀、引导尺寸；配合尺寸；夹具在机床上的安装连接尺寸。实际工作中，为了便于后期零件图的测绘，装配图中零、部件的所有装配和位置关系及轮廓大小尺寸最好全部标注。

关于夹具技术要求制定，见参考文献［8］中的 6.5.3 小节。

(9) 夹具装配精度设计与验收

夹具装配精度设计是以保证工序加工精度要求为目的，所以根据工序加工精度要求，计算确定夹具的装配精度，并以此装配精度作为夹具制造的验收依据。

【例 1-3】 根据【例 1-1】确定的工序加工尺寸及精度，计算确定夹具的装配精度及尺寸。

【解】 装配精度设计见图 1-24。图 1-24（a）是【例 1-1】求得的工序尺寸及精度的工序图。该工序加工时采用图 1-24（b）所示的方法进行对刀并加工，即在夹具设计时要保证

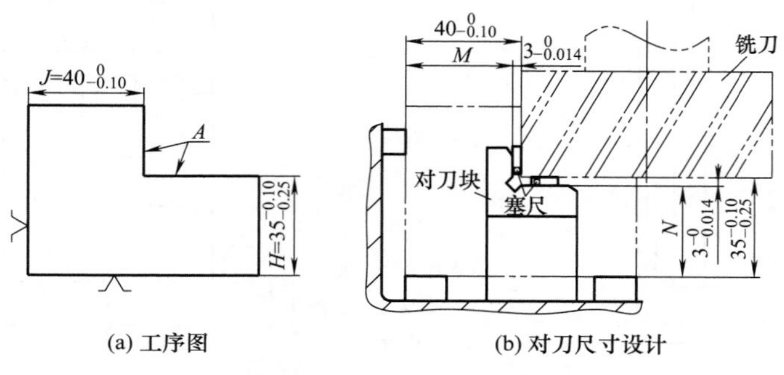

(a) 工序图　　(b) 对刀尺寸设计

图 1-24　装配精度设计

对刀尺寸 M、N 的精度，对刀时通过 3mm 塞尺，控制刀具与对刀块之间的距离，从而间接保证工序加工尺寸 J、H 的精度。这里尺寸 M、N 的精度，也就是夹具的装配设计精度，夹具制造完成后的验收也以此尺寸及精度为标准。

根据图 1-24（b）中的两个尺寸链，可以分别求得：$M=37_{-0.086}^{\ 0}$ mm，$N=32_{-0.236}^{-0.100}$ mm。即设计夹具装配图中应该标注 M、N 尺寸，夹具验收也按 M、N 尺寸验收。

需要注意的是：当夹具的装配精度无法检验时，应当在夹具上设置专门的检验用辅助工艺基准，见图 1-25。如图 1-25（a）所示钻模，钻孔要求保证尺寸 C 和 α 角，由于钻模上的尺寸 C 不便测量，因此需要在钻模上设计出辅助工艺孔 O，夹具验收时，可以在孔 O 中插入检验芯棒，通过测量尺寸 A、B 和 α 角，间接获知尺寸 C 是否得到保证。因此在钻模装配精度设计时，需要通过图 1-25（b）尺寸链解算出 A、B 的值，根据 A、B 的值设计钻模相关零件的主要结构尺寸。

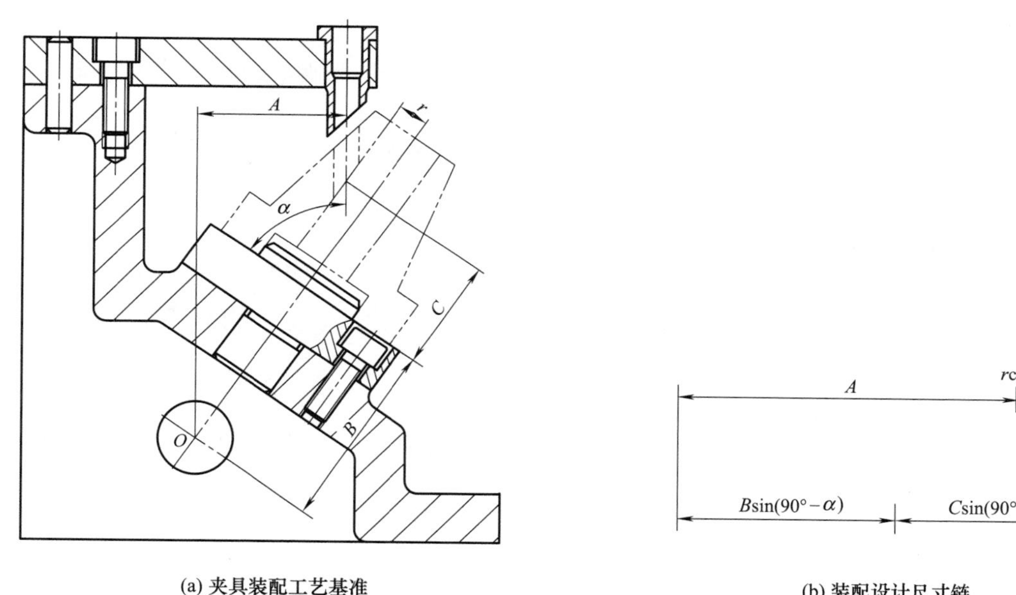

(a) 夹具装配工艺基准　　(b) 装配设计尺寸链

图 1-25　保证装配精度的辅助工艺基准

（10）非标零件测绘

在完成夹具装配图设计后，夹具装配图中所有需要制造的零件应绘制其零件图。零件图是零件制造和检验的根本依据，零件图绘制需保证正确、清楚和完整。正确是指视图表达和图纸标注要正确，符合标准和相关规范；清楚是指内容表达要清楚明白；完整是指零件的所有几何要素在三维空间的方位和大小必须全部表达。需要注意的是：零件图的尺寸标注，首先要符合装配关系要求，其次还要符合工艺要求，具体标注要求见参考文献［8］中的 1.4.2 小节和 1.4.3 小节内容。

1.3.3　设计说明书撰写

设计说明书是对工艺规程设计和专用机床夹具设计的全面说明，它是审核设计合理与否的重要技术文件。因此在进行课程设计的过程中，要随时对所做过的各项工作进行详细记录、整理和归纳，为撰写课程设计说明书做好基础资料准备。

(1) 说明书的撰写要求

① 同步进行。机械制造工艺及装备课程设计，从宏观看包括工艺规程和专用机床夹具设计两项（也称两阶段）工作。这里所谓的阶段性工作，是指该工作完成后就可以形成定案，已经考虑了后续工作可能的影响。而工艺规程和专用机床夹具设计又可以进行阶段划分，这样就可以将该课程设计按层次分为众多的小阶段工作。设计说明书的撰写应该在每个小阶段工作完成后及时撰写，即说明书与设计要同步进行，不要等设计全部完成后再集中撰写说明书。设计与说明书同步进行的好处是：可以及时发现错误和不妥之处进行改进，并提高设计效率。

② 针对设计。设计说明书要针对自己的设计，概括介绍设计的全貌，全面叙述设计意图、设计的理论依据和成果。对重要设计方案要进行分析、论证和计算，充分表达设计者决策的过程和依据。

③ 引证可考。说明书所引用的数据和公式在正文中应注明来源、出处，说明书最后要列出必要的参考文献。

④ 格式规范。设计说明书格式要统一；层次分明，逐次展开；图表清晰，图、表、公式与正文要呼应。

(2) 说明书的内容与要求

说明书需包含封面、目录、前言、零件分析与毛坯确定、工艺规程设计、专用夹具设计、总结、参考文献等项目。说明书撰写要文字通顺、言简意赅，主要内容要全面、正确、图文并茂。具体撰写内容参见 1.3.1 小节和 1.3.2 小节。

(3) 说明书的目录结构

目录结构一般视文档的长短而定。一般长度的文档均采用三级目录结构；对篇幅较短的文档，采用两级目录即可。

1.3.4 答辩

本次课程设计答辩采用指导教师自主方式进行，先检查学生课程设计成果文档的齐全性和其他需要学生填写内容的完整、正确性，对检查不合格的学生不予答辩。

对设计过程中有不正当行为，如找人代做，替做、剽窃、买卖等行为，一经查实，一律不予答辩。

图纸设计答辩内容主要包括设计的原理、视图表达、尺寸标注、精度保证、材料选用、热处理规范、结构和工艺等。指导教师根据答辩情况，按五级分给出图纸设计答辩成绩。

说明书答辩主要围绕工艺路线制订的合理性，设备、工装选择的恰当性，数据选择的适用性，计算过程的正确性，分析的全面性及合理性等展开。指导教师根据答辩情况，按五级分给出说明书撰写及答辩成绩。

图纸答辩与说明书答辩两项成绩共同构成本次课程设计的综合答辩成绩。两项成绩一般按各 50%计算出综合答辩成绩。

答辩是了解学生对自己设计内容的理解程度、口头表述能力、反应机敏情况、知识掌握深度和广度的重要手段，也是防止代做、购买等的有效手段。

1.3.5 成绩评定

课程设计成绩一般按优秀、良好、中等、及格和不及格五等划分。课程设计成绩又由图纸质量、说明书、答辩、平时纪律和表现四方面构成。

① 图纸质量。主要根据方案是否可行，原理是否正确，结构是否新颖，构思是否巧妙，表达是否完整和清晰，布局是否合理，图面是否干净等给出五级分。

② 说明书。主要根据内容是否全面，计算是否正确，论述是否透彻、格式是否规范，图文是否呼应，书面是否干净和整齐等给出五级分。

③ 答辩。主要根据表述是否正确，概念是否清楚，思路是否清晰，反应是否敏捷等给出五级分。

④ 平时纪律和表现。为客观、公平、公正地反映学生平时成绩，教师应严格考勤纪律，对设计过程中学生的主动性、积极性、深入程度、独立工作能力作为评定成绩的重要依据。

课程设计综合成绩一般以答辩成绩和图纸、说明书质量成绩为主，再综合考虑平时纪律和表现成绩。但也很难确定它们的占比，一般由指导教师综合考虑。

1.4 设计的动员与准备

课程设计开始要开动员会，让学生清楚设计的目的、设计的要求、设计的大致过程、成绩的评定等设计过程和概况，使学生清楚他们要做什么，应该注意什么。要让学生清楚：课程设计不是小长假，设计的任务是非常艰巨的，如果不投入全部的精力和时间，就不可能保质、保量按时完成设计任务。动员会就是战斗的号角，让学生知道已经进入艰巨和紧张的课程设计阶段。

动员会后，指导教师可根据自己的指导情况，对纪律、进度、要求等，再做进一步的细化规定。

1.5 设计任务书

动员会后，由指导教师发给每个所指导学生课程设计任务书，并分配任务零件图，在任务书中一般要包括以下内容。

① 课程设计题目。××零件机械加工工艺规程及××专用机床夹具设计。

② 设计的目的。课程设计的主要任务有：工艺设计、夹具设计、说明书撰写三项，根据三项课程设计任务的训练目的和要求进行撰写。

③ 原始条件。指明设备和工艺装备可选用情况，任务零件的生产批量等。

④ 设计内容及要求。指明学生应该完成和提交的设计文档。

⑤ 设计进度计划。根据总的课程设计计划学时，由指导教师进行具体的细化安排，以便对学生的设计进度进行及时的跟踪和检查。

⑥ 主要参考资料。为完成本次课程设计必需的手册、资料等，由指导教师列出清单或提供，由学生统一办理借阅。

第2章
机械加工工艺规程及专用机床夹具设计实例

2.1 序言

机械加工工艺规程是指导、组织和管理生产的重要技术文件，它直接关系到产品的质量、生产率及其成本，生产批量的大小、工艺水平的高低、解决各种工艺问题的方法和手段等都要在机械加工工艺规程中进行体现。因此在编制工艺规程时需保证其合理性和科学性。

机床夹具简称夹具，它是在机床上用于装夹工件的一种装置，其作用是保证工件相对于机床或刀具占有正确的位置，并在加工过程中保持这个位置不变。夹具设计首先需要保证零件的加工精度，同时要提高生产效率、改善工人的劳动强度、降低生产成本。

本次课程设计的任务是：针对某拖拉机发动机中的机油泵传动轴支架零件，完成其机械加工工艺规程制定，并设计其工序的专用机床夹具，撰写设计说明书。

本次课程设计是在学完机械制造技术基础、机械制造装备设计等专业课程，并完成生产实习后，进行的一次全面动手训练。设计中需要完成：毛坯的确定、零件的工艺路线安排、设备及工艺装备选择、切削用量确定、工序尺寸及公差确定等内容；在工艺设计的基础上，设计出工序加工的工件定位方案、夹紧方案、对刀引导方案，最终完成工序的专用机床夹具设计。

本次设计涉及的已学课程包括工程材料及热处理、金属加工工艺、机械制图、公差及几何量测量、理论力学、材料力学、机械原理及机械零件等基础课程，因此设计的综合性和实践性强，涉及知识面广，在设计中既要注意基本概念、基本理论，又要注意生产实践的需要，只有将各种理论与生产实践相结合，才能很好地完成本次设计。通过本次课程设计可以培养自己的动手能力、自学能力和创新能力。

2.2 零件分析

2.2.1 零件的结构分析

机油泵传动轴支架是用来支承机油泵的传动轴的，其零件简图如图 2-1 所示。该零件以 A 面为安装基面，以 A 基面上的 $3\times\phi11$mm 孔、采用螺钉连接于气缸体的底平面上，以 $2\times\phi8^{+0.015}_{0}$mm 定位销孔保证该零件的定位，机油泵传动轴以 $\phi32$mm 孔支承，以 $\phi52$mm 径向的 $\phi11$mm 孔对传动轴支承部位润滑。该零件结构较为复杂。

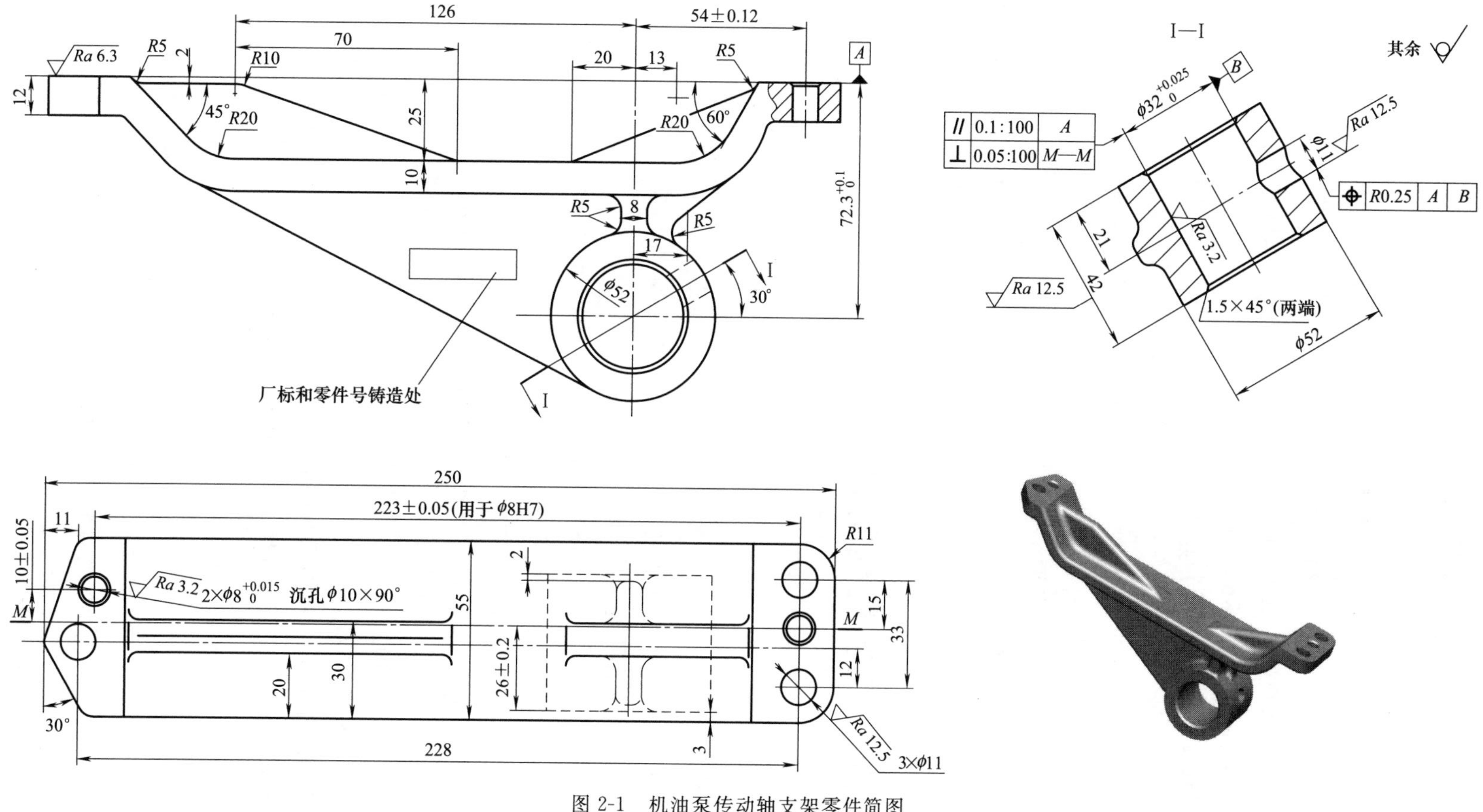

图 2-1　机油泵传动轴支架零件简图

2.2.2 零件的工艺分析

从图 2-1 的结构分析可以看出该零件主要加工面情况：$\phi 32^{+0.025}_{0}$mm 支承孔配合性质及精度为 H7，表面粗糙度为 $Ra3.2\mu m$；安装基准面 A，其对 $\phi 32^{+0.025}_{0}$mm 孔的位置尺寸为 $72.3^{+0.1}_{0}$mm（九、十级精度），表面粗糙度为 $Ra6.3\mu m$；两个定位销孔 $\phi 8^{+0.015}_{0}$mm，其配合及精度为 H7，表面粗糙度为 $Ra3.2\mu m$。

对传动轴位置有影响的因素包括：机油泵传动轴支架零件的安装定位，以两个定位销孔 $\phi 8^{+0.015}_{0}$mm 保证；$\phi 32^{+0.025}_{0}$mm 孔轴线对基准面 A 的平行度为 0.1mm/100mm（九级精度）、对 M—M 平面的垂直度为 0.05mm/100mm（七、八级精度）；安装基准面 A 对 $\phi 32^{+0.025}_{0}$mm 孔的位置尺寸为 $72.3^{+0.1}_{0}$mm。

从工艺上看，$\phi 32^{+0.025}_{0}$mm 和两个 $\phi 8^{+0.015}_{0}$mm 孔的精度主要靠工艺流程安排和工序加工方法的工艺能力保证，零件的位置精度和 $72.3^{+0.1}_{0}$mm 位置尺寸精度主要靠专用机床夹具来保证。

2.3 机械加工工艺规程制订

2.3.1 确定生产类型

按设计任务书给定条件，该零件的年产量为 5000 件/年，在此不考虑备品需求，只考虑废品率。若取机械加工废品率为 1%，则该零件的年生产量为

$$N=5000\times(1+1\%)=5050(件/年)$$

根据 5050 件/年的年产量，选取零件加工机动时间较长的工序估算确定生产类型。在这里选取铣安装基面 A 工序进行估算，估算过程如下。

① 机床选择。由《工艺》中表 8-65 初步选择铣床型号 X5020A。

② 刀具选择。该表面不做预先粗加工，直接采用一次加工完成，根据《工艺》中表 10-38，刀具选用镶齿套式面铣刀，刀具材料选用高速钢，由《工艺》中表 10-39 选择刀具直径 $d=80$mm，刀齿数=10。

③ 选择切削用量。综合考虑加工面粗糙度要求、加工面尺寸、背吃刀量、刀具寿命等情况，由《工艺》中表 14-71 初步选择 $f_z=0.05$mm/z，$y=60$m/min。转速则为

$$n=\frac{1000v}{\pi d}=\frac{1000\times 60}{3.14\times 80}\approx 238\ (\text{r/min})$$

④ 确定切入、切出长度。由《工艺》中表 15-18 的说明，确定切入、切出长度为 80+2=82（mm）。

⑤ 计算机动时间 t_m。也就是 A 平面的铣削时间，计算如下：

$$t_m=\frac{l_1+l+l_2}{f_M}=\frac{l_1+l+l_2}{f_z zn}=\frac{82+250}{0.05\times 10\times 238}\approx 2.79\ (\text{min})$$

⑥ 确定辅助时间 t_a。根据工序加工情况，测定辅助时间为 0.5min。

⑦ 确定生理休息时间 t_r 和工作地点布置时间 t_s。取 $t_r=5\%t_c$，$t_s=2\%t_c$，则有

$$t_r=5\%t_c=5\%\times(2.79+0.5)\approx0.16\ (\text{min})$$

$$t_s=2\%t_c=2\%\times(2.79+0.5)\approx0.07\ (\text{min})$$

⑧ 确定生产准备、终结时间 t_e。批量生产的开始准备时间与生产结束的收尾时间称为准备、终结时间。其多少主要根据工件、设备、工装的大小和复杂程度进行确定。该工序的准备、终结时间确定为 $t_e=30\text{min}$。

⑨ 工序时间定额 t_d。完成工序加工所规定的时间，称为工序时间定额。在各工序生产负荷基本均衡的流水线中，工序时间定额就等于单件工时，计算如下：

$$t_d=t_m+t_a+t_r+t_s+\frac{t_e}{N}=2.79+0.5+0.16+0.07+\frac{30}{5050}\approx3.53\ (\text{min})$$

⑩ 工序加工负荷率 F。某工序完成零件批次加工所需时间与全年法定可用时间之比称为工序的负荷率。在各工序生产负荷基本均衡的流水线生产中，工序的负荷率也代表流水线的负荷率。铣 A 面的机床负荷率计算如下：

$$F=\frac{t_dN}{t_T}=\frac{3.53\times5050}{(365-52-7)\times2\times8\times60}\times100\%\approx6.1\%$$

根据负荷率，该零件生产类型应为小批量生产。

2.3.2 确定毛坯

由该零件的功用及结构，确定毛坯采用铸件，材料选用 HT150，屈服强度 $\sigma_s=150\text{MPa}$，拉伸强度为 $\sigma_b=150\text{MPa}$。由于是小批量生产，毛坯的制造形式采用手工造型、化学黏结剂砂型铸造，根据《工艺》中表 12-5，毛坯铸件的公差等级取 CT11～ CT13。因零件尺寸较小，选择毛坯铸件的公差等级为 CT11；根据《工艺》中表 12-6，选择毛坯铸件的机械加工余量等级为 H；根据《工艺》中表 12-2，确定毛坯铸件的机械加工余量为 4mm。因此，在图 2-2 所示的毛坯简图中，除部分比较重要毛坯铸件尺寸公差标出外，毛坯铸件的

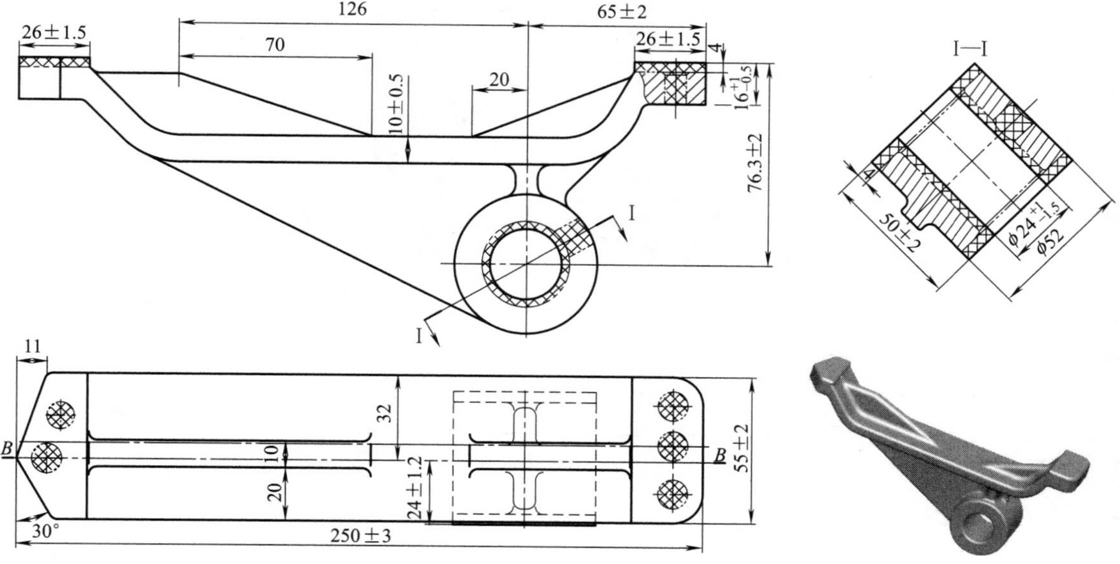

图 2-2　机油泵传动轴支架毛坯简图

其余尺寸公差与机械加工余量采用 GB/T 6414-CT11-RMA4（H）制造。

受零件结构限制，分型面应采用过 B—B 且垂直于 A 基面的平面，为避免影响机械加工定位，浇注冒口可选在 U 形板内侧面上或 ϕ52mm 圆柱面上。

2.3.3 拟订工艺路线

(1) 各表面加工方案确定

加工面的加工方案包括加工方法和加工次数（次序）。确定加工方案需综合考虑零件的材料、热处理状况、加工面形状和尺寸、零件的结构、生产批量、加工质量等要求，图 2-1 所示零件各加工面的加工方案如表 2-1 所示。

表 2-1 零件各加工面的加工方案

序号	加工面及质量要求		加工方案	说明
	加工面	质量要求/μm		
1	基面 A	Ra6.3	铣削	无预先粗加工，直接半精加工完成
2	3×ϕ11mm 螺栓孔	Ra12.5	钻削	
3	2×$\phi8^{+0.015}_{0}$mm 倒角	Ra12.5	锪	
4	2×$\phi8^{+0.015}_{0}$mm 孔	H7,Ra3.2	钻→扩→铰	
5	ϕ52mm 圆柱两端面	Ra12.5	粗铣	
6	$\phi32^{+0.025}_{0}$mm 孔口倒角	Ra12.5	锪	
7	$\phi32^{+0.025}_{0}$mm 孔	H7,Ra3.2	钻扩→扩→铰	先以麻花钻扩孔，再安排扩、铰加工
8	ϕ11mm 润滑油孔	Ra12.5	钻削	

(2) 各表面加工定位基准确定

根据粗、精基准选择原则，追踪分析零件各加工面的定位基准选择和转换情况见表 2-2。粗基准选择 B、C、D 面，精基准尽量根据统一原则选择基面 A 及 2×$\phi8^{+0.015}_{0}$mm 孔。

表 2-2 零件各加工面的定位基准选择与转换情况

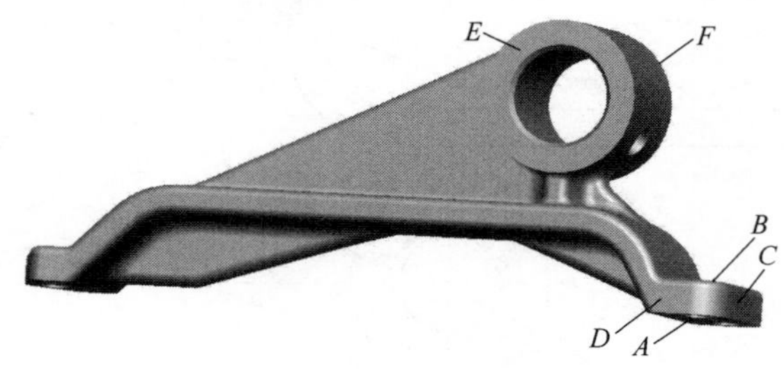

序号	加工面	定位基准追踪	说明
1	基面 A	B	B 为非加工面
2	3×ϕ11mm 螺栓孔	A→B 2×ϕ8mm 孔→ A→B；C；D	B、C、D 均为非加工面

续表

序号	加工面	定位基准追踪	说明
3	$2\times\phi8^{+0.015}_{0}$mm 倒角	B；ϕ8mm 孔本身→（A→B，C，D）	B、C、D 均为非加工面
4	$2\times\phi8^{+0.015}_{0}$mm	A→B，C，D	
5	ϕ52mm 圆柱两端面	A→B；2×ϕ8mm 孔→（A→B，C，D）	
6	$\phi32^{+0.025}_{0}$mm 孔口倒角	（E 或 F，ϕ32mm 孔）→（A→B；2×ϕ8mm 孔→（A→B，C，D））	
7	$\phi32^{+0.025}_{0}$mm 孔	A→B；2×ϕ8mm 孔→（A→B，C，D）	
8	ϕ11mm 润滑油孔	A→B；2×ϕ8mm 孔→（A→B，C，D）	

(3) 工序组合

根据表 2-2 的定位基准转换情况，按照工序组合原则，考虑工序时间均衡要求，以及加工方法差异性、工件装夹方式、精度保障等需要，该零件加工的工序组合情况见表 2-3。

表 2-3 零件加工的工序组合情况

序号	工序组合	说明
1	铣削基面 A	无预先粗加工，直接半精加工保证加工面质量要求
2	钻 3×ϕ11mm 螺栓孔	3 个工步
3	钻、扩、铰 $2\times\phi8^{+0.015}_{0}$mm 孔	6 个工步
4	$2\times\phi8^{+0.015}_{0}$mm 倒角	2 个工步
5	铣 ϕ52mm 圆柱两端面	1 个复合工步
6	$\phi32^{+0.025}_{0}$mm 孔口倒角	2 次安装
7	钻扩、扩、铰 $\phi32^{+0.025}_{0}$mm 孔	3 个工步
8	钻 ϕ11mm 润滑油孔	1 个工步

(4) 加工阶段划分

该零件精度要求较高的加工面有 $\phi32^{+0.025}_{0}$mm 孔和 $2\times\phi8^{+0.015}_{0}$mm 孔。作为定位基准的 $2\times\phi8^{+0.015}_{0}$mm 孔，因加工方法和定位需要，应在一次装夹中完成加工。受加工方法、加工精度要求、工艺流程长度等限制，$\phi32^{+0.025}_{0}$mm 孔加工不需分阶段进行。总之，该零件加工不必分阶段进行，只需将高精度表面尽量靠后安排即可。

(5) 零件机械加工工艺路线安排

由于是批量生产，应采用“流水线”安排工艺过程，根据该零件所选择加工方法的加工特点，每工步均采用一次走刀完成加工，综合前述工艺路线安排细节分析，结合工艺路线安排“基准先行；先主后次；先粗后精；先面后孔”的原则，该零件的机械加工工艺路线安排见表 2-4。

表 2-4 零件机械加工工艺路线安排

工序号	工序安排	安装	工步数	工位数	说明
5	铣削基面 A	1	1	1	直接半精加工
10	钻、扩、铰 $2\times\phi 8^{+0.015}_{0}$mm 孔	1	6	1	
15	$2\times\phi 8^{+0.015}_{0}$mm 孔倒角	1	2	1	
20	钻 $3\times\phi 11$mm 螺栓孔	1	3	1	
25	铣 $\phi 52$mm 圆柱两端面	1	1	1	采用复合工步加工
30	钻扩、扩、铰 $\phi 32^{+0.025}_{0}$mm 孔	1	3	1	
35	$\phi 32^{+0.025}_{0}$mm 孔口倒角	1	1	1	两次安装完成加工
		2	1	1	
40	钻 $\phi 11$mm 润滑油孔	1	1	1	

(6) 辅助工序安排

由于该零件需要加工面不多，工艺路线较短，且为小批量生产，检验一般在工序加工时兼顾，只需考虑零件加工终了时，安排清洗和检验工序即可。因此该零件的全部工艺路线见表 2-5。

表 2-5 零件全部工艺路线安排

工序号	工序安排	说明
5	铣削基面 A	无预先粗加工，直接半精加工保证加工面质量要求
10	钻、扩、铰 $2\times\phi 8^{+0.015}_{0}$mm 孔	
15	$2\times\phi 8^{+0.015}_{0}$mm 孔倒角	
20	钻 $3\times\phi 11$mm 螺栓孔	
25	铣 $\phi 52$mm 圆柱两端面	本工序采用一个复合工步完成加工
30	钻扩、扩、铰 $\phi 32^{+0.025}_{0}$mm 孔	
35	$\phi 32^{+0.025}_{0}$mm 孔口倒角	本工序采用两次安装完成加工
40	钻 $\phi 11$mm 润滑油孔	
45	清洗、去毛刺	
50	检验	

2.3.4 工序设计

(1) 设备及工艺装备选择

① 设备选择。综合考虑零件的生产批量、加工面形状大小、零件结构特点、零件材料性能、热处理状况等，详细确定设备的种类、型号、精度、电机功率、主运动速度范围及分

级情况、进给运动速度范围及分级情况、主轴到工作台的距离范围、进给运动的方向和大小、工作台尺寸及 T 形槽数量及尺寸、主轴连接部位的结构形式和尺寸等情况，在保证优质、高产、低成本的前提下，根据《工艺》中表 8-65、表 8-64、表 8-31、表 8-32，选择的工序设备情况如表 2-6 所示。

表 2-6 工序设备选用情况

工序号	工艺流程	设备						
		名称	型号	主功率/kW	主轴到工作台距离/mm	T 形槽		
						数量	槽宽/mm	槽距/mm
5	铣削基面 A	铣床	X5020	3	40～400	3	14	45
10	钻、扩、铰 $2\times\phi8^{+0.015}_{0}$mm 孔	摇臂钻	Z3025	2.2	250～1000	3	18	150
15	$2\times\phi8^{+0.015}_{0}$mm 孔倒角	钻床	Z518	1	25～600			
20	钻 $3\times\phi11$mm 螺栓孔	摇臂钻	Z3025	2.2	250～1000	3	18	150
25	铣 $\phi52$mm 圆柱两端面	铣床	X6020	3	20～380	3	14	45
30	钻扩、扩、铰 $\phi32^{+0.025}_{0}$mm 孔	钻床	Z5140A	3	0～750	3	18	150
35	$\phi32^{+0.025}_{0}$mm 孔口倒角	钻床	Z5140A	3	0～750	3	18	150
40	钻 $\phi11$mm 润滑油孔	钻床	Z518	1	25～600			
45	清洗、去毛刺	清洗机	BNX-600	0.6				
50	检验	检验台						

② 刀具选择。小批量生产，应尽量选用标准和通用刀具，并兼顾机床类型、零件加工工艺安排、加工面结构尺寸、加工质量要求、工件材料性能等，根据《工艺》中表 10-38～表 10-40 可选择铣刀的材料和规格，根据《工艺》中表 14-63、表 14-64 可确定铣刀切削部分的几何参数，根据《工艺》中表 10-23、表 10-27、表 10-33 可确定钻、扩、铰刀具的材料和规格尺寸，根据《工艺》中表 10-31 可确定锪刀的规格尺寸。关于刀具选用的详细情况，见表 2-7。

表 2-7 工序刀具选用情况

工序号	工序安排		刀具							
	工序名	工步	种类	材料	规格	主要几何参数				
						γ_o	α_o	α_1	K_r	K_r'
5	铣削基面 A	铣平面	套式面铣刀	高速钢	$\phi80$mm×10mm	15°	12°	8°	60°	1°
10	钻、扩、铰 $2\times\phi8^{+0.015}_{0}$mm 孔	钻孔	钻头	高速钢	$\phi7.5$mm×74mm	$\phi7.5$H11 标准直柄麻花钻				
		扩孔	扩刀		$\phi7.8$mm×117mm	$\phi7.8$H9 标准直柄扩刀				
		铰孔	铰刀		$\phi8$mm×115mm	$\phi8$H7 标准直柄机用铰刀				
15	$2\times\phi8^{+0.015}_{0}$mm 孔倒角	倒角	锪刀	高速钢	$\phi16$mm×56mm	$\phi16$mm 标准直柄锪刀				
20	钻 $3\times\phi11$mm 螺栓孔	钻孔	钻头	高速钢	$\phi11$mm×95mm	$\phi11$mm 标准直柄麻花钻				
25	铣 $\phi52$mm 圆柱两端面	铣端面	镶齿盘铣刀	高速钢	$\phi200$mm×20mm	15°	16°	6°	—	1°
30	钻扩、扩、铰 $\phi32^{+0.025}_{0}$mm 孔	钻扩	钻头	高速钢	$\phi30$mm×168mm	$\phi30$H11 标准直柄麻花钻				
		扩孔	扩刀		$\phi31.6$mm×306mm	$\phi31.6$H9 标准锥柄扩刀				
		铰孔	铰刀		$\phi32$mm×317mm	$\phi32$H7 标准机用锥柄铰刀				

续表

工序号	工序安排		刀具			主要几何参数				
	工序名	工步	种类	材料	规格	γ_o	α_o	α_1	K_r	K_r'
35	$\phi32^{+0.025}_{0}$mm 孔口倒角	倒角	锪刀	高速钢	ϕ40mm×150mm	ϕ40mm 标准锥柄锪刀				
40	钻 ϕ11mm 润滑油孔	钻孔	钻头	高速钢	ϕ11mm×95mm	ϕ11mm 标准直柄麻花钻				
45	清洗、去毛刺	倒钝	锉刀	高碳钢	10in	粗齿				
50	检验	—	—	—	—	—				

③ 量具选择。量具选择首要因素是测量的准确度（或不确定度），其次还要考虑量具的适用性及测量成本。测量的不确定度U包括量具本身不确定度u_1，受温度、测量力等影响的不确定度u_2。一般$u_2 \approx 0.5u_1$，则

$$U=\sqrt{u_1^2+u_2^2}=\sqrt{u_1^2+(0.5u_1)^2}\approx 1.1u_1$$

$$u_1 \approx 0.9U \tag{2-1}$$

式中 U——测量不确定度；

u_1——量具本身不确定度。

式（2-1）说明：量具本身的不确定度约占测量不确定度的 9/10。因此在选择量具时，将被测量尺寸公差$T/10$作为量具测量的安全裕度A。即

$$A=\frac{T}{10} \tag{2-2}$$

式中 A——量具测量的安全裕度；

T——被测量尺寸公差值。

在选择量具时，一般将工件的最大和最小实体尺寸分别向公差带内移动一个安全裕度A作为验收极限。由此根据《工艺》中表 11-11、表 11-12、表 11-36，可确定各工序配用量具，如表 2-8 所示。

表 2-8 各工序配用量具选用

工序号	工序内容安排		量具				
	工序内容	工步	种类	规格/mm	读数值/mm	示值误差/mm	备注
5	铣削基面 A	铣平面	游标卡尺	0～100	0.02	±0.02	
10	钻、扩、铰 $2\times\phi8^{+0.015}_{0}$mm 孔	钻孔	游标卡尺	0～100	0.02	±0.02	
		扩孔	游标卡尺	0～100	0.02	±0.02	
		铰孔	内径千分尺	6～8	0.001	±0.001	最大误差≤0.004mm
15	$2\times\phi8^{+0.015}_{0}$mm 孔倒角	倒角	游标卡尺	0～100	0.02	±0.02	
20	钻 3×ϕ11mm 螺栓孔	钻孔	游标卡尺	0～100	0.02	±0.02	
25	铣 ϕ52mm 两端面	铣端面	游标卡尺	0～100	0.02	±0.02	
30	钻扩、扩、铰 $\phi32^{+0.025}_{0}$mm 孔	钻扩	游标卡尺	0～100	0.02	±0.02	
		扩孔	游标卡尺	0～100	0.02	±0.02	
		铰孔	内径千分尺	30～40	0.001	±0.001	最大误差≤0.004mm

续表

工序号	工序内容安排		量具				
	工序内容	工步	种类	规格/mm	读数值/mm	示值误差/mm	备注
35	$\phi32^{+0.025}_{0}$mm 孔口倒角	倒角	游标卡尺	0～100	0.02	±0.02	
40	钻 ϕ11mm 润滑油孔	钻孔	游标卡尺	0～100	0.02	±0.02	
45	清洗、去毛刺	—					
50	检验	—	角度量仪等	0～320	2′	±2′	详细见检验卡

(2) 工序余量、工序尺寸及公差确定

$2\times\phi8^{+0.015}_{0}$mm 和 $\phi32^{+0.025}_{0}$mm 孔加工，其直径尺寸可采用“倒推法”确定出各工步的余量、工序尺寸及公差，见表 2-9。

表 2-9　ϕ8mm、ϕ32mm 孔加工工步的工序尺寸确定

工序号	工序		工序余量、工序尺寸及偏差					
	工序名	工步	余量/mm	公称尺寸/mm	经济精度	工序公差/mm	工序尺寸/mm	粗糙度/μm
10	钻、扩、铰 $2\times\phi8^{+0.015}_{0}$mm 孔	钻孔	7.5	ϕ7.5	H11	0.09	$\phi7.5^{+0.09}_{0}$	Ra12.5
		扩孔	0.3	ϕ7.8	H9	0.036	$\phi7.8^{+0.036}_{0}$	Ra6.3
		铰孔	0.2	ϕ8	H7	0.015	$\phi8^{+0.015}_{0}$	Ra3.2
30	钻、扩、铰 $\phi32^{+0.025}_{0}$mm 孔	钻扩	6	ϕ30	H11	0.13	$\phi30^{+0.13}_{0}$	Ra12.5
		扩孔	1.6	ϕ31.6	H9	0.062	$\phi31.6^{+0.062}_{0}$	Ra6.3
		铰孔	0.4	ϕ32	H7	0.015	$\phi32^{+0.025}_{0}$	Ra3.2

机油泵传动轴支架的结构稍微复杂，但加工面不多，工艺过程相对简单，精度要求不高，其他各工序加工需保证的工序尺寸，基本可由设计尺寸直接确定，个别工序尺寸可通过工艺尺寸链换算求得，其各工序尺寸的确定情况见表 2-10。

(3) 工序加工质量验收方法和标准制订

在该零件的各工序加工中，质量验收按表 2-9 和表 2-10 给定的工序尺寸验收，孔心距、垂直度和位置度的检测需要借助专门检验装置进行测量。

(4) 切削用量确定

① 确定工序加工的背吃刀量和进给量。基于“在保证加工质量的前提下，尽量利用设备潜能，最大限度地提高生产率，降低生产成本”的切削用量选择原则，并综合考虑刀具性能，工件材料性能等情况，根据《工艺》中第十四章相关表格和加工余量给定情况，可确定零件加工各工序的背吃刀量和进给量，见表 2-11。

② 确定机床转速和切削速度。由于是小批量生产，刀具使用寿命均按两倍标准寿命考虑，由切削速度实验（经验）公式计算出工序加工的理论切削速度 v_L，由 v_L 可计算出机床主轴的计算转速 n_L。由于缺乏机床主轴转速的详细分级情况，选择与 n_L 接近的机床转速作为工序加工的实际转速 n，由实际转速 n 可计算出工序加工的实际切削速度。按《工艺》中表 14-71、表 14-77 确定铣刀标准寿命，根据《工艺》中表 14-67、表 14-89 计算铣削加工的理论切削速度。根据《工艺》中表 14-29、表 14-42 计算钻、扩钻、扩孔的理论切削速度。

表 2-10　其各工序尺寸的确定情况

零件简图	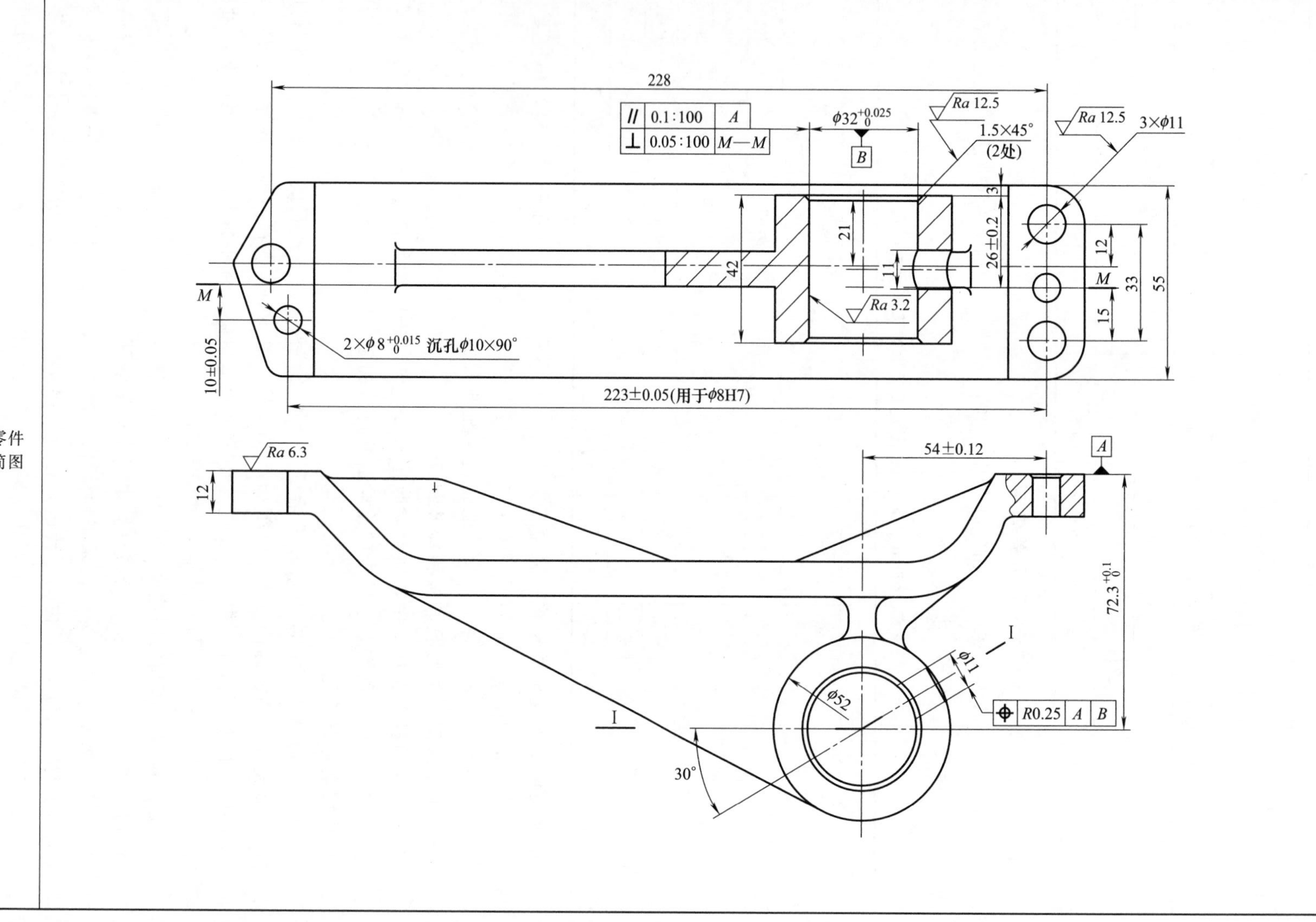

续表

工序号	工序		工序余量、工序尺寸及偏差					
	工序名	工步	余量/mm	公称尺寸/mm	经济精度	工序公差/mm	工序尺寸/mm	粗糙度/μm
05	铣削基面 A	铣平面	4	12	设计给定	自由公差	12	$Ra6.3$
10	钻、扩、铰 $2\times\phi8^{+0.015}_{0}$ mm 孔	孔加工	见表 2-9	29	IT12	0.2	29±0.1	$Ra3.2$
				11	设计给定	自由公差	11	
				10	设计给定	±0.05	10±0.05	
				223	设计给定	±0.05	223±0.05	
15	$2\times\phi8^{+0.015}_{0}$ mm 孔倒角	倒角	—	1×45°	设计给定	自由公差	1×45°	$Ra12.5$
20	钻 $3\times\phi11$mm 螺栓孔	钻孔	11	$\phi11$	设计给定	自由公差	$\phi11$	$Ra12.5$
				15	设计给定	自由公差	15	
				33	设计给定	自由公差	33	
				12	设计给定	自由公差	12	
				228	设计给定	自由公差	228	
25	铣 $\phi52$mm 两端面	铣端面	4	26	设计给定	±0.2	26±0.2	$Ra12.5$
			4	42	设计给定	自由公差	42	
30	钻、扩、铰 $\phi32^{+0.025}_{0}$ mm 孔	孔加工	见表 2-9	54	设计给定	±0.12	54±0.12	$Ra3.2$
				72.3	设计给定	0.1	$72.3^{+0.1}_{0}$	
				100	设计给定	0.1	//:0.1∶100	
				100	设计给定	0.05	⊥:0.05∶100	
35	$\phi32^{+0.025}_{0}$ mm 孔口倒角	倒角	—	1.5×45°	设计给定	自由公差	1.5×45°	$Ra12.5$
40	钻 $\phi11$mm 润滑油孔	钻孔	11	$\phi11$	设计给定	自由公差	$\phi11$	$Ra12.5$
				30°	设计给定	自由公差	30°	
				5	IT13	0.2	5±0.1	
				—	设计给定	$R0.25$	⌖:$R0.25$	

表 2-11 零件加工各工序背吃刀量和进给量确定

工序号	工序		切削用量			依据
	工序名	工步	背吃刀量/mm	铣削宽度/mm	进给量	
05	铣削基面 A	铣平面	4	55	0.05mm/z	《工艺》中表 14-69
10	钻、扩、铰 $2\times\phi8^{+0.015}_{0}$mm 孔	钻孔	3.75	—	0.2mm/r	《工艺》中表 14-34
		扩孔	0.15	—	0.4mm/r	《工艺》中表 14-40
		铰孔	0.1	—	1.2mm/r	《工艺》中表 14-43
5	$2\times\phi8^{+0.015}_{0}$mm 孔倒角	倒角	1	—	0.1mm/r	《工艺》中表 14-48
20	钻 $3\times\phi11$mm 螺栓孔	钻孔	5.5	—	0.4mm/r	《工艺》中表 14-34
25	铣 $\phi52$mm 两端面	铣端面	52	4	0.1mm/z	《工艺》中表 14-69
30	钻、扩、铰 $\phi32^{+0.025}_{0}$mm 孔	钻扩	3	—	0.6mm/r	《工艺》中表 14-37
		扩孔	0.8	—	0.9mm/r	《工艺》中表 14-40
		铰孔	0.2	—	2.0mm/r	《工艺》中表 14-43
35	$\phi32^{+0.025}_{0}$mm 孔口倒角	倒角	1.5	—	0.15mm/r	《工艺》中表 14-48
40	钻 $\phi11$mm 润滑油孔	钻孔	5.5	—	0.4mm/r	《工艺》中表 14-34

根据《工艺》中表 14-29、表 14-46 计算铰孔的理论切削速度。根据《工艺》中表 14-48 选择锪孔的切削速度。各工序加工的实际转速和切削速度计算结果见表 2-12。

表 2-12 各工序加工的实际转速和切削速度计算结果

工序号	工序		理论切削速度和转速		实际切削速度和转速	
	工序名	工步	理论切速 v_L/(m/min)	理论转速 $n_L=\frac{1000v_L}{\pi d}$/(r/min)	实际转速/(r/min)	实际切速 $v=\frac{\pi dn}{1000}$/(m/min)
05	铣削基面 A	铣平面	$v_L=\frac{44.1d^{0.2}k_v}{t^{0.15}a_p^{0.1}f_z^{0.4}a_c^{0.1}z^{0.1}}=\frac{44.1\times80^{0.2}\times0.92\times0.9\times0.98\times0.8\times0.8\times0.8}{180^{0.15}\times4^{0.1}\times0.05^{0.4}\times55^{0.1}\times10^{0.1}}\approx31.01$	123.38	120	30.16
10	钻、扩、铰 $2\times\phi8^{+0.015}_{0}$mm 孔	钻孔	$v_L=\frac{14.2d^{0.25}k_v}{t^{0.125}f^{0.55}}=\frac{14.2\times7.5^{0.25}\times0.79\times0.91}{25^{0.125}\times0.2^{0.55}}\approx27.37$	1162.21	1150	27.08
		扩孔	$v_L=\frac{18.2d^{0.2}k_v}{t^{0.125}a_p^{0.1}f^{0.4}}=\frac{18.2\times7.8^{0.2}\times0.79\times0.91}{25^{0.125}\times0.15^{0.1}\times0.4^{0.4}}\approx23.01$	939.01	930	22.79
		铰孔	$v_L=\frac{15.1d^{0.2}k_v}{t^{0.3}a_p^{0.1}f^{0.5}}=\frac{15.1\times8^{0.2}\times0.79\times0.81}{20^{0.3}\times0.1^{0.1}\times1.2^{0.5}}\approx6.85$	272.55	270	6.79

续表

工序号	工序		理论切削速度和转速		实际切削速度和转速	
	工序名	工步	理论切速 v_L/(m/min)	理论转速 $n_L=\frac{1000v_L}{\pi d}$ /(r/min)	实际转速 /(r/min)	实际切速 $v=\frac{\pi dn}{1000}$ /(m/min)
15	$2\times\phi8^{+0.015}_{0}$mm 孔倒角	倒角	按《工艺》中表 14-48 取 $v_L=12$	381.97	380	11.94
20	钻 $3\times\phi11$mm 螺栓孔	钻孔	$v_L=\frac{16.5d^{0.25}k_v}{t^{0.125}f^{0.4}}=\frac{16.5\times11^{0.25}\times0.79\times0.91}{45^{0.125}\times0.4^{0.4}}\approx19.36$	560.5	550	19
25	铣 $\phi52$mm 两端面	铣端面	$v_L=\frac{89.4d^{0.2}k_v}{t^{0.15}a_p^{0.5}f_z^{0.4}a_c^{0.1}z^{0.1}}=\frac{89.4\times200^{0.2}\times0.92\times0.9\times1.12\times0.7\times0.8\times0.85}{150^{0.15}\times52^{0.5}\times0.1^{0.4}\times4^{0.1}\times20^{0.1}}\approx12.07$	19.21	20	12.56
30	钻、扩、铰 $\phi32^{+0.025}_{0}$mm 孔	钻扩	$v_L=\frac{21.6d^{0.25}k_v}{t^{0.125}a_p^{0.1}f^{0.4}}=\frac{21.6\times30^{0.25}\times0.79\times0.75\times0.91}{105^{0.125}\times3^{0.1}\times0.6^{0.4}}\approx16.74$	177.71	165	15.54
		扩孔	$v_L=\frac{16.3d^{0.2}k_v}{t^{0.125}a_p^{0.1}f^{0.4}}=\frac{16.3\times31.6^{0.2}\times0.79\times0.91}{70^{0.125}\times0.8^{0.1}\times0.9^{0.4}}\approx14.66$	147.67	145	14.39
		铰孔	$v_L=\frac{15.1d^{0.2}k_v}{t^{0.3}a_p^{0.1}f^{0.5}}=\frac{15.1\times32^{0.2}\times0.79\times0.81}{80^{0.3}\times0.2^{0.1}\times2^{0.5}}\approx4.31$	42.87	40	4.02
35	$\phi32^{+0.025}_{0}$mm 孔口倒角	倒角	按《工艺》中表 14-48，取 $v_L=15.5$	140.96	140	15.39
40	钻 $\phi11$mm 润滑油孔	钻孔	$v_L=\frac{16.5d^{0.25}k_v}{t^{0.125}f^{0.4}}=\frac{16.5\times11^{0.25}\times0.79\times0.91}{45^{0.125}\times0.4^{0.4}}\approx19.36$	560.5	550	19

③ 校验机床功率。根据已经确定的切削用量，由《工艺》中表 14-67、表 14-30，计算并验证机床的额定功率。由于缺乏相关资料数据，高速钢刀具钻、扩钻孔加工，验算时以工具钢刀具代替；高速钢刀具扩、铰孔加工，以工具钢、硬质合金刀具代替；锪孔加工按扩孔加工计算。具体计算过程和结果如表 2-13 所示。

表 2-13 机床功率校核

工序号	工序		理论切削速度和转速	机床额定功率 P_E/kW	校核 $P\leqslant\eta P_E$
	工序名	工步	切削功率 P/kW		
05	铣削基面 A	铣平面	$P=2.49\times10^{-5}d^{-0.14}a_p^{0.9}f_z^{0.72}a_c^{1.14}zn$ $=2.49\times10^{-5}\times80^{-0.14}\times4^{0.9}\times0.05^{0.72}\times55^{1.14}\times10\times130$ ≈0.68	3	$0.68\leqslant0.85\times3$ 上式成立
10	钻、扩、铰 $2\times\phi8_{0}^{+0.015}$mm 孔	钻孔	$P=\dfrac{Mn}{7018760\times1.36}=\dfrac{210d^2f^{0.8}n}{7018760\times1.36}$ $=\dfrac{210\times7.5^2\times0.2^{0.8}\times1150}{7018760\times1.36}$ ≈0.39	2.2	$0.39\leqslant0.85\times2.2$ 上式成立
		扩孔	$P=\dfrac{Mn}{7018760\times1.36}=\dfrac{1950d^{0.85}a_p^{0.8}f^{0.7}n}{7018760\times1.36}$ $=\dfrac{1950\times7.8^{0.85}\times0.15^{0.8}\times0.4^{0.7}\times930}{7018760\times1.36}$ ≈0.13		$0.13\leqslant0.85\times2.2$ 上式成立
		铰孔	$P=\dfrac{Mn}{7018760\times1.36}=\dfrac{1950d^{0.85}a_p^{0.8}f^{0.7}n}{7018760\times1.36}$ $=\dfrac{1950\times32^{0.85}\times0.1^{0.8}\times1.2^{0.7}\times270}{7018760\times1.36}$ ≈0.19		$0.19\leqslant0.85\times2.2$ 上式成立
15	$2\times\phi8_{0}^{+0.015}$mm 孔倒角	倒角	$P=\dfrac{Mn}{7018760\times1.36}=\dfrac{1950d^{0.85}a_p^{0.8}f^{0.7}n}{7018760\times1.36}$ $=\dfrac{1950\times10^{0.85}\times1^{0.8}\times0.1^{0.7}\times380}{7018760\times1.36}$ ≈0.11	1	$0.11\leqslant0.85\times1$ 上式成立
20	钻 $3\times\phi11$mm 螺栓孔	钻孔	$P=\dfrac{Mn}{7018760\times1.36}=\dfrac{210d^2f^{0.8}n}{7018760\times1.36}$ $=\dfrac{210\times11^2\times0.4^{0.8}\times550}{7018760\times1.36}$ ≈0.7	2.2	$0.7\leqslant0.85\times2.2$ 上式成立
25	铣 $\phi52$mm 两端面	铣端面	$P=2\times1.49\times10^{-5}d^{0.17}a_p^{0.83}f_z^{0.65}a_czn$ $=2\times1.49\times10^{-3}\times200^{0.17}\times52^{0.83}\times0.1^{0.65}\times4\times20\times20$ ≈0.7	3	$0.7\leqslant0.85\times3$ 上式成立
30	钻、扩、铰 $\phi32_{0}^{+0.025}$mm 孔	钻扩	$P=\dfrac{Mn}{7018760\times1.36}=\dfrac{846da_p^{0.75}f^{0.8}n}{7018760\times1.36}$ $=\dfrac{846\times30\times3^{0.75}\times0.6^{0.8}\times165}{7018760\times1.36}$ ≈0.66	3	$0.66\leqslant0.85\times3$ 上式成立
		扩孔	$P=\dfrac{Mn}{7018760\times1.36}=\dfrac{1950d^{0.85}a_p^{0.8}f^{0.7}n}{7018760\times1.36}$ $=\dfrac{1950\times31.6^{0.85}\times0.8^{0.8}\times0.9^{0.7}\times145}{7018760\times1.36}$ ≈0.43		$0.43\leqslant0.85\times3$ 上式成立
		铰孔	$P=\dfrac{Mn}{7018760\times1.36}=\dfrac{1950d^{0.85}a_p^{0.8}f^{0.7}n}{7018760\times1.36}$ $=\dfrac{1950\times32^{0.85}\times0.2^{0.8}\times2^{0.7}\times40}{7018760\times1.36}$ ≈0.07		$0.07\leqslant0.85\times3$ 上式成立

续表

工序号	工序		理论切削速度和转速	机床额定功率	校核
	工序名	工步	切削功率 P/kW	P_E/kW	$P\leqslant\eta P_E$
35	$\phi 32^{+0.025}_{0}$mm 孔口倒角	倒角	$P=\dfrac{Mn}{7018760\times1.36}=\dfrac{1950d^{0.85}a_p^{0.8}f^{0.7}n}{7018760\times1.36}$ $=\dfrac{1950\times35^{0.85}\times1.5^{0.8}\times0.15^{0.7}\times140}{7018760\times1.36}$ ≈0.22	3	0.22≤0.85×3 上式成立
40	钻 ϕ11mm 润滑油孔	钻孔	$P=\dfrac{Mn}{7018760\times1.36}=\dfrac{210d^2f^{0.8}n}{7018760\times1.36}$ $=\dfrac{210\times11^2\times0.4^{0.8}\times550}{7018760\times1.36}$ ≈0.7	1	0.7≤0.85×1 上式成立

(5) 工序时间定额确定

在批量生产中，工序时间定额采用下式计算：

$$t_d=t_m+t_a+t_s+t_r+\frac{T_e}{N}\ (\text{min}) \tag{2-3}$$

式中　t_d——工序时间定额，s；

t_m——工序加工的机床切削时间，min；

t_a——工序加工需要的辅助时间，min；

t_s——工作地点的布置服务时间，min；

t_r——自然生理时间，min；

T_e——一批零件加工前、后的准备、终结时间，min；

N——每批加工的零件数量。

式（2-3）中，t_m 和 t_a 之和统称为操作时间，用 t_c 表示，即

$$t_c=t_m+t_a \tag{2-4}$$

工序加工的机床切削时间按下式计算：

$$t_m=\frac{l_1+l+l_2}{v_f}=\frac{l_1+l+l_2}{nf} \tag{2-5}$$

式中　l_1——刀具的切入距离，mm；

l——刀具的切削进给距离，mm；

l_2——刀具切出距离，mm；

v_f——刀具进给速度，mm/min；

n——机床主轴转速，r/min；

f——刀具进给速度，mm/r。

工序 25 为铣 ϕ52mm 圆柱两端面，通过 CAD 作图可获取刀具的切入、切出距离大小，如图 2-3 所示。由于工件 ϕ52mm 圆柱面为非加工面，误差较大，为保证其端面加工完整，刀具下母线需低于 ϕ52mm 圆柱下母线，根据毛坯误差取为 3mm。刀具在

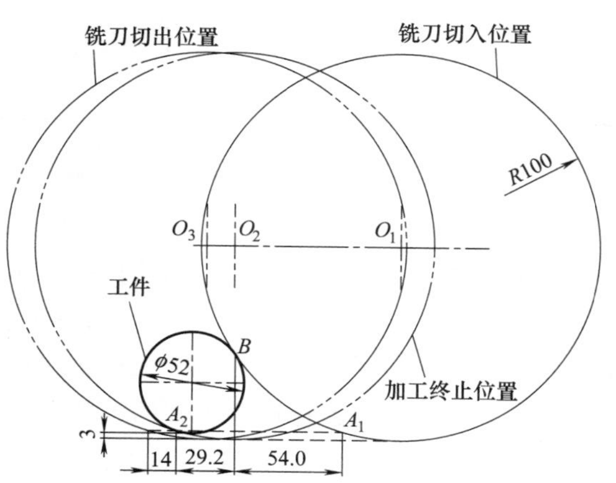

图 2-3　铣 ϕ52mm 圆柱端面的刀具切入、切出距离确定

加工初始位置 O_1 时，与 ϕ52mm 工件圆柱相切于 B 点，A_1、B 两点的水平距离即为刀具切入距离。当刀具水平向左移动到 O_2 时，刀具与工件 ϕ52mm 圆柱相切于 A_2 点，B 和 A_2 两点的水平距离即为工件的实际切削距离。经测算，刀具需继续向左移动 14mm，才能可靠保证工件 ϕ52mm 圆柱加工完整，这也就是刀具的切出距离。

根据图 2-3 和《工艺》中表 15-9、表 15-11～表 15-13、表 15-18，可以确定各工序加工的刀具切入和切出距离，取钻头主偏角 59°、扩刀主偏角 60°、铰刀主偏角 15°，计算出各工序的切削加工时间。各工序机床切削时间计算结果见表 2-14。

表 2-14 工序机床切削时间计算结果

工序号	工序		刀具进给距离/mm			切削用量		切削时间 t_m/min
	工序名	工步	l	l_1	l_2	n/(r/min)	f/(mm/r)	
05	铣削基面 A	铣平面	250	16.3	3	120	0.5	4.49
10	钻、扩、铰 $2\times\phi8^{+0.015}_{0}$mm 孔	钻孔 ϕ7.5mm	12	2.3	1	1150	0.2	0.13
		扩孔 ϕ7.8mm	12	0.1	1.5	930	0.4	0.07
		铰孔 ϕ8mm	12	0.37	15	270	1.2	0.17
15	$2\times\phi8^{+0.015}_{0}$mm 孔倒角	倒角	1	2	0	380	0.1	0.16
20	钻 3×ϕ11mm 螺栓孔	钻孔 ϕ11mm	12	3.3	1.5	550	0.4	0.23
25	铣 ϕ52mm 两端面	铣端面	29.2	54	14	20	2	2.43
30	钻、扩、铰 $\phi32^{+0.025}_{0}$mm 孔	钻扩 ϕ30mm	42	4.8	2	165	0.6	0.49
		扩孔 ϕ31.6mm	42	0.5	2.5	145	0.9	0.33
		铰孔 ϕ32mm	42	0.75	28	40	2.0	0.88
35	$\phi32^{+0.025}_{0}$mm 孔口倒角	倒角	1.5	3	0	140	0.15	0.04
40	钻 ϕ11mm 润滑油孔	钻孔 ϕ11mm	10.9	3.3	1.5	550	0.4	0.07

参照表 2-15 确定生产准备和终结时间。

表 2-15 某企业生产准备和终结时间定额标准 min

机床型号	一般	中等	复杂
X62W～X63W	35	50	90
X52～X53	30	45	80
Y63K	40	55	90
立钻、摇臂钻	25(无夹具加工)	30(虎钳装夹加工)	60(专用夹具装夹)

注：一般：包括领受任务，熟悉图纸工艺和加工方法，点收零件，领换工量具、夹具，尺寸换算，首件检查等。

中等：除“一般”内容外，增加铣四方、六方对双刀，拆装小立铣头等。

复杂：除“一般”“中等”内容外，增加找中心，调整双刀尺寸，装卸复杂夹具等。

考虑工件的大小、机床及夹具的具体操作内容，根据机械工业出版社出版的《机械加工工艺手册》(第 2 版) 5.2.3 节表 5.2-15～表 5.2-22 相关内容，确定工序加工的辅助时间；根据表 5.2-46 确定自然生理时间、工作地点的布置和服务时间。

根据下式可计算出每班应生产的零件数量：

$$T_w = m\left(t_m + t_a + \frac{t_e}{N}\right) + T_s + T_r \tag{2-6}$$

则：

$$m=\frac{T_w-T_s-T_r}{t_m+t_a+\dfrac{T_e}{N}} \tag{2-7}$$

式中　T_w——每班次总工作时间，min；

T_s——每班次需要的工作地点布置和服务时间，min；

T_r——每班次工人的休息和生理需要时间，min；

m——每班应生产的零件数量，即每班生产任务定额。

则工序时间定额可由下式计算求得：

$$t_d=t_m+t_a+\frac{T_s+T_r}{m}+\frac{T_e}{N} \tag{2-8}$$

根据上述相关表格，可以确定工序组成的时间，将工序组成时间代入式（2-7）和式（2-8）可以求得每班次的工序生产任务定额和工序时间定额。工序生产任务定额和工序时间定额的计算结果见表 2-16。

表 2-16　工序生产任务定额和工序时间定额计算结果

工序号	工序		工序组成时间					m /(件/班)	t_d /min
	工序名	工步	t_m /(min/件)	t_a /(min/件)	T_s /(min/班)	T_r /(min/班)	T_e /(min/批)		
05	铣削基面 A	铣平面	4.49	0.45	51	15	30	83	5.74
10	钻、扩、铰 $2\times\phi8^{+0.015}_{0}$mm 孔	钻孔 $\phi7.5$mm	0.13	0.49	47	15	30	230	2.09
		扩孔 $\phi7.8$mm	0.07	0.35					
		铰孔 $\phi8$mm	0.17	0.6					
15	$2\times\phi8^{+0.015}_{0}$mm 孔倒角	倒角	0.16	0.38	42	15	50	769	0.62
20	钻 $3\times\phi11$mm 螺栓孔	钻孔 $\phi11$mm	0.23	0.69	47	15	30	451	1.06
25	铣 $\phi52$mm 两端面	铣端面	2.43	0.49	53	15	80	140	3.42
30	钻、扩、铰 $\phi32^{+0.025}_{0}$mm 孔	钻扩 $\phi30$mm	0.49	0.33	42	15	60	155	3.09
		扩孔 $\phi31.6$mm	0.33	0.22					
		铰孔 $\phi32$mm	0.88	0.46					
35	$\phi32^{+0.025}_{0}$mm 孔口倒角	倒角	0.04	0.4	42	15	50	940	0.51
40	钻 $\phi11$mm 润滑油孔	钻孔 $\phi11$mm	0.07	0.47	42	15	60	766	0.63

2.3.5　填卡装订

根据机械加工工艺规程表格要求情况，将工序内容设计结果填入相应要求位置，并按表 2-17 顺序将其装订成册，就是机油泵传动轴支架零件机械加工工艺规程。

表 2-17 机油泵传动轴支架零件机械加工工艺规程（1）

××××大学	机械加工工艺过程卡	产品型号	4125A4	零件图号	54.05.416	第 1 页
		产品名称	发动机	零件名称	机油泵传动轴支架	共 11 页

材料牌号	HT150	毛坯种类	铸件	毛坯外形尺寸	250mm×98mm×55mm	每毛坯件数	1	每台件数	1	备注	

工序号	工序名称	工序内容	车间	工段	设备	工艺装备	工时 准终	工时 单件
05	铣 *A* 平面	铣基准平面 *A*	机加		铣床 X5020	铣床夹具；ϕ80mm 套式面铣刀	30	5.74
10	钻、扩、铰 ϕ8mm 孔	钻、扩、铰 $2\times\phi8^{+0.015}_{0}$mm 定位孔	机加		摇臂钻床 Z3025	钻模；ϕ7.5mm 钻头，ϕ7.8mm、ϕ8mm 扩、铰刀	30	2.09
15	ϕ8mm 孔倒角	对 $2\times\phi8^{+0.015}_{0}$mm 孔口倒角 1×45°	机加		立式钻床 Z518	钻模；ϕ16mm 锪刀	50	0.62
20	钻 ϕ11mm 螺栓孔	钻 3×ϕ11mm 螺栓孔	机加		摇臂钻床 Z3025	钻模；ϕ11mm 麻花钻头	30	1.06
25	铣 ϕ52mm 圆柱端面	铣 ϕ52mm 圆柱两端面	机加		铣床 X6020	铣床夹具；ϕ200mm 两面刃盘铣刀	80	3.42
30	扩、铰 ϕ32mm 孔	钻扩、扩、铰 $\phi32^{+0.025}_{0}$mm 孔	机加		立式钻床 Z5140*A*	钻模；ϕ30mm 钻头，ϕ31.6mm、ϕ32mm 扩、铰刀	60	3.09
35	ϕ32mm 孔倒角	对 $\phi32^{+0.025}_{0}$mm 孔两端倒角 1.5×45°	机加		立式钻床 Z5140*A*	钻模；ϕ40mm 锪刀	50	0.51
40	钻 ϕ11mm 润滑油孔	钻 ϕ11mm 润滑油孔	机加		立式钻床 Z518	钻模；ϕ11mm 麻花钻头	60	0.63
45	清洗、去毛刺	去毛刺、清洗并吹净	机加		清洗机 BNX-600	锉刀、气枪		
50	检验	检测 $2\times\phi8^{+0.015}_{0}$mm、$\phi32^{+0.025}_{0}$mm、$72.3^{+0.1}_{0}$mm 等	机加		检验台	内径千分尺等、高度游标卡尺		

描图											
描校											
底图号											
装订号											设计（日期） 审核（日期） 标准化（日期） 会签（日期）
	标记	处数	更改文件号	签字	日期	标记	处数	更改文件号	签字	日期	

表 2-17　机油泵传动轴支架零件机械加工工艺规程（2）

××××大学	机械加工工序卡	产品型号	4125A4	零件图号	54.05.416	第 2 页
		产品名称	发动机	零件名称	机油泵传动轴支架	共 11 页

Ra 6.3

12

车间	工序号	工序名称	材料牌号
机加	05	铣 *A* 平面	HT150
毛坯种类	毛坯外形尺寸	每毛坯可制件数	每台件数
铸件	250mm×98mm×55mm	1	1
设备名称	设备型号	设备编号	同时加工件数
铣床	X5020		1

夹具编号	夹具名称	切削液	
	专用铣床夹具	乳化液	
工位器具编号	工位器具名称	工序工时	
		准终	单件
		30	5.74

工步号	工步内容	工艺装备	主轴转速 /(r/min)	切削速度 /(m/min)	进给量 /(mm/r)	背吃刀量 /mm	进给次数	工步工时 机动	工步工时 辅助
1	铣基准平面 *A*	ϕ80mm 套式面铣刀、铣刀柄、拉杆等	120	30.16	0.5	4	1	4.49	0.45

描　图											
描　校											
底图号											
装订号											

										设计(日期)	审核(日期)	标准化(日期)	会签(日期)	
标记	处数	更改文件号	签字	日期	标记	处数	更改文件号	签字	日期					

表 2-17 机油泵传动轴支架零件机械加工工艺规程（3）

××××大学	机械加工工序卡	产品型号	4125A4	零件图号	54.05.416	第 3 页
		产品名称	发动机	零件名称	机油泵传动轴支架	共 11 页

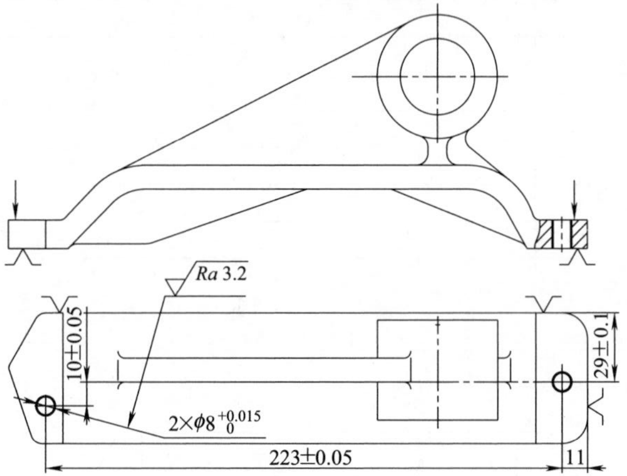

车间	工序号	工序名称	材料牌号
机加	10	钻、扩、铰 ϕ8mm 孔	HT150
毛坯种类	毛坯外形尺寸	每毛坯可制件数	每台件数
铸件	250mm×98mm×55mm	1	1
设备名称	设备型号	设备编号	同时加工件数
摇臂钻床	Z3025		1
夹具编号	夹具名称		切削液
	专用铣床夹具		乳化液
工位器具编号	工位器具名称		工序工时
			准终 / 单件
			30 / 2.09

Ra 3.2　2×$\phi8^{+0.015}_{0}$　10±0.05　29±0.1　223±0.05　11

工步号	工步内容	工艺装备	主轴转速/(r/min)	切削速度/(m/min)	进给量/(mm/r)	背吃刀量/mm	进给次数	工步工时 机动	工步工时 辅助
1	钻孔 2×$\phi7.5^{+0.09}_{0}$mm	ϕ7.5H11 钻头，快换钻夹头	1150	27.08	0.2	3.75	1	0.13	0.49
2	扩孔 2×$\phi7.8^{+0.036}_{0}$mm	ϕ7.8H9 扩刀，快换钻夹头	930	22.79	0.4	0.15	1	0.07	0.35
3	铰 2×$\phi8^{+0.015}_{0}$mm 定位孔	ϕ8H7 铰刀，快换钻夹头	270	6.79	1.2	0.1	1	0.17	0.6

描图　描校　底图号　装订号

										设计(日期)	审核(日期)	标准化(日期)	会签(日期)
标记	处数	更改文件号	签字	日期	标记	处数	更改文件号	签字	日期				

表 2-17　机油泵传动轴支架零件机械加工工艺规程（4）

××××大学	机械加工工序卡	产品型号	4125A4	零件图号	54.05.416	第 4 页
		产品名称	发动机	零件名称	机油泵传动轴支架	共 11 页

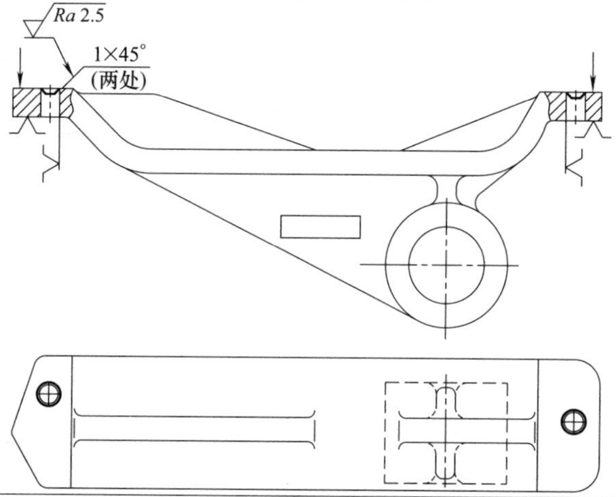

车间	工序号	工序名称	材料牌号
机加	15	ϕ8mm 孔倒角	HT150
毛坯种类	毛坯外形尺寸	每毛坯可制件数	每台件数
铸件	250mm×98mm×55mm	1	1
设备名称	设备型号	设备编号	同时加工件数
摇臂钻床	Z518		1

夹具编号	夹具名称	切削液	
	专用钻模	乳化液	
工位器具编号	工位器具名称	工序工时	
		准终	单件
		50	0.62

工步号	工步内容	工艺装备	主轴转速/(r/min)	切削速度/(m/min)	进给量/(mm/r)	背吃刀量/mm	进给次数	工步工时 机动	工步工时 辅助
1	2×ϕ8mm 孔倒角 1×45°	ϕ16mm 锪刀	380	11.94	0.3	1	1	0.16	0.38

描图	描校	底图号	装订号

标记	处数	更改文件号	签字	日期	标记	处数	更改文件号	签字	日期	设计(日期)	审核(日期)	标准化(日期)	会签(日期)

表 2-17 机油泵传动轴支架零件机械加工工艺规程（5）

××××大学	机械加工工序卡	产品型号	4125A4	零件图号	54.05.416	第 5 页
		产品名称	发动机	零件名称	机油泵传动轴支架	共 11 页

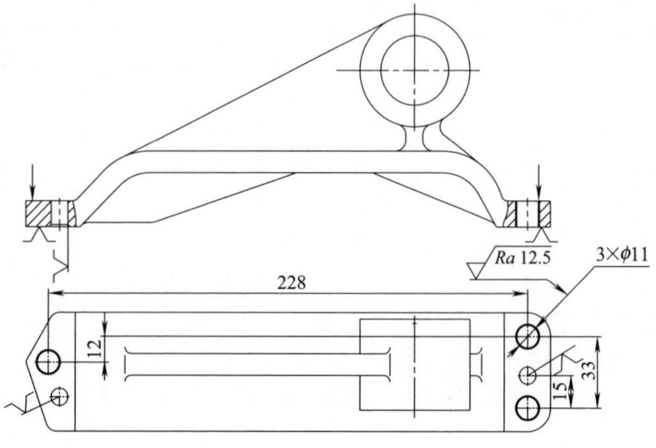

车间	工序号	工序名称	材料牌号
机加	20	钻 ϕ11mm 螺栓孔	HT150
毛坯种类	毛坯外形尺寸	每毛坯可制件数	每台件数
铸件	250mm×98mm×55mm	1	1
设备名称	设备型号	设备编号	同时加工件数
摇臂钻床	Z3025		1
夹具编号	夹具名称		切削液
	专用钻模		乳化液
工位器具编号	工位器具名称		工序工时
			准终 / 单件
			30 / 1.06

工步号	工步内容	工艺装备	主轴转速/(r/min)	切削速度/(m/min)	进给量/(mm/r)	背吃刀量/mm	进给次数	工步工时 机动	工步工时 辅助
1	钻 3×ϕ11mm 螺栓孔	ϕ11mm 麻花钻	550	19	0.4	5.5	1	0.23	0.69

描图

描校

底图号

装订号

										设计（日期）	审核（日期）	标准化（日期）	会签（日期）
标记	处数	更改文件号	签字	日期	标记	处数	更改文件号	签字	日期				

表 2-17　机油泵传动轴支架零件机械加工工艺规程（6）

××××大学	机械加工工序卡	产品型号	4125A4	零件图号	54.05.416	第 6 页
		产品名称	发动机	零件名称	机油泵传动轴支架	共 11 页

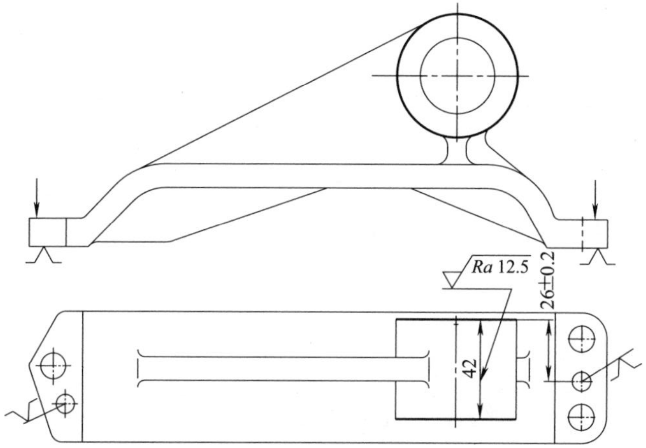

车间	工序号	工序名称	材料牌号
机加	25	铣 ϕ52mm 圆柱端面	HT150
毛坯种类	毛坯外形尺寸	每毛坯可制件数	每台件数
铸件	250mm×98mm×55mm	1	1
设备名称	设备型号	设备编号	同时加工件数
铣床	X6020		1

夹具编号	夹具名称	切削液	
	专用铣床夹具	乳化液	
工位器具编号	工位器具名称	工序工时	
		准终	单件
		80	3.42

工步号	工步内容	工艺装备	主轴转速/(r/min)	切削速度/(m/min)	进给量/(mm/r)	背吃刀量/mm	进给次数	工步工时 机动	工步工时 辅助
1	铣 ϕ52mm 圆柱两端面	ϕ200mm 两面刃镶齿盘铣刀	20	12.56	2	52	1	2.43	0.49

描　图	描　校	底图号	装订号

标记	处数	更改文件号	签字	日期	标记	处数	更改文件号	签字	日期	设计(日期)	审核(日期)	标准化(日期)	会签(日期)

表 2-17 机油泵传动轴支架零件机械加工工艺规程（7）

××××大学	机械加工工序卡	产品型号	4125A4	零件图号	54.05.416	第 7 页
		产品名称	发动机	零件名称	机油泵传动轴支架	共 11 页

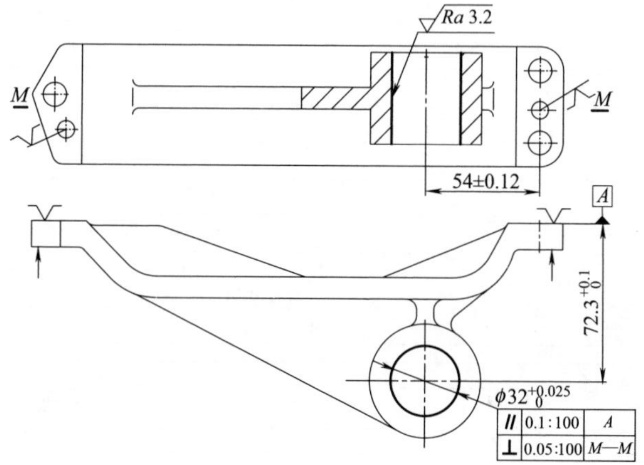

车间	工序号	工序名称	材料牌号
机加	30	扩、铰 ϕ32mm 孔	HT150
毛坯种类	毛坯外形尺寸	每毛坯可制件数	每台件数
铸件	250mm×98mm×55mm	1	1
设备名称	设备型号	设备编号	同时加工件数
钻床	Z5140A		1
夹具编号	夹具名称		切削液
	专用钻模		乳化液
工位器具编号	工位器具名称		工序工时
			准终 60；单件 3.09

工步号	工步内容	工艺装备	主轴转速 /(r/min)	切削速度 /(m/min)	进给量 /(mm/r)	背吃刀量 /mm	进给次数	工步工时 机动	工步工时 辅助
1	钻扩孔 $\phi30^{+0.13}_{0}$mm	ϕ30H11 麻花钻	165	15.54	0.5	3	1	0.49	0.33
2	扩孔到 $\phi31.6^{+0.062}_{0}$mm	ϕ31.6H9 扩刀	145	14.39	0.9	0.8	1	0.33	0.22
3	铰孔到 $\phi32^{+0.025}_{0}$mm	ϕ32H7 铰刀	40	4.02	2	0.2	1	0.88	0.46

描 图

描 校

底图号

装订号

标记	处数	更改文件号	签字	日期	标记	处数	更改文件号	签字	日期	设计(日期)	审核(日期)	标准化(日期)	会签(日期)

表 2-17 机油泵传动轴支架零件机械加工工艺规程（8）

××××大学	机械加工工序卡	产品型号	4125A4	零件图号	54.05.416	第 8 页
		产品名称	发动机	零件名称	机油泵传动轴支架	共 11 页

车间	工序号	工序名称	材料牌号
机加	35	ϕ32mm 孔倒角	HT150
毛坯种类	毛坯外形尺寸	每毛坯可制件数	每台件数
铸件	250mm×98mm×55mm	1	1
设备名称	设备型号	设备编号	同时加工件数
钻床	Z5140A		1
夹具编号	夹具名称		切削液
	专用钻模		乳化液
工位器具编号	工位器具名称		工序工时
			准终 / 单件
			50 / 0.51

工步号	工步内容	工艺装备	主轴转速/(r/min)	切削速度/(m/min)	进给量/(mm/r)	背吃刀量/mm	进给次数	工步工时 机动	工步工时 辅助
1	对 $\phi32^{+0.025}_{0}$mm 孔两端倒角 1.5×45°	ϕ40mm 锪刀	140	15.39	0.8	1.5	1	0.04	0.4

描图	描校	底图号	装订号

标记	处数	更改文件号	签字	日期	标记	处数	更改文件号	签字	日期	设计(日期)	审核(日期)	标准化(日期)	会签(日期)

表 2-17 机油泵传动轴支架零件机械加工工艺规程（9）

××××大学	机械加工工序卡	产品型号	4125A4	零件图号	54.05.416	第 9 页
		产品名称	发动机	零件名称	机油泵传动轴支架	共 11 页

车间	工序号	工序名称	材料牌号
机加	40	钻 ϕ11mm 润滑油孔	HT150
毛坯种类	毛坯外形尺寸	每毛坯可制件数	每台件数
铸件	250mm×98mm×55mm	1	1
设备名称	设备型号	设备编号	同时加工件数
钻床	Z518		1

夹具编号	夹具名称	切削液	
	专用钻模	乳化液	
工位器具编号	工位器具名称	工序工时	
		准终	单件
		60	0.63

工步号	工步内容	工艺装备	主轴转速/(r/min)	切削速度/(m/min)	进给量/(mm/r)	背吃刀量/mm	进给次数	工步工时 机动	工步工时 辅助
1	钻 ϕ11mm 润滑油孔	ϕ11mm 麻花钻	550	19	0.4	5.5	1	0.07	0.47

描图	
描校	
底图号	
装订号	

标记	处数	更改文件号	签字	日期	标记	处数	更改文件号	签字	日期	设计(日期)	审核(日期)	标准化(日期)	会签(日期)

表 2-17 机油泵传动轴支架零件机械加工工艺规程(10)

××××大学	机械加工工序卡	产品型号	4125A4	零件图号	54.05.416	第 10 页
		产品名称	发动机	零件名称	机油泵传动轴支架	共 11 页

车间	工序号	工序名称	材料牌号
机加	45	清洗、去毛刺	HT150
毛坯种类	毛坯外形尺寸	每毛坯可制件数	每台件数
铸件	250mm×98mm×55mm	1	1
设备名称	设备型号	设备编号	同时加工件数
清洗机	BNX-600		多件

夹具编号	夹具名称	切削液	
工位器具编号	工位器具名称	工序工时	
		准终	单件

	工步号	工步内容	工艺装备	主轴转速 /(r/min)	切削速度 /(m/min)	进给量 /(mm/r)	背吃刀量 /mm	进给次数	工步工时 机动	工步工时 辅助
	1	锐边倒钝	锉刀							
	2	清洗，需保证清洗时间不少于 30s								
描图	3	吹净，2×$\phi 8^{+0.015}_{0}$mm、$\phi 32^{+0.025}_{0}$mm 孔内不得有油污和异物	气枪							
描校										
底图号										
装订号										

										设计(日期)	审核(日期)	标准化(日期)	会签(日期)	
标记	处数	更改文件号	签字	日期	标记	处数	更改文件号	签字	日期					

表 2-17　机油泵传动轴支架零件机械加工工艺规程(11)

××××大学	检验工序卡	产品型号	4125A4	零件图号	54.05.416
		产品名称	发动机	零件名称	机油泵传动轴支架

车间	机加	材料		
工序号	50	牌号	硬度	强度
工序名称	检验	HT150	163～229HB	150MPa

工时定额			毛坯	
	单件时间/min		轮廓尺寸	质量
	每班件数		250mm×98mm×55mm	1.89kg
	每台制品/min			

技术条件

1. 检验时需保证量具与被测面的相互位置正确
2. 孔径测量时，在圆周方向上至少测量两个位置的直径尺寸，求取平均值；在孔轴线方向上，应测量孔的两端部位，均需满足设计要求
3. 测量 $72.3^{+0.1}_{0}$mm 尺寸时，应在孔的两端部位分别测量，需保证读取值为最小值

序号	测量名称	测量部位	尺寸	抽检百分数	量具代号	量具名称	量具规格	量具等级	备注
1	孔径		$2\times\phi8^{+0.015}_{0}$mm	100%		内径千分尺	6～8	0.001	
2	孔径		$\phi32^{+0.025}_{0}$mm	100%		内径千分尺	30～40	0.001	
3	$2\times\phi8^{+0.015}_{0}$mm 孔相互位置		(10±0.05)mm，(223±0.05)mm	100%		专用检具		±0.01	
4	$\phi32^{+0.025}_{0}$mm 孔到 A 面距离		$72.3^{+0.1}_{0}$mm	50%		高度游标卡尺、平板	0～150	0.02	
5	平行度		0.1∶100	50%		高度游标卡尺、平板	0～150	0.02	
6	垂直度		0.05∶100	100%		专用检具		0.01	
7	位置度(30°，$72.3^{+0.1}_{0}$mm)		R0.25mm	20%		万能角度尺	0°～320°	2′	

描图	描校	底图号	装订号

更改					编制		技术科科长		第 11 页
标记	处数	依据	签字	日期	校对		分厂厂长或总师		共 11 页

2.4　加工润滑油孔专用钻床夹具设计

2.4.1　总体方案确定

夹具设计首先要保证零件的加工质量，其次要满足生产率、结构工艺性、使用性和经济性要求。在分析工艺规程设计的基础上，加工润滑油孔夹具拟采用固定式钻模，其组成包括定位装置、夹紧机构、刀具引导装置、夹具体。具体各部分的方案设计详述如下。

2.4.2　定位方案设计

(1) 工序加工要求情况

夹具主要用于保证加工面的位置尺寸和位置精度，由机油泵传动轴支架零件机械加工工艺规程表 2-17（9）可知，该工序加工需要保证的尺寸及精度要求见表 2-18。

表 2-18　钻 ϕ11mm 润滑油孔需要保证的尺寸及精度要求

序号	尺寸项目	公差精度	工序基准	说明
1	ϕ11mm	自由公差	ϕ11 孔轴线	精度不受夹具定位影响
2	30°	自由公差	基面 A	主要受基面 A 的定位精度影响
3	5mm	±0.1mm	$\phi 8^{+0.015}_{0}$mm 孔	主要受 $\phi 8^{+0.015}_{0}$mm 孔定位精度影响
4	位置度	R0.25mm	基面 A，$\phi 32^{+0.025}_{0}$mm 孔	主要受工件定位精度影响

(2) 工序加工需要限制的自由度

为保证工序加工要求，需要限制的自由度情况见表 2-19。

表 2-19　钻 ϕ11mm 润滑油孔需要限制的自由度情况

工序简图	序号	尺寸项目	需限制的自由度	说明
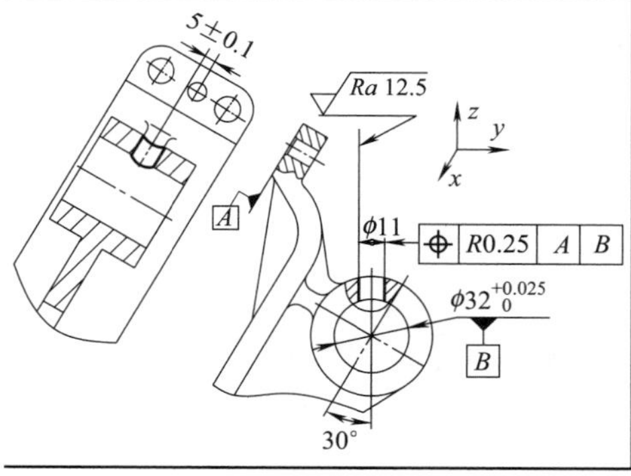	1	ϕ11mm	—	与定位无关
	2	30°	$\widehat{x}$、$\widehat{z}$	
	3	(5±0.1)mm	$\vec{X}$、$\widehat{y}$、$\widehat{z}$	
	4	位置度 R0.25mm	$\vec{Y}$、$\widehat{x}$、$\widehat{y}$、$\widehat{z}$	
	综合		$\vec{X}$、$\vec{Y}$、$\widehat{x}$、$\widehat{y}$、$\widehat{z}$	

(3) 定位元件选择与设置

根据表 2-19 自由度分析和工艺规程表 2-17（9）的基准确定情况，拟采用一面双销对工件定位。具体定位元件选择与设置情况如图 2-4 所示。需要注意的是：削边销的长轴应垂直于两定位销的中心连线方向。

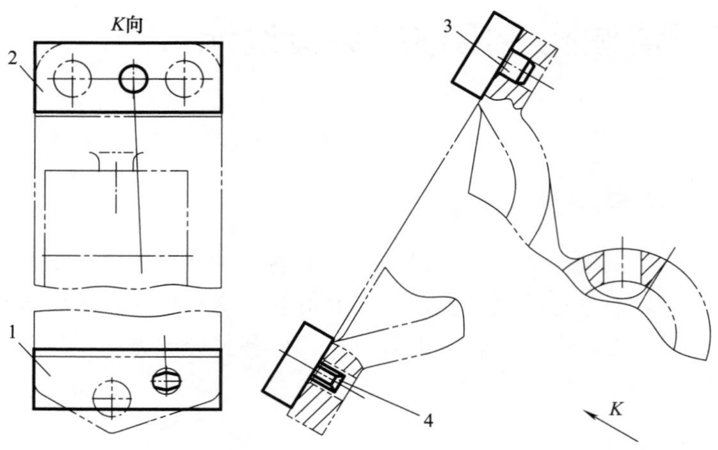

图 2-4 定位元件选择与设置情况

1,2—支承板；3—圆柱销；4—削边销

支承板 1、2 共同构成大平面，限制工件 3 个自由度，圆柱销 3 限制工件 2 个自由度，削边销 4 限制工件 1 个自由度。该定位方案限制工件全部 6 个自由度，属于完全定位。

(4) 定位尺寸确定

根据夹具设计原理可知：当双销均为圆柱销时，一面双销定位属于过定位，为避免出现过定位可能导致工件装不上的现象，必须保证第二圆柱销与定位孔最小配合间隙为

$$\Delta_2=2\left(\delta_j+\delta_k-\frac{\Delta_1}{2}\right) \tag{2-9}$$

式中 Δ_2——第二个圆柱销与孔的最小配合间隙，mm；

δ_j——两个定位销中心距对称标注时的单向偏差绝对值，mm；

δ_k——两个定位孔中心距对称标注时的单向偏差绝对值，mm；

Δ_1——第一个圆柱销与孔的最小配合间隙，mm。

由于 Δ_2 值较大，会导致工件定位时转角误差增大。因此，一面双销定位时，第二个圆柱销一般采用削边销结构，此时削边销与孔的最小配合间隙为

$$\Delta_x=\frac{b}{D_2}\Delta_2 \tag{2-10}$$

式中 Δ_x——削边销与孔的最小配合间隙，mm；

b——削边销的圆柱部分结构宽度，mm；

D_2——第二个定位孔的最小尺寸，mm。

根据夹具相关设计原理和式 (2-9)、式 (2-10)，图 2-4 夹具定位方案的定位尺寸的设计和计算过程见表 2-20。

(5) 定位误差计算

调整法加工一批工件时，由于定位的原因有可能导致加工精度要求产生的最大变化量，称为定位误差。由定位误差定义可知，定位误差与加工精度要求是一一对应的关系。而钻 ϕ11mm 润滑油孔需要保证的精度要求及定位误差见表 2-21。

表 2-20　定位尺寸的设计和计算过程

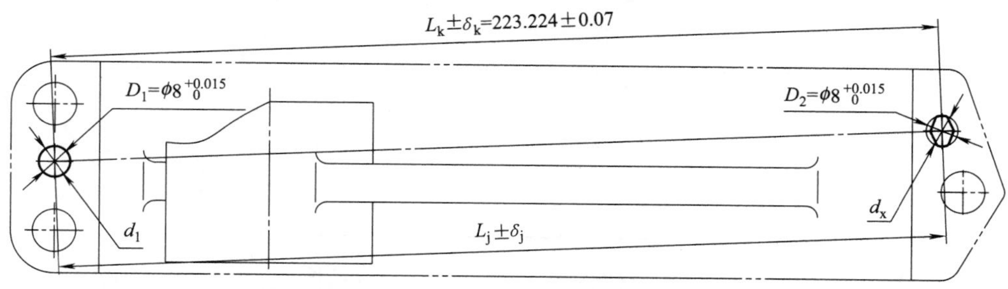

序号	求解项目	定位尺寸/mm	定位尺寸偏差/mm	结果/mm	说明
1	圆柱销 d_1	$d_1=D_{1\min}=8$	$^{-0.005}_{-0.014}$(一般取 g6 配合)	$\phi 8^{-0.005}_{-0.014}$	有小数时要圆整
2	中心距 $L_j \pm \delta_j$	$L_j=L_k=223.224$	$\pm 0.02\left[视情况取\left(\frac{1}{2}\sim\frac{1}{5}\right)\delta_k\right]$	223.224±0.02	
3	Δ_1	$\Delta_1=D_{1\min}-d_{1\max}=0.005$		0.005	
4	Δ_2	$\Delta_2=2\left(\delta_j+\delta_k-\frac{\Delta_1}{2}\right)$ $=2\times\left(0.02+0.07-\frac{0.005}{2}\right)$ $=0.185$		0.185	
5	b	3		3	查《夹具》中表 2-1-2
6	Δ_x	$\Delta_x=\frac{b}{D_2}\Delta_2=\frac{3}{8}\times 0.185$ ≈ 0.069		0.069	
7	削边销 d_x	$d_x=D_2-\Delta_x=8-0.069$ $=7.931$	$^{-0.005}_{-0.014}$(一般取 g6 配合)	$\phi 8^{-0.074}_{-0.083}$	结果为圆整尺寸

注：表图中，孔心距偏差 δ_k 是根据零件设计尺寸（223±0.05）mm 和（10±0.05）mm 进行合成计算求得，即

$$\delta_k=\sqrt{0.05^2+0.05^2}\approx 0.07\ (\text{mm})$$

表 2-21　钻 φ11mm 润滑油孔需要保证的精度要求及定位误差

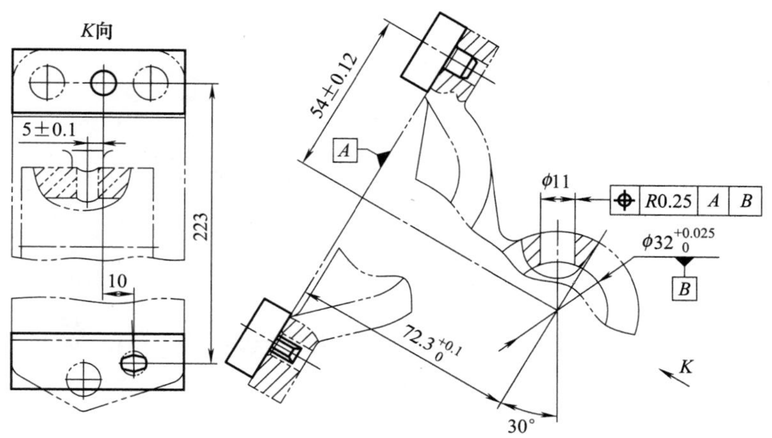

续表

序号	加工精度要求	影响定位误差的因素	定位误差	说明
1	ϕ11mm	无	无	不受定位影响
2	30°	基平面 A 的定位副	0	大平面定位基准位移和基准不重合误差均为 0
3	(5±0.1)mm	销、孔定位副	0.035mm	详细分析和计算见下文
4	位置度 R0.25mm	基平面 A 的定位副，圆柱销、孔定位副	0.0145mm	详细分析和计算见下文

① 影响尺寸 (5±0.1)mm 的定位误差 Δ_{dw1}。由夹具设计原理可知，该尺寸的定位误差受圆柱销和削边销定位副的共同影响，其大小的计算依据工件的左、右移动量，并按比例折算到加工部位进行计算。关于工件的定位及定位误差计算情况如图 2-5 所示，图 2-5（a）为销、孔定位的实际位置关系，根据图 2-5（b）计算加工孔的最大基准移动误差 Δ_{jy}，而 Δ_{jy} 与 Δ_{dw1} 的关系如图 2-5（c）所示。

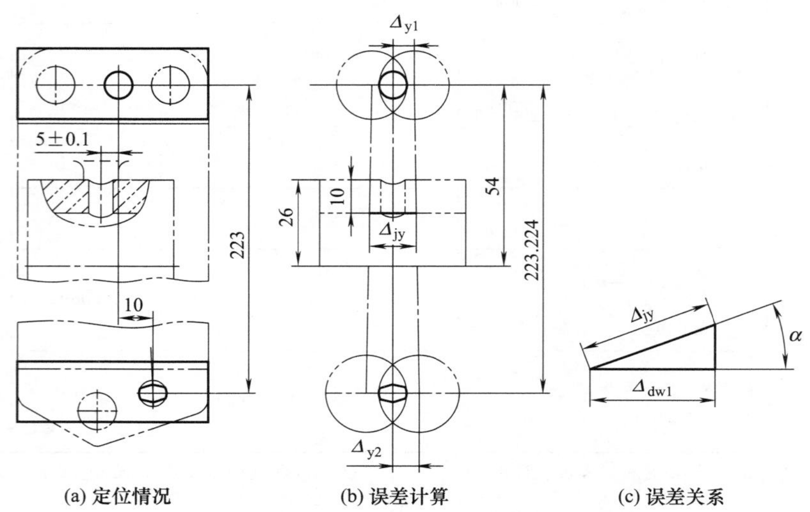

图 2-5 尺寸 (5±0.1)mm 的定位误差计算

$$\alpha=\arctan\frac{10}{223}\approx 2.57^{\circ}$$

已知定位孔尺寸为 $\phi 8^{+0.015}_{0}$mm，由表 2-20 可知：圆柱销尺寸为 $\phi 8^{-0.005}_{-0.014}$mm，削边销尺寸为 $\phi 8^{-0.074}_{-0.083}$mm，则

$$\Delta_{y1}=\frac{T_{D1}+T_{d}+\Delta_{1}}{2}=\frac{0.015+0.009+0.005}{2}=0.0145(\text{mm})$$

$$\Delta_{y2}=\frac{T_{D2}+T_{dx}+\Delta_{2}}{2}=\frac{0.015+0.009+0.074}{2}=0.049(\text{mm})$$

由图 2-5 可知，影响尺寸 (5±0.1) mm 的最大基准移动误差 Δ_{jy} 发生在距圆柱销 54－26＋10＝38 (mm) 处。其大小为

$$\Delta_{jy}=2\times\left[\Delta_{y1}+\frac{38(\Delta_{y2}-\Delta_{y1})}{2\times 223.224}\right]=2\times\left[0.0145+\frac{38\times(0.049-0.0145)}{2\times 223.224}\right]\approx 0.035(\text{mm})$$

其定位误差根据图 2-5（c）计算为

$$\Delta_{dw1}=\Delta_{jy}\cos\alpha=0.035\times\cos 2.57^\circ\approx 0.035(mm)$$

② 影响位置度 $R0.25$mm 的定位误差。如图 2-6 所示，位置度的参照基准为基平面 A 和 $\phi 32^{+0.025}_{0}$mm 孔轴线，即要求钻 $\phi 11$mm 孔轴线需与 $\phi 32^{+0.025}_{0}$mm 孔轴线相交。影响钻 $\phi 11$mm 位置度的尺寸因素及定位误差见表 2-22。

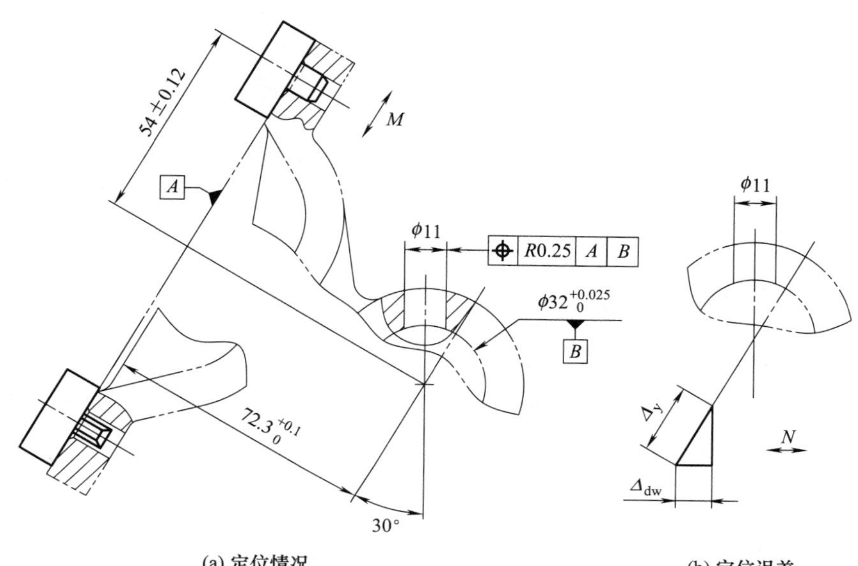

(a) 定位情况 (b) 定位误差

图 2-6 位置度的定位误差计算

表 2-22 影响 $\phi 11$mm 位置度的尺寸因素及定位误差

序号	影响因素	定位副	定位误差		说明
			大小	方向	
1	30°	基平面 A	0	角度 30°方向	
2	$72.3^{+0.1}_{0}$mm	基平面 A	0	尺寸 $72.3^{+0.1}_{0}$mm 的方向	
3	(54±0.12)mm	圆柱销、孔	0.029mm	M 向	详细分析和计算见下文
影响位置度 $R0.25$mm 的定位误差			0.0145mm	N 向	详细分析和计算见下文

影响尺寸（54±0.12)mm 的定位因素是圆柱销、孔定位副，其导致沿 M 方向的移动误差为

$$\Delta_y=T_d+T_{D1}+\Delta_1=0.009+0.015+0.005=0.029(mm)$$

如图 2-6 所示，位置度的定位误差是 Δ_y 在水平方向的投影分量：

$$\Delta_{dw2}=\Delta_y\sin 30^\circ=0.029\times\sin 30^\circ=0.0145(mm)$$

(6) 定位方案合理性分析

为保证工序加工精度要求，定位误差需满足下式要求：

$$\Delta_{dw}\leqslant\left(\frac{1}{5}\sim\frac{1}{2}\right)\delta_g \tag{2-11}$$

式中 Δ_{dw}——定位误差，mm；

δ_g——工序加工的允许误差，mm。

在此统一按 1/3 的工序允差校核定位方案的合理性，校核结果见表 2-23。

表 2-23 钻 ϕ11mm 润滑油孔需要保证的精度要求

序号	加工精度要求	定位误差/mm	定位精度校核	校核结果	说明
1	ϕ11mm	无	—		不受定位影响
2	30°±1°	0	$0<\frac{1}{3}\times 2$	满足要求	30°角按自由公差处理
3	(5±0.1)mm	0.035	$0.035<\frac{1}{3}\times 0.2$	满足要求	
4	位置度 R0.25mm	ϕ0.0145	$0.0145<\frac{1}{3}\times 0.5$	满足要求	

2.4.3 刀具的导引方案设计

由于钻头刚度较差，钻孔时需要采用钻套对刀具进行导引，考虑到钻套使用寿命一般为 5000～15000 次，而零件的生产批量为 5050 件/年（无备品，含废品），因此应采用可换钻套，以便钻套磨损报废时的更换。

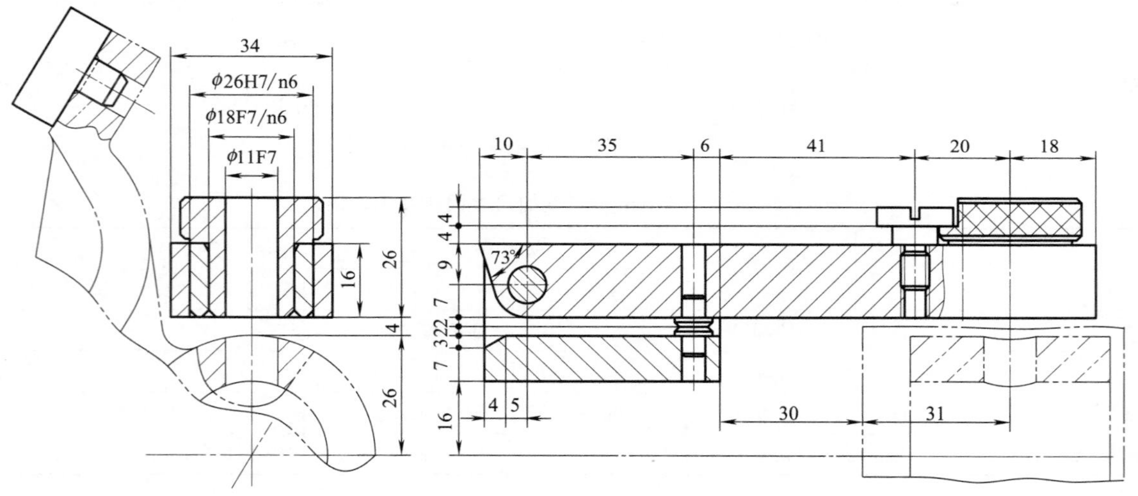

图 2-7 刀具的导引装置设计

由于钻头导引装置影响工件的装卸，因此需要采用铰链翻转钻模板。钻头导引装置的各部分尺寸如图 2-7 所示。钻套、衬套和钻套螺钉分别参照《机床夹具设计手册》（简称《夹具》）中表 2-1-46、表 2-1-58、表 2-1-60 设计。其他结构根据使用性能及结构需要进行设计，如铰链支座与工件之间的距离确定，应考虑工件的装卸空间；铰链轴端钻模板的 73°夹角与铰链支座上对应部位的斜面结构设计，用于保证钻模板的旋转角≥105°等。

2.4.4 夹紧方案设计

(1) 夹紧力设计

根据夹紧力作用点和作用方向设计原则，确定该夹具采用的夹紧力及工件加工受力情况如图 2-8 所示。需要说明的是：由于拟采用浮动夹紧压块，所以不考虑压块与工件间的摩擦力，这会导致计算的夹紧力有所增大。定位销按不受力考虑，避免作用力对定位销的定位精度造成影响。工件较小，其重力忽略不计。

根据已经确定的切削用量，按《工艺》中表 14-30 计算钻孔的轴向力和切削扭矩如下：

$$F=425df^{0.8}=425\times11\times0.4^{0.8}\approx2246(\mathrm{N})$$

$$M=210d^2f^{0.8}=210\times11^2\times0.4^{0.8}\approx12208(\mathrm{N\cdot mm})$$

① 力平衡计算。根据图 2-8 工件受力情况，在水平方向可列静力平衡方程如下：

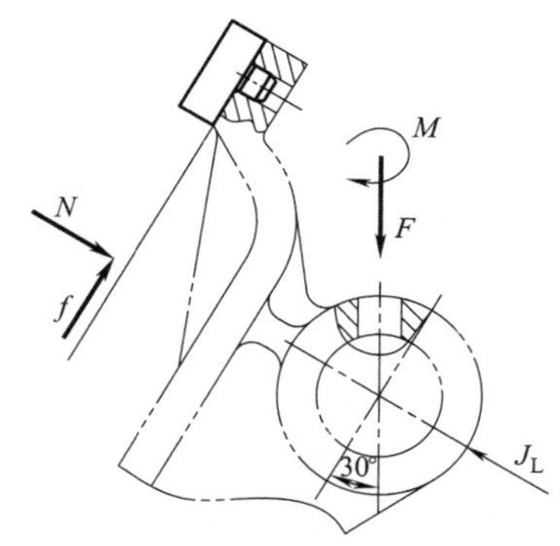

图 2-8　夹紧力及工件加工受力情况

$$J_{L1}\cos30^\circ=N\cos30^\circ+f\cos60^\circ$$

$$f=N\mu$$

式中　μ——工件与支承板定位面之间的摩擦系数，一般 $\mu=0.1\sim0.15$。则有

$$N=\frac{J_{L1}\cos30^\circ}{\cos30^\circ+\mu\cos60^\circ}\tag{2-12}$$

根据图 2-8 工件受力情况，在垂直方向可列静力平衡方程如下：

$$J_{L1}\cos60^\circ+f\cos30^\circ=N\cos60^\circ+F$$

代入 $f=N\mu$，有

$$J_{L1}\cos60^\circ+N(\mu\cos30^\circ+\cos60^\circ)=F$$

将式（2-12）代入上式，有

$$J_{L1}\cos60^\circ+\frac{J_L\cos30^\circ(\mu\cos30^\circ+\cos60^\circ)}{\cos30^\circ+\mu\cos60^\circ}=F$$

取 $\mu=0.1$，并代入 $F=2246$ 值可求得

$$J_{L1}=\frac{F(\cos30^\circ+\mu\cos60^\circ)}{\cos60^\circ(\cos30^\circ+\mu\cos60^\circ)+\cos30^\circ(\mu\cos30^\circ+\cos60^\circ)}\approx2130(\mathrm{N})$$

② 切削扭矩的平衡计算。钻孔的切削扭矩及夹紧转矩分析如图 2-9 所示。

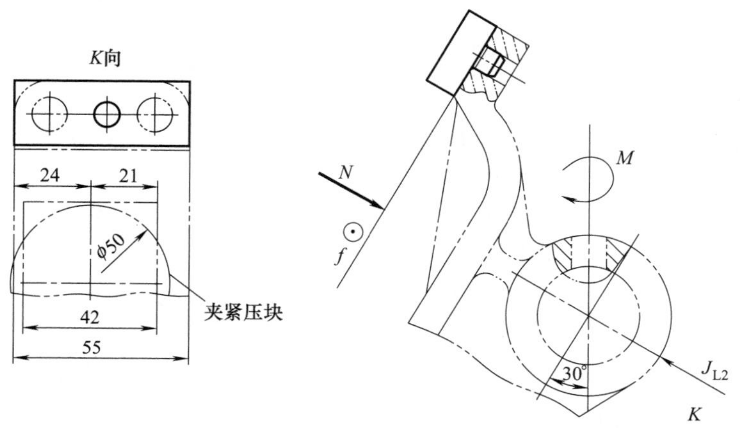

图 2-9　钻孔的切削扭矩及夹紧转矩分析

根据图 2-9 工件受力情况，以加工孔轴线为转轴，可列转矩平衡方程如下

$$M\cos30°=J_{L2}\times21+N\times24+f\times72.3$$

其中：$N=J_{L2}$；$f=N\mu=\mu J_{L2}$。代入上式有

$$M\cos30°=21J_{L2}+24J_{L2}+72.3\mu J_{L2}$$

取 $\mu=0.1$，并代入 $M=12208\text{N}\cdot\text{mm}$，可求得

$$J_{L2}=\frac{M\cos30°}{21+24+72.3\mu}=\frac{12208}{21+24+72.3\times0.1}\approx202(\text{N})$$

③ 确定理论夹紧力 J_L。由于 $J_{L1}>J_{L2}$，因此理论夹紧力应选取 J_{L1}。考虑粗加工、刀具磨钝、工件材质不均匀等因素，依据《夹具》中表 1-2-1 求得安全系数 $K=3$，则可求得需要的实际夹紧力为

$$J=KJ_{L1}=3\times2130=6390(\text{N})$$

(2) 动力源确定

考虑到零件是小批量生产，应采用手动夹紧，人工作用力按 12kg 确定。

(3) 夹紧机构选择

根据需要的实际夹紧力 $J=6390\text{N}$，考虑到人工夹紧力 Q 只有 12kg，需要夹紧机构具有的扩力比为

$$i_0=\frac{J}{Q}=\frac{6390}{12\times9.8}\approx54$$

具有较大扩力比的典型夹紧机构只有螺旋夹紧机构，考虑到工件夹紧面的形状结构，为简化夹紧机构的结构，选用单螺旋浮动压块对工件进行夹紧。

(4) 自锁性校验

由于采用螺旋夹紧，即夹紧机构为标准螺柱，由《夹具》中表 1-2-21 可知，其螺旋升角一般 $\alpha<4°$，完全可以满足自锁性要求。

(5) 夹紧行程 S 确定

如图 2-10 所示，确定夹紧行程时需要考虑：工件的装卸空间，定位销的定位高度，工件定位面到夹紧点的尺寸误差累积，夹紧机构的弹性变形、行程储备等因素。则有

$$S>5+8+0.1+1.8=14.9(\text{mm})$$

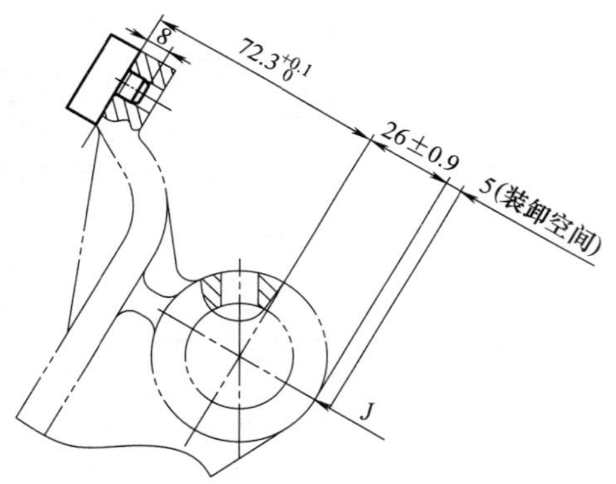

图 2-10 夹紧行程的构成因素

(6) 夹紧结构设计

由于人工作用力的波动性较大，因此需要考虑人工危险作用力可能对夹紧机构的破坏，取危险作用力 $Q_{max}=30\text{kg}$，取螺旋夹紧扩力系数 $i_1=60$，则夹紧螺柱需要承受的危险夹紧力为

$$J_{max}=i_1Q_{max}=60\times30=1800(\text{kg})$$

根据 J_{max} 大小，依据《夹具》中表 1-2-24，选用 M24×3 夹紧螺柱，其许用夹紧力为 $[W]=22563\text{N}$。夹紧机构的夹紧力计算公式如下：

$$W=\frac{QL}{r'\tan\varphi_1+r_z\tan(\alpha+\varphi'_2)}\ (\text{N}) \tag{2-13}$$

式中 W——螺柱的夹紧力，N；

Q——操作者的作用力，N；

L——作用力臂，mm；

r'——螺柱端部与压块间的当量摩擦半径，mm，由《夹具》中表 1-2-20 确定 $r'=0$；

φ_1——螺柱端部与压块间的摩擦角；

r_z——螺柱螺纹中径的半径值，mm，由《夹具》中表 1-2-21 确定 $r_z=11.0255$mm；

α——螺纹升角，(°)，由《夹具》中表 1-2-21 确定 $\alpha=2°29'$；

φ_2'——螺纹副的当量摩擦角（°），由《夹具》中表 1-2-22 确定 $\varphi_2'=9°50'$。

由工件夹紧需要的夹紧力为 $J=6390$N，所以 $W=J$，根据式（2-13）可求得操作手柄的力臂长度：

$$L=\frac{W[r'\tan\varphi_1+r_z\tan(\alpha+\varphi_2')]}{Q}=\frac{6390\times 11.0255\tan 12.317°}{12\times 9.8}\approx 131(\text{mm})$$

则该夹紧机构的实际扩力比为

$$i=\frac{W}{Q}=\frac{6390}{12\times 9.8}\approx 54.34$$

考虑到计算过程中，对夹紧力已采取的放大计算措施，取夹紧手柄实际操作力臂长度为 $L=130$mm，则可确定夹紧机构的主要结构尺寸，如图 2-11 所示。

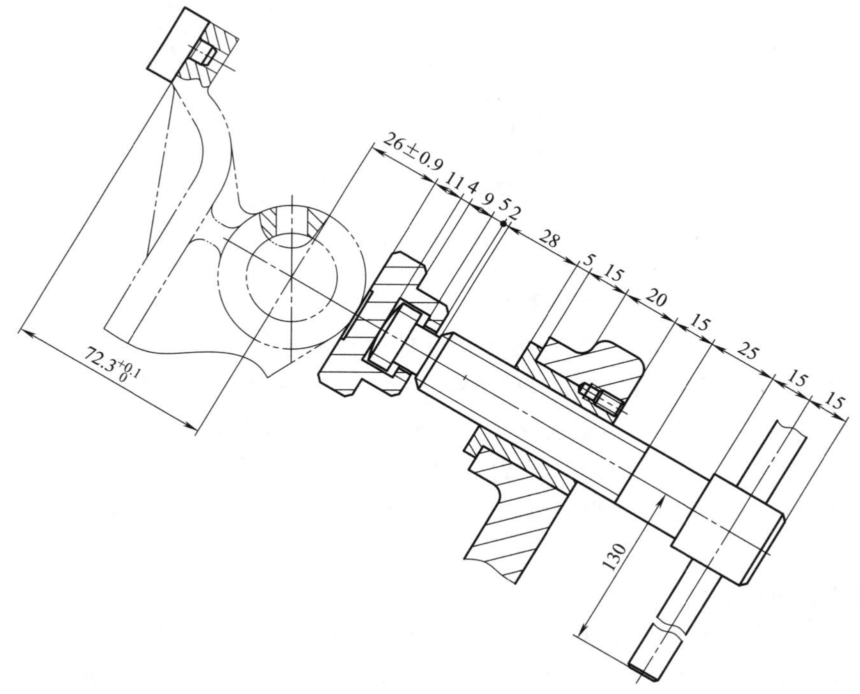

图 2-11　夹紧机构的结构设计

当人工危险作用力 $Q_{max}=30$kg 时，所能产生的危险夹紧力为

$$W_{max}=iQ_{max}=54.34\times 30\times 9.8\approx 15974(\text{N})<[W]=22563(\text{N})$$

即实际设计夹紧机构，其螺柱强度可满足使用要求。

2.4.5 夹具体方案设计

夹具体是夹具的基础件，用于将夹具的各组成部分连接成一个有机的整体。在设计夹具体时，需要重点考虑以下问题。

(1) 夹具体的刚性需要

夹具体设计需要考虑夹具的用途及加工受力情况，满足夹具对加工刚性的需要，因此在进行夹具体设计时，应随时兼顾夹具体的刚性问题。

(2) 夹具体的功能需要

根据夹具体上安装连接的零、部件要求，进行夹具体的功能结构设计。本次设计夹具的组成部分主要有工件定位装置、夹紧装置、钻头导引装置。考虑到夹具体的刚性问题，采用图 2-12 所示的框架结构。

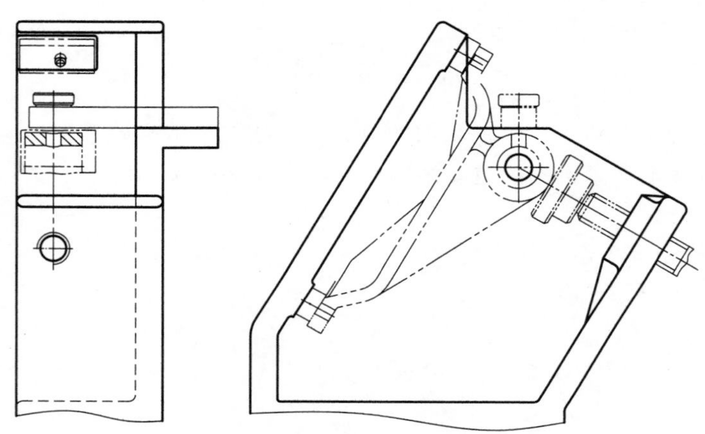

图 2-12 夹具体的功能组成与刚性需要

(3) 工件装卸与夹紧操作空间需要

如图 2-13 所示，夹具体设计需要考虑工件的搬运方法和搬拿部位，保证有足够的工件装卸空间，以满足工件在夹具上装卸的需要，同时由于夹紧力对夹具体的作用，考虑夹具体刚性问题，兼顾夹具体表面需尽量光整，将夹具体支承板安装面设计成 U 形结构。由于操作手柄长度较长，为使手柄到机床工作台之间具有一定的操作空间，夹具体高度有所增加。为避免夹具体高度增加对刚度的影响，夹具体中间部位采用箱形结构，以提高夹具体的刚性。

(4) 夹具在机床上的安装连接

夹具在机床上安装时，夹具的安装连接面结构一般设计在夹具体上。因此，在设计夹具体时，必须考虑夹具在机床上的安装方式和方法，以及机床上夹具安装面的结构和尺寸情况。本次设计的夹具，用于立式钻床加工孔时，由于立式钻床主轴相对工作台 T 形槽位置不详，夹具体与机床的连接采用压板固定，即在夹具体上不设置夹紧耳座。为提高夹具体的安装精度和稳定性，以及减少机械加工量，夹具体安装面应采用周边接触形式。

(5) 夹具体的容屑与排屑结构需要

夹具体设计时，需要尽量考虑切屑的排出问题，当受结构限制无法排屑时，需考虑切屑

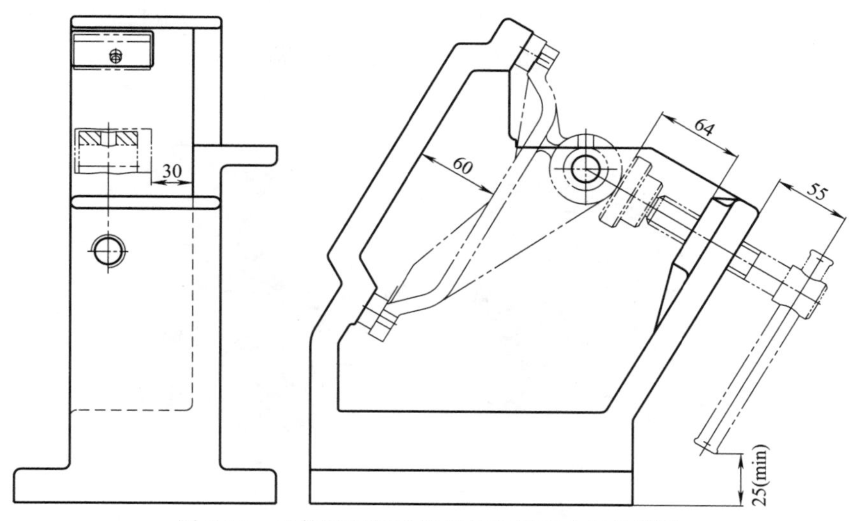

图 2-13　工件装卸与夹紧操作空间和夹具体刚性

在夹具体上的容留空间，以避免不断清理切屑、尽量改善工人操作方便性。本次所设计钻床夹具，钻孔部位与夹具体底部距离很大，具有足够的切屑容留空间。

(6) 夹具体的结构壁厚

根据机械工业出版社出版的《机械加工工艺手册》第 2 版中表 3.1-31 可知，砂型铸造的最小允许壁厚为 7mm。对于中、小型铸件，合适的铸件壁厚一般取 2～5 倍的最小允许壁厚即可，结合该夹具体大小，拟采用 20～25mm 壁厚。

(7) 夹具体的制造方法与结构工艺性

由于铸造夹具体具有较好的工艺性和吸振性，可获得各种复杂的结构形状，考虑到本次设计零件的批量化生产，以及定位支承板、刀具导引装置、夹紧机构安装的需要，夹具体结构比较复杂，因此选用铸造夹具体，材料选用 HT200。

为保证夹具体具有良好的结构工艺性（图 2-14）：在加工支承板安装面时，需考虑加工方法和刀具尺寸，以避免刀具对夹具体加工时的干涉，因此需确定夹具体底部箱形结构的合

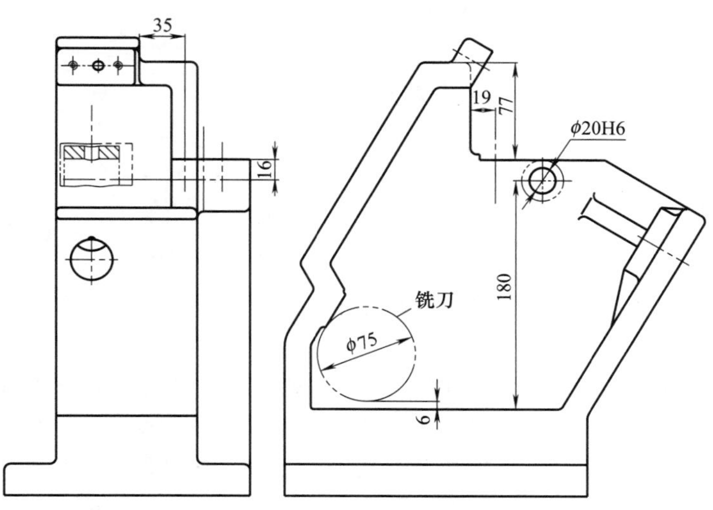

图 2-14　夹具体的结构工艺性设计

适高度；在加工铰链支座安装连接孔时，需保证下刀空间足够；为方便夹具体在加工过程中的尺寸检测，在夹具体上专门设计 ϕ20H6 的工艺基准孔等。

综上所述，夹具体毛坯采用图 2-15 所示的框架结构形式。

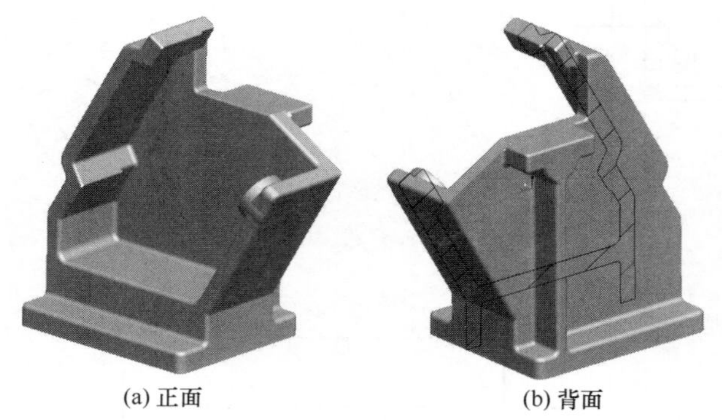

图 2-15　夹具体的结构形式

2.4.6　装配图绘制

(1) 装配图的作用与表达

装配图是表达机器装配关系和工作原理的技术文件，是机器或部件装配、调试、验收、安装、维修等场合的技术依据。装配图需符合“全面、正确、清楚”的绘制要求：装配图需要全面表达机器或部件的工作原理，及组成零、部件间的装配关系和位置关系；图纸表达要正确，符合国标规定；图纸绘制要清楚易懂。

(2) 夹具装配图的标注

① 尺寸标注。夹具装配图重点标注的尺寸有：轮廓尺寸，定位尺寸，对刀、引导尺寸，其他配合尺寸，夹具在机床上的安装连接尺寸五类。

a. 定位尺寸转换（图 2-16）。在定位方案设计时，定位销中心距是按两销中心连线确定为 (223.224±0.02)mm，如图 2-16（a）所示。

为方便夹具的制造，两销之间的相互位置尺寸一般采用直角坐标标注，如果按等公差设计，则坐标法标注的偏差计算为

$$0.02^2=\delta_x^2+\delta_y^2=2\delta_x^2$$

即：$\delta_x=\delta_y=\sqrt{\dfrac{0.02^2}{2}}=0.014(\text{mm})$

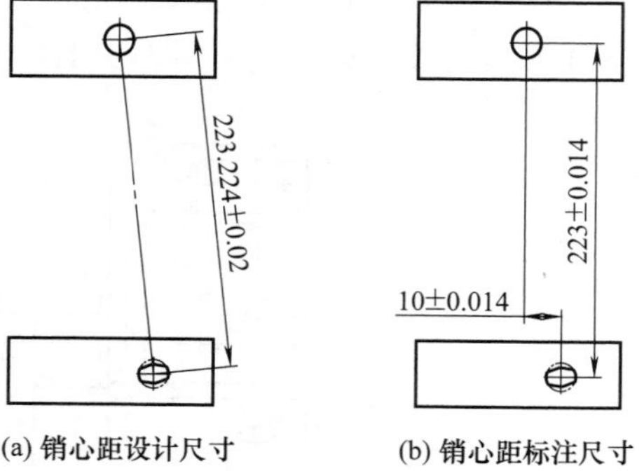

图 2-16　定位销中心距尺寸标注转换

因此，夹具装配图中两定位销的距离尺寸可按图 2-16（b）标注。

b. 工艺基准引用。由于加工时工件需要倾斜安装，使得钻套轴线相对定位基准的尺寸无法直接测量和标注，因此在夹具设计中，需要借助辅助工艺基准，使钻套孔位置与定位基准联系起来。即钻套孔和定位基准的位置，均相对辅助工艺基准进行标注，从而确定刀具的引导钻套位置，如图 2-17 所示。

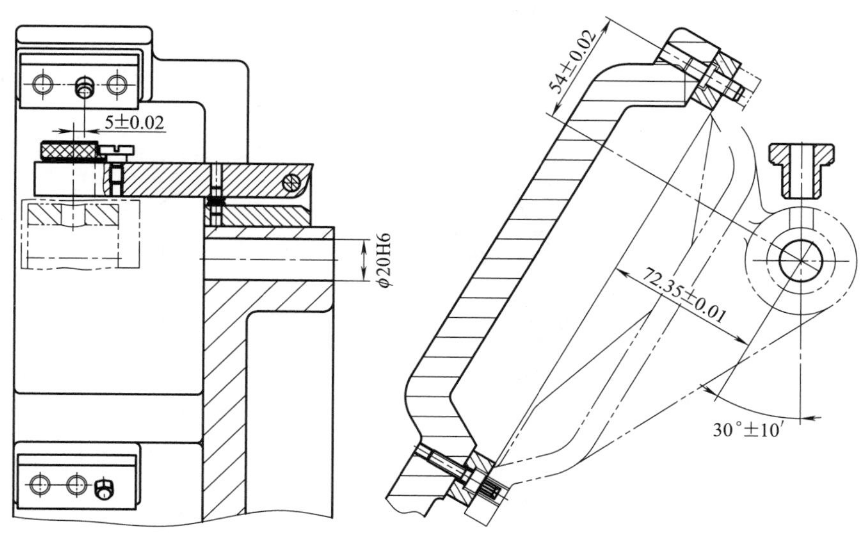

图 2-17　辅助工艺基准标定钻套位置尺寸

测量时，在工艺基准孔 ϕ20H6 中插入芯轴，借助通用的辅助测量工具，即可实现对标注尺寸的测量和检查，从而获知钻套位置的正确与否。

c. 由于夹具在机床上安装是采用压板固定，因此其连接尺寸不必标注。

② 形位精度标注。夹具设计中，除标注尺寸精度外，对影响工件加工精度的相关零、部件，还需要标注它们的形状公差要求，以及它们之间的相互位置公差要求。位置公差一般包括：

a. 定位元件或刀具对刀、引导元件相对夹具安装基面之间的位置精度；

b. 定位元件与对刀、引导元件之间的相对位置精度；

c. 定位元件之间的相对位置精度；

d. 对刀、引导元件之间的相对位置精度。

当夹具的安装基面、定位元件的定位面和对刀、引导元件的对刀面尺寸较大且精度要求较高时，需对它们的形状公差提出要求。

参照《夹具》中表 1-10-9，本次设计钻模的形位公差要求有：

a. 两支承板应处于同一平面 A，其平面度误差不大于 0.02mm；

b. 夹具体安装基面的平面度误差不大于 0.02mm；

c. 钻套轴线对夹具安装基面的垂直度误差不大于 0.05mm/100mm；

钻 ϕ11mm 润滑油孔夹具装配图的全部标注情况如图 2-18 所示。

(3) 编制零、部件明细

装配图中，一般应编制所有零、部件的明细表，明细表项目一般应包含零部件名称、编号、数量、材料、规格等内容。从有利于生产制造的角度出发，最好根据零部件的来源，如标准件、外购件、自造件、外协件等，将装配图中所有零、部件分门别类单独列出。

(4) 编写技术要求

装配图中应编写技术要求。技术要求是指图纸中无法标注，但在设计、制造、验收、使用过程中，需要遵循的标准、采取的措施和注意事项等内容。在实际设计中，常有将形位精度要求列入技术要求的习惯。

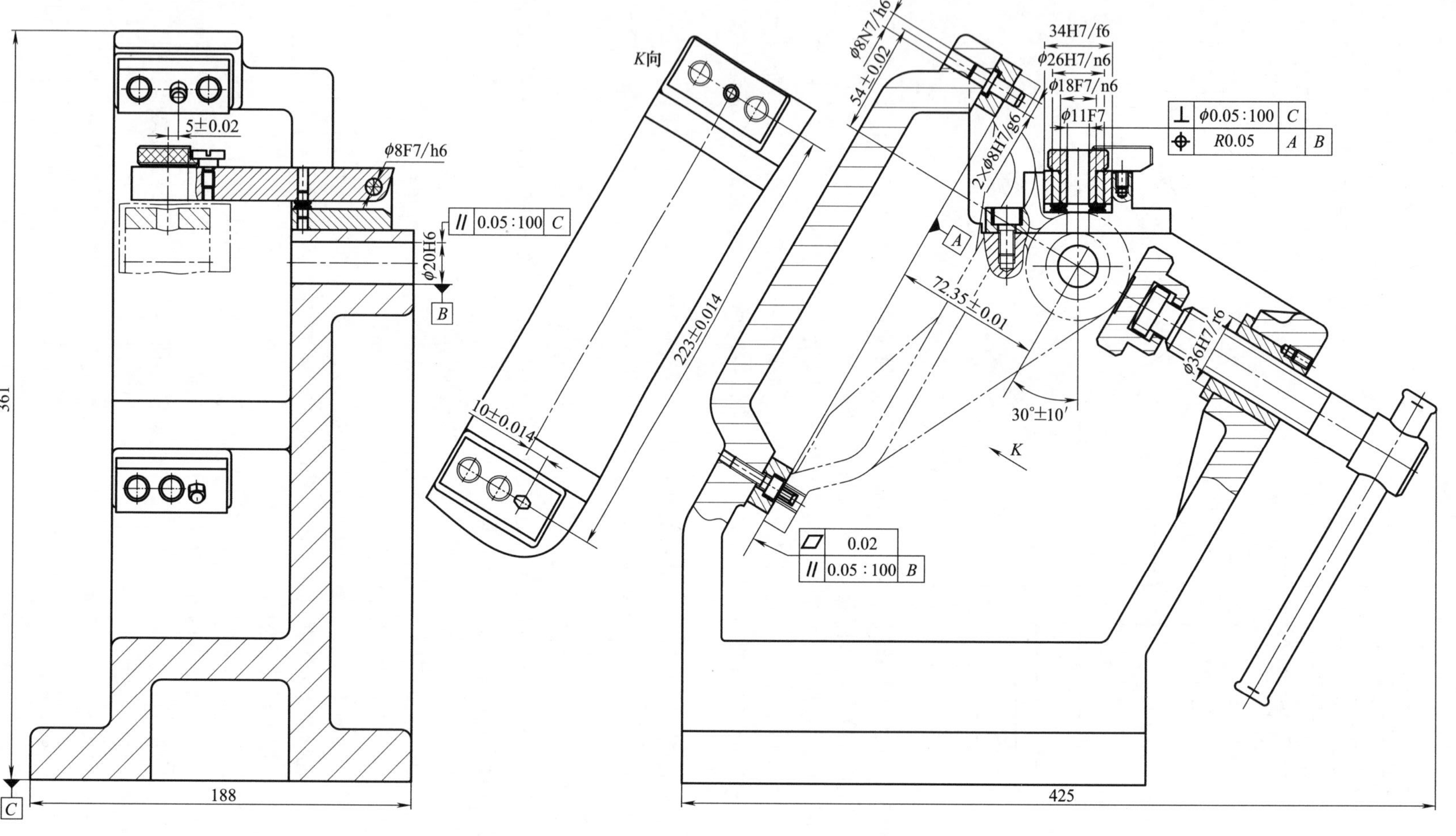

图 2-18　夹具装配图的全部标注情况

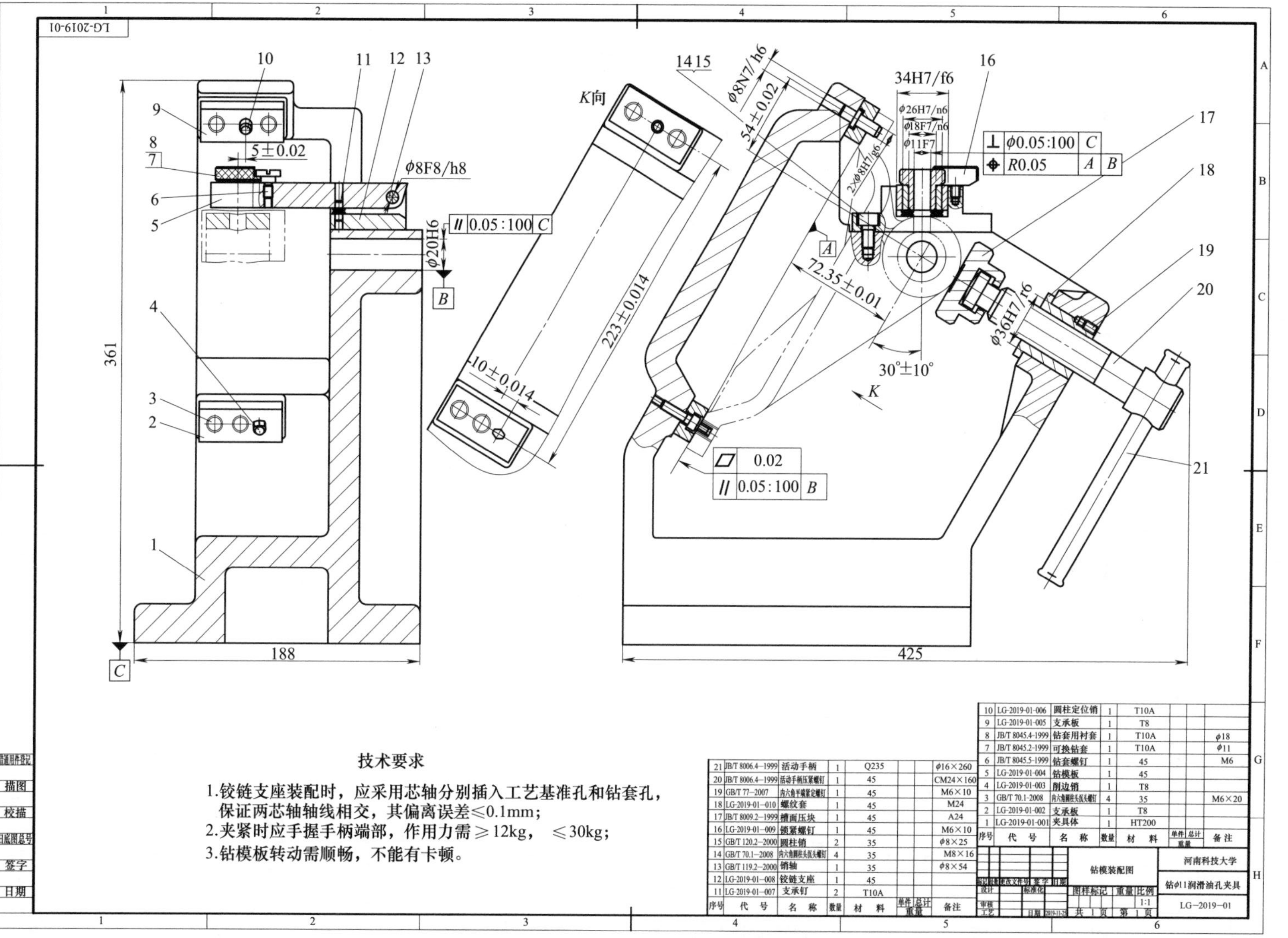

图 2-19　钻 ϕ11mm 润滑油孔夹具装配图

该夹具的技术要求：

① 铰链支座装配时，应采用芯轴分别插入工艺基准孔和钻套孔，保证两芯轴轴线相交，其偏离误差不得大于 0.1mm。

② 夹紧时应手握手柄端部，作用力需不小于 12kg，不大于 30kg。

(5) 夹具装配图的绘制

夹具装配图一般取工作位置视图为主视图，采用 1∶1 比例，按照“用双点画线绘出工件轮廓→绘制定位方案→绘制对刀引导装置→绘制夹紧装置→绘制夹具体→完善相互连接的细节表达”依次绘制。图 2-19 所示为最终完成的钻 ϕ11mm 润滑油孔夹具钻模装配图。

2.4.7 夹具的装配精度与验收

(1) 夹具的装配精度与保证

夹具装配精度采取什么方法保证，取决于夹具的生产批量，以及装配精度高低和组成环多少等因素。在单件小批生产中，当组成环较多或装配精度要求较高时，应尽量采用修配或调整等方法保证装配精度。仅按组成环多少考虑，在图 2-19 所示夹具中，确定各项装配精度及影响因素和保证方法见表 2-24。

表 2-24 装配精度及影响因素和保证方法

序号	项目	精度值	项目要素	精度方向或平面	项目基准	关联零件(号)	保证方法
1	垂直度	0.05∶100	钻套轴线	过 B 垂直 C 的平面	夹具体 C 面	7-8-5-13-12-11-1	修配法
2				垂直 B 和 C 平面内		7-8-5-13-12-1	修配法
3	位置度	ϕ0.1	钻套轴线	垂直 B 的水平方向	A	7-8-5-12-10-1-2、9	调整法
				30°转角方向	A	7-8-5-13-12-1-2、9	修配法
4	销心距	±0.014	削边销轴线	项目尺寸方向	圆柱销轴线	4-1-10	互换法
5	5±0.02	±0.02	钻套轴线	项目尺寸方向	圆柱销轴线	7-8-5-13-12-1-10	调整法
6	72.35±0.01	±0.01	定位面 A	项目尺寸方向	基准 B 轴线	2、9-1	互换法
7	54±0.02	±0.02	圆柱销轴线	项目尺寸方向	基准 B 轴线	10-1	互换法

采用修配法保证装配精度时，关联零件一般按经济精度加工，但留出修配环，如保证项目 1 装配精度时，采用件 11 为修配环，通过修配环的修配保证装配精度。修配环零件设计时，需计算确定修配尺寸，以保证其必须留有最小修配余量。

在保证项目 2、4 装配精度时，由于关联零件较多，表 2-24 中选用了修配法保证装配精度。而在项目 2 中，适合修配的零件只有件 12 和件 1。由于件 12 和件 1 又是影响项目 4 的公共环，为保证项目 4 的装配精度，还需要在项目 4 的关联零件再找一个修配环进行修配，因此会带来一系列的连锁反应，对项目 2、4 可考虑其他方法保证装配精度。

综合考虑项目 2、4 装配精度情况，可以将它们按图 2-20 两项精度单独考虑，其中 90°±1.72′在夹具装配时保证，60°由加工保证，则 30°±10′为间接形成。

根据图 2-20 (a) 的垂直度要求，可换算求得钻套轴线对夹具安装基面的夹角为 90°±1.72′。根据尺寸链原理，由图 2-20 (b) 可求得 60°角的偏差 Δ_α 为

$$\Delta_\alpha = 10' - 1.72' = 8.28'$$

即支承板与夹具安装面夹角的计算值为 60°±8.28′。为使夹具有足够的精度储备，该项

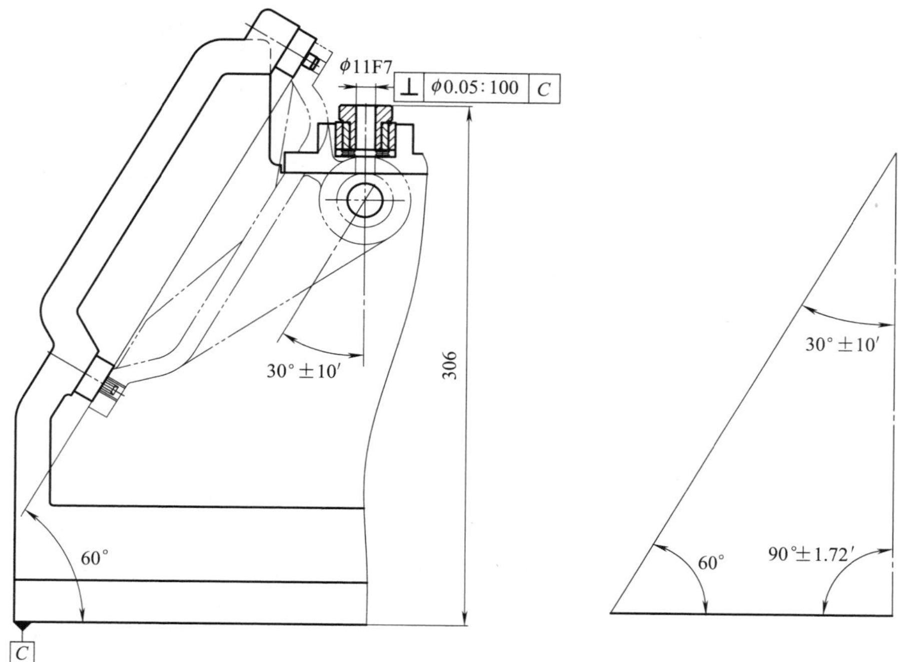

图 2-20　装配精度的分解

精度实取 60°±5′。

在该夹具中，部分装配精度采用可动调整法保证，此时各关联尺寸按经济精度加工，装配时通过调整可动件的位置保证装配精度。

采用互换法保证装配精度时，关联零件的精度按装配精度要求进行设计分配，这些零件装配时就可以直接保证装配精度。

(2) 关键零件装配方法确定

专用夹具一般为单套生产，因此在装配中，对较高的装配精度要求，广泛采用配做、调整、修配等方法保证精度要求。在夹具装配图设计完成后，需根据表 2-24 统计和部分零件的特殊需要，确定出非互换法进行装配的零件，以便在夹具零件设计时进行相应的工艺安排。图 2-19 所示夹具关键零件的装配方法见表 2-25。

表 2-25　关键零件的装配方法

序号	关键零件			装配方法	说明
	零件名称	零件号	数量		
1	铰链支座	12	1	调整法和修配法	调整其位置，保证钻套位置精度，然后拧紧螺钉固定
2	圆柱销	15	2	配做法	在铰链支座拧紧固定后，钻铰定位销孔，装入圆柱销
3	支承钉	11	2	修配法	通过修配支承钉，保证钻套孔对夹具安装面 C 的垂直度
4	支承板	2、9	各 1	配磨	2、9 支承板需一次磨出，或在夹具体安装后磨出

(3) 夹具的验收

验收是夹具制造终了的交接环节，由设计制造方将夹具移交给使用方，使用方会对夹具的性能和精度进行验收。夹具验收常采用的方法有直接对夹具进行验收，通过试加工对生产零件进行验收。

图 2-16 所示夹具，通过增设工艺基准孔，可以实现对夹具的直接验收。该夹具部分重要验收项目及验收方法见表 2-26。

表 2-26 夹具重要验收项目及验收方法

序号	验收项目				主要量仪			验收方法
	对象	内容	精度/mm	基准	名称	精度/mm	规格/mm	
1	钻套 7	尺寸 5mm	±0.02	圆柱销 10 轴线	深度千分尺	0.001	0～25	借助直角尺、芯轴
2	钻套 7	垂直度	0.05/100	基面 C	千分表	0.001	0～1	借助直角尺、芯轴
3	钻套 7	位置度	R0.05	基准面 B	千分表	0.001	0～1	借助 4、6、7 保证
4	钻套 7	30°	±10′	支承板 2、9	角度尺	2′	0°～320°	
5	支承板 2、9	平面度	0.02	—	千分表	0.001	0～1	
6	支承板 2、9	平行度	0.05/100	基准 B	千分表	0.001	0～1	
7	支承板 2、9	72.35mm	±0.01	基准 B	深度千分尺	0.001	0～100	直尺靠 A 面测量
8	圆柱销 10	54mm	±0.02	基准 B	深度千分尺	0.001	0～100	直角尺靠 A、B 测量
9	削边销 4	223mm	±0.014	圆柱销 10	深度千分尺	0.001	0～100	借助直角尺等测量
10	削边销 4	10mm	±0.014	圆柱销 10	千分尺	0.001	0～25	借助直角尺测量
11	工艺孔 B	平行度	0.05/100	基面 C	千分表	0.001	0～1	

2.4.8 夹具体零件测绘

完成装配图设计后，根据装配图，要测绘所有需要制造的零件图纸。但受设计时间限制，本次课程设计只需测绘夹具体零件图纸即可。

(1) 零件图的作用与表达

零件图用于表示零件的结构形状、尺寸大小及技术要求，是零件加工制造、检测的技术依据。零件图必须完整、清晰地反映零件的结构形状和尺寸大小；视图表达必须符合国标规定；尺寸标注首先要符合国标规定，还需要符合功能和工艺要求。零件图的主视图一般按工作位置或加工位置选取。

(2) 夹具体主要结构尺寸确定

夹具的各组成部分是通过夹具体连接成一个整体。因此，夹具的大部分装配精度和装配位置关系，会受到夹具体上相关装配面的影响，即这些装配面的相关尺寸会影响夹具的装配精度和装配位置关系。这些尺寸就构成了夹具体的主要结构尺寸，它们的确定需要通过相应的装配尺寸链求得。

① 与工件定位相关的夹具体尺寸设计。根据工件在夹具上的定位情况，可确定夹具体的相关设计尺寸，如图 2-21 所示。由于定位支承板采用配磨加工，因此夹具体上工艺基准孔到支承板安装面的尺寸按经济加工精度确定。

② 与刀具定位相关的夹具体尺寸设计（图 2-22）。根据夹具体与刀具的位置关系，可确定夹具体的相关设计尺寸。由于钻套的准确线性位置是通过调整法保证，而定位销孔是通过配做加工保证，因此图中相关尺寸均为自由尺寸。为防止铣刀加工凸台面时与夹具体干涉，应控制工艺基准孔与夹具体内侧顶面的高度尺寸。

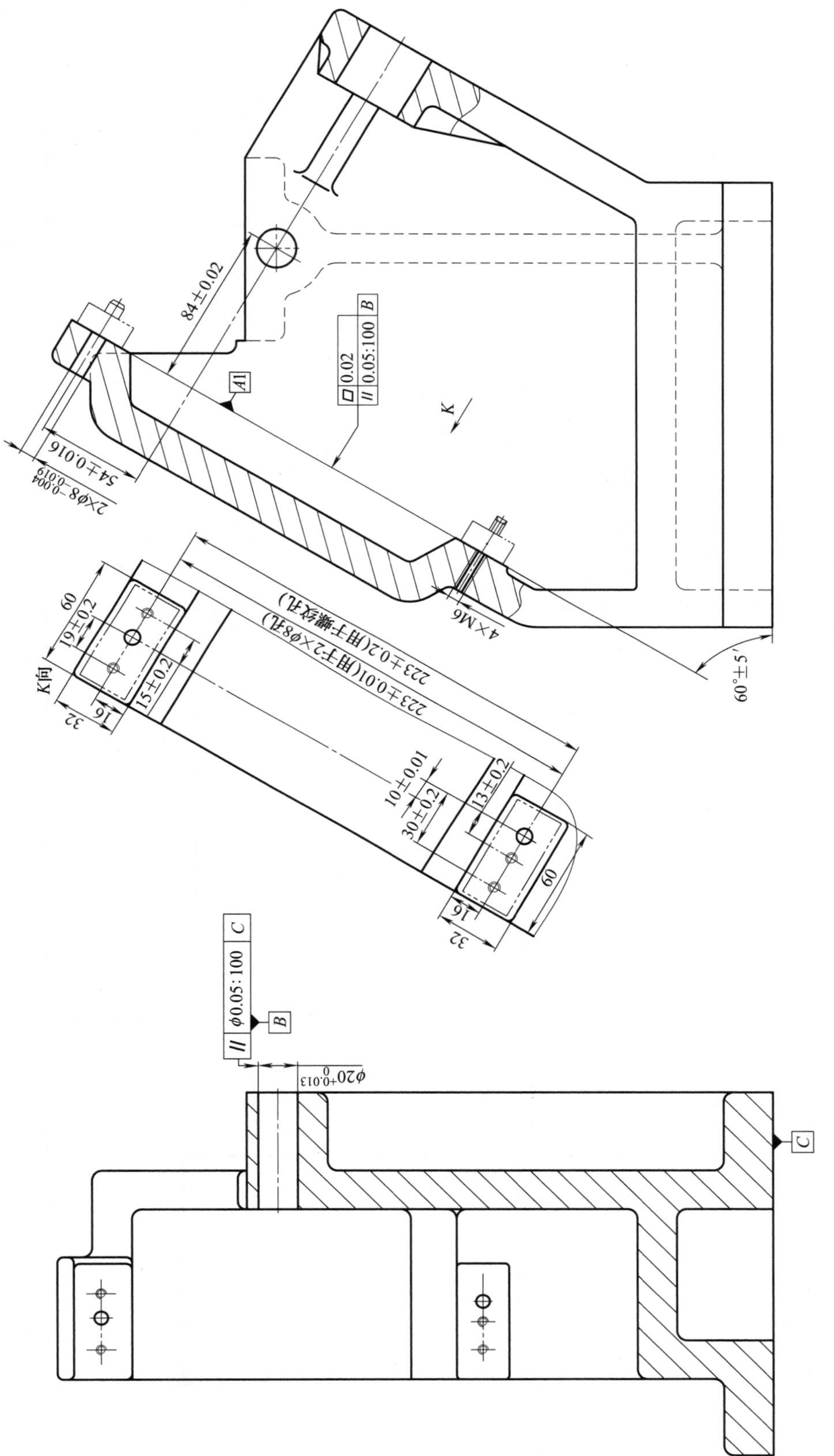

图 2-21　与工件定位相关的夹具体尺寸设计

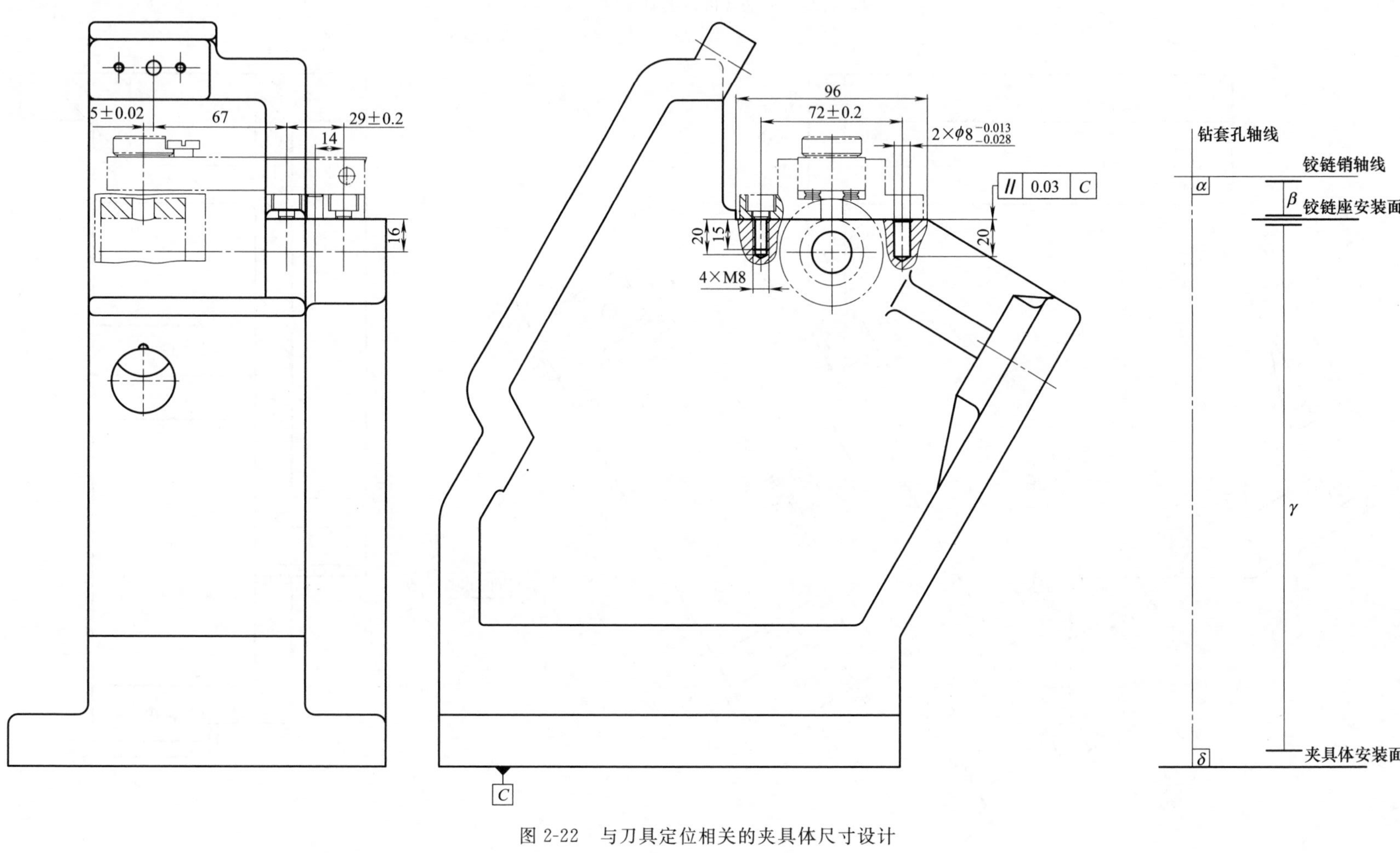

图 2-22 与刀具定位相关的夹具体尺寸设计

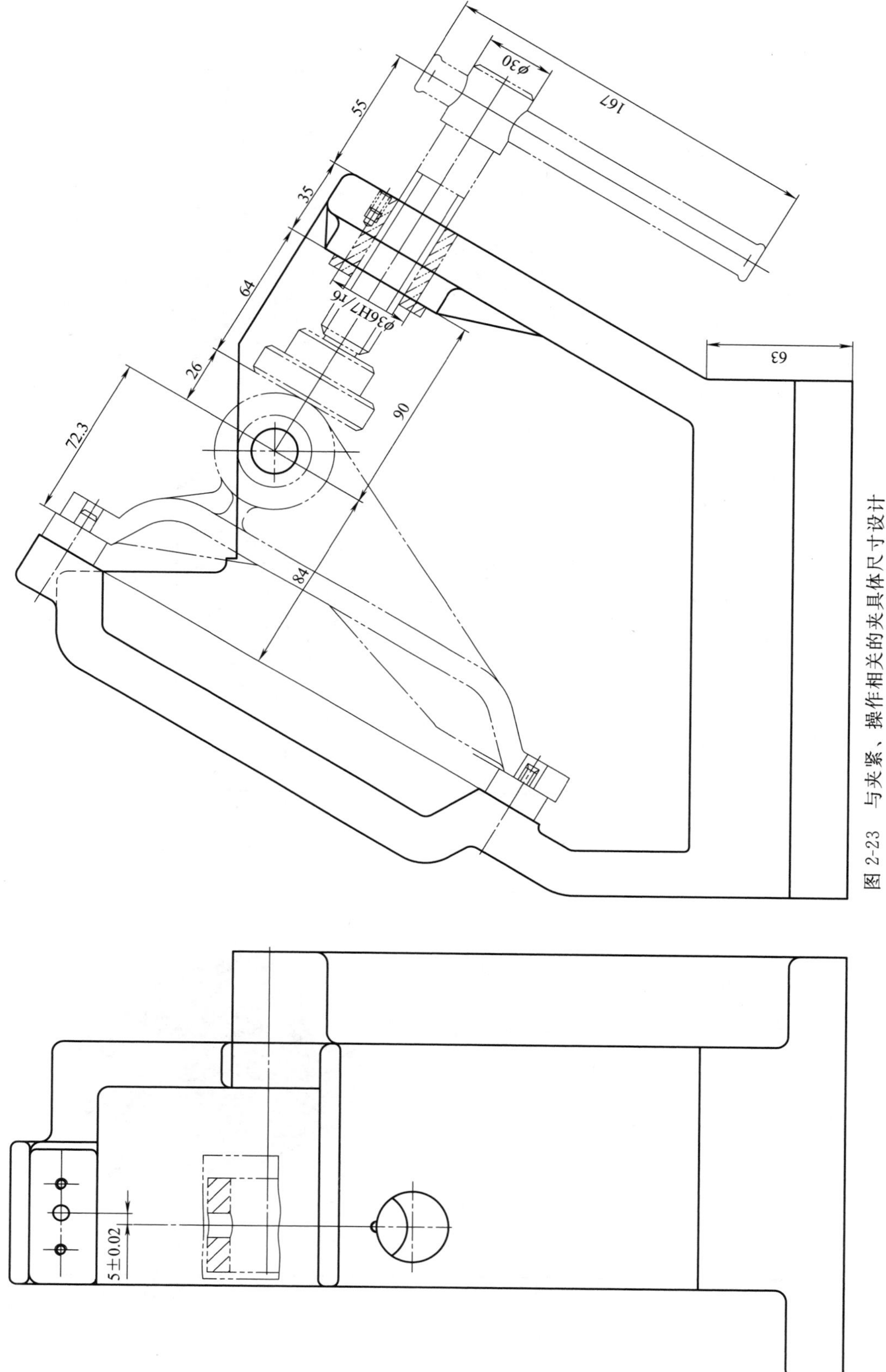

图 2-23　与夹紧、操作相关的夹具体尺寸设计

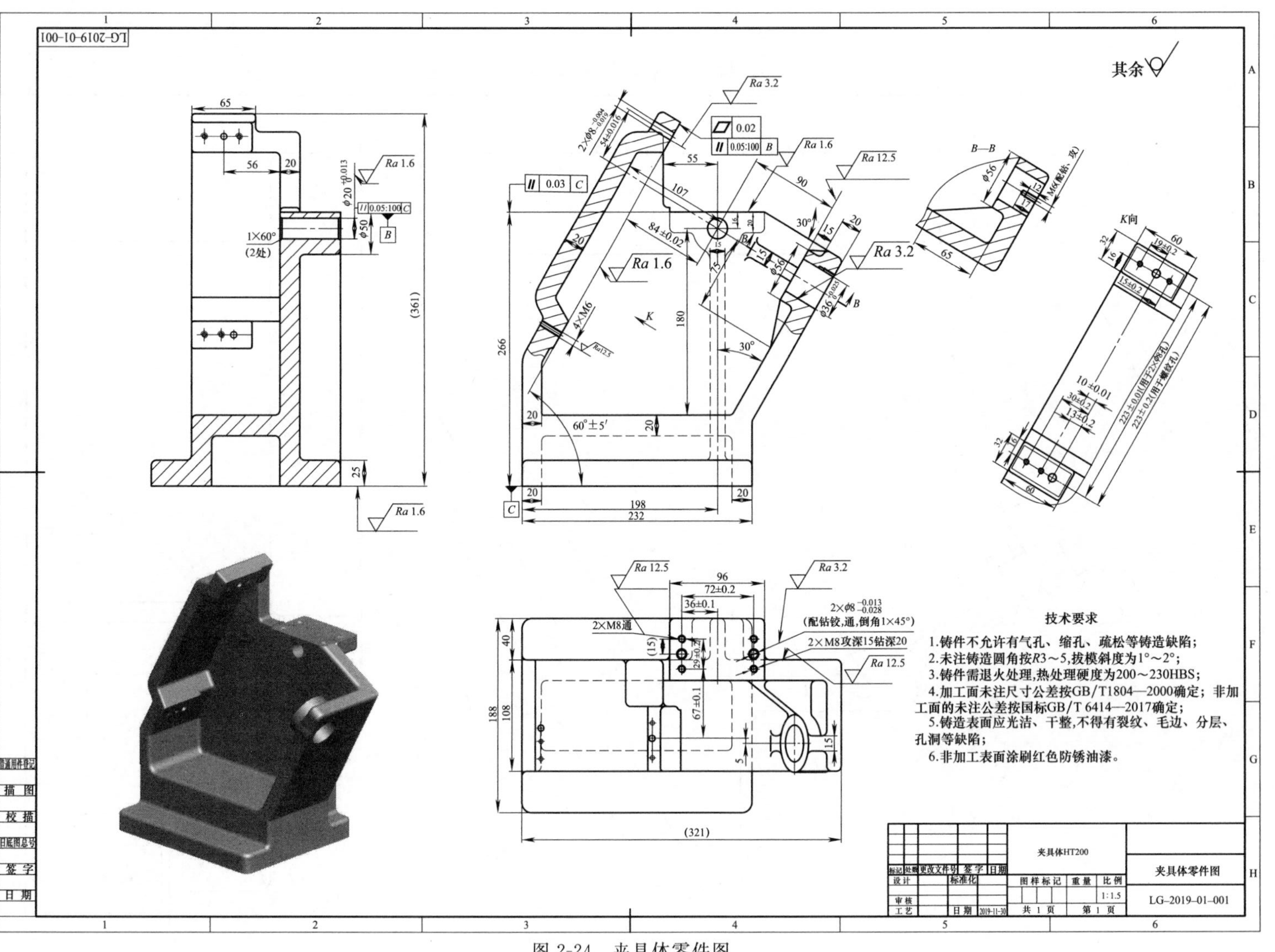
其余
B—B
K向
技术要求
1.铸件不允许有气孔、缩孔、疏松等铸造缺陷;
2.未注铸造圆角按R3～5,拔模斜度为1°～2°;
3.铸件需退火处理,热处理硬度为200～230HBS;
4.加工面未注尺寸公差按GB/T1804—2000确定;非加工面的未注公差按国标GB/T 6414—2017确定;
5.铸造表面应光洁、干整,不得有裂纹、毛边、分层、孔洞等缺陷;
6.非加工表面涂刷红色防锈油漆。
夹具体HT200
夹具体零件图
1:1.5
LG-2019-01-001

图 2-24 夹具体零件图

为保证装配后的钻套孔轴线、在垂直工艺基准孔轴线的平面内、垂直于夹具体安装基面 C，根据装配关系可建立尺寸链，如图 2-22 所示。在该尺寸链中，将钻套、衬套、钻模板合并为整体考虑，将铰链销轴与支座合并考虑，铰链销轴与钻模板的配合孔间隙先不予考虑。

由图 2-20 可知，$\delta=90°\pm1.72'$，在图 2-22 尺寸链中，该角度为封闭环。考虑各零件的组装关系和尺寸大小，采用等公差计算尺寸链的偏差有

$$1.72'=\Delta_{\alpha}+\Delta_{\beta}+\Delta_{\gamma}=3\Delta$$

求得 $\Delta\approx0.57'$。

根据 Δ 值可换算出夹具体的平行度公差为 0.03mm，见图 2-22 标注。

③ 与夹紧、操作相关的夹具体尺寸设计。

考虑夹紧机构的夹紧行程、装卸工件、夹紧操作空间的需要，夹具体的相关结构和尺寸设计如图 2-23 所示。

(3) 夹具体零件其他尺寸的标注

夹具体其他尺寸的确定，需要考虑以下问题：夹具体的刚度和强度需要；要满足结构功能的需要；要符合夹具体加工工艺的需要等。尺寸标注具体需遵循的原则，可见参考文献[8] 中的 1.4 节内容。

(4) 夹具体零件的技术要求制定

对零件图中无法标注或不便标注的内容，应以技术要求加以规定，主要包括：

① 对材料的内部组织以及物理、机械和化学性能的要求；

② 对毛坯的内、外部缺陷和表面质量及修补手段和方法的规定和要求；

③ 零件制造过程中，应采取的机械、物理、化学处理手段以及达到的效果要求；

④ 零件图中未注粗糙度、尺寸、拔模斜度等的处理要求；

⑤ 零件制造过程中，应遵循的组织、管理和程序的要求；

⑥ 零件制造过程中，应遵循的操作技术规范要求；

⑦ 零件制造过程中，应遵循的防护、清理、去磁等要求。

实际设计中，也有将形位公差列入技术要求的情形。

(5) 夹具体零件图绘制

按照上述零件图绘制要求，完成的夹具体零件设计如图 2-24 所示。

2.5 设计总结

本次设计是大四完成生产实习后第一次贴近实际工作的课程设计，需要完成老师给定零件的工艺规程和工序专用机床夹具设计。刚开始为没有头绪而烦躁，在老师的引导下，待终于理出头绪，又为千头万绪的资料收集、查找、分析计算、图纸绘制、方案合理性论证等工作而焦头烂额。经过这样 3 周的紧张设计，总算完成了设计任务，回顾本次课程设计的过程，压力与喜悦同在，成果与问题并存。

通过这次设计过程的历练，对机制工艺装备课程设计有了深入的认识，深感学艺的不精，面对未来工作，深感压力倍增。对解决复杂工程问题时，所需要的多学科知识综合运用能力有了切身的体会，也深感能力的不足和知识的欠缺。在设计过程中，针对具体细节问

题，经常遇到各种困难，会因出现各种错误而需要不断地进行返工和改正，才能达到一个合理的设计结果，这种历练使我深感工作要耐心、细致的重要性。所有这些，首先从思想上为以后的学习和工作奠定了基础。通过这次课程设计，也积累了大量的经验和教训，设计能力得到了极大的提高。

由于没有实际工作经验，本次课程设计完全是从课本的理论角度出发，针对机油泵传动轴支架零件，进行了结构和工艺分析，确定并设计了毛坯图，编制了机械加工的工艺规程，设计了钻 ϕ11mm 润滑油孔的专用钻床夹具。设计结果可能与实际生产存在一定差距，但设计过程和设计的方法应该相通，些微的差距并不影响对设计过程和设计方法的学习和掌握，也不影响对设计理念的学习和培养。

设计过程中，需要借助手册和资料，但由于手册和资料的匮乏，设计中根据手册选定的数据、设备、工装，引用的公式等，会存在一定的偏差或有较大的偏差，甚至一时找不到可查的手册和资料，只能采用近似的内容代替。例如：在工艺设计中，只能在有限的资料中选择尽量合适的机床和工艺装备；手册提供的机床资料也没有具体的速度分级数值，因此在机床主轴转速和进给量选择确定中，只是对所选数值进行简单的取整确定；由于手册中提供的辅具资料有限，设计中没有进行辅具的详细选择和确定等。

机制工艺装备课程设计具有很强的实践性，设计过程中遇到的有些问题又错综复杂，需要多学科知识的综合应用才能解决。初次进行这样的设计，时间显得非常仓促，面对各种大量的设计问题，需要对以往所学课程进行二次深入和全面地学习，许多问题很难有充足的时间进行深入的分析和解决。如设计夹具体零件图时，需要根据夹具装配图的装配精度建立装配尺寸链，由装配尺寸链解算夹具体的主要结构尺寸，但解算装配尺寸链前，还需要根据精度、生产批量、成本、组成环的数量等确定装配精度保证方法，而装配精度保证方法在夹具装配结构设计时就要考虑，更遑论还要考虑零件的材料、热处理、结构工艺性等问题。诸如这样的问题，在设计中还有许多，这些问题对初学者来说，宛如横亘在面前的座座大山，一时难以逾越。因此，这次的设计只是一次初步的学习和训练，设计中还存在太多的问题，因时间不足而无法进行深入的学习、分析和解决。

总之，虽然资料缺乏、时间仓促、缺乏经验、水平有限，这些造成我无法全部解决本次课程设计涉及的所有细节问题，但丝毫不影响本次课程设计的重要性。通过本次课程设计，熟悉了工艺设计和夹具设计的流程和方法，培养了初步分析、解决复杂工程问题的能力，使自己具备了初步的机械加工工艺规程和专用机床夹具设计能力，对工艺设计和专用机床夹具设计有了更深入的理解和掌握，清楚了设计中多课程、多学科理论知识综合应用的重要性和必要性，培养了自觉学习的能力，增强了对专业学习的认识，培养了对待工作的正确态度，展望未来，更增加了自己的信心和勇气。

第3章
典型零件加工工艺过程及典型工艺装备

发动机中的连杆、曲轴和缸体分别代表三类不同的零件结构——板、轴和箱体。由于其结构复杂、精度要求高，所以其工艺路线安排较长，许多工艺原则在其工艺过程中体现比较鲜明，是学习、研究零件加工工艺的绝佳对象。本章提供某拖拉机发动机的连杆、曲轴和缸体零件大批量生产工艺过程，同时对其工艺过程中所使用的某些典型工艺装备加以说明和分析。

3.1 连杆零件加工工艺过程及典型工艺装备

3.1.1 连杆的工艺特点及毛坯

(1) 连杆的功用和结构

发动机工作时，燃油气爆炸所做的功通过活塞→活塞销→连杆→曲轴进行传递，将活塞的往复直线运动转变为曲轴的旋转运动。图 3-1 所示为连杆的总成外观与装配分解图，它由连杆盖、连杆体、螺母、螺栓、止转销和铜套组成。

连杆由大头、小头、杆身等组成，小头孔与活塞销相连，大头孔与曲轴连杆轴颈配合。大头采用直剖式分开结构，以利于其与曲轴的装配，连杆体与连杆盖采用螺栓进行相互定位和连接，并以螺母加以拧紧。为避免连杆的磨损和便于其维修，小头孔压装有铜套，装配时大头孔安装有轴瓦。连杆杆身中心部位设计为圆柱体结构，内有加工孔将由大头孔和小头孔贯通，用于将由大头孔进入的压力润滑油输送到小头孔，实现对小头铜套孔和活塞销运动副的润滑。

图 3-1 连杆的总成外观与装配分解图

连杆大、小头端面有落差且与杆身对称。大、小头侧面设计有定位凸台，用作机械加工时的辅助定位基准。

为减小连杆的运动惯量，在设计时采用了一系列措施。例如：连杆杆身截面采用工字形结构，以利于减轻重量，同时又使连杆具有足够的强度和刚度；螺栓孔与连杆大头孔采用贯穿结构，以减小连杆大头的结构尺寸；连杆大头两定位侧面在工艺过程后期采用车削加工去除不必要的材料；连接螺栓定位头部采用圆柱体以缩小尺寸，并尽量去除螺栓定位头部的多余材料。

为防止拧紧螺母时螺栓的旋转，螺栓定位头部上设计有止转槽，与安装在连杆体上的止转销进行配合。

连杆盖与连杆体结合在一起共同形成大头孔，为保证大头孔的圆柱度，采用两个连接螺栓中间部位，分别与连杆盖和连杆体上的螺栓孔进行配合，以定位连杆盖和连杆体的相对位置。

(2) 连杆的主要设计技术要求

图 3-2 所示为连杆合件简图。其主要加工表面有大、小头孔，大、小头端平面，大头剖分平面及连杆螺栓孔等。其设计的主要技术要求如下。

① 小头孔尺寸精度等级为 IT7，表面粗糙度 Ra 值应不大于 1.6μm，圆柱度公差为 0.015mm。小头铜套孔尺寸精度等级为 IT6，表面粗糙度 Ra 值应不大于 0.4μm，圆柱度公差为 0.005mm。

② 大头孔尺寸公差等级为 IT6，表面粗糙度 Ra 值应不大于 0.8μm，圆柱度公差为 0.012mm。

③ 连杆小头孔和小头铜套孔中心线对大头孔中心线的平行度：大、小头孔中心线在垂直面内的平行度公差为 0.04mm/100mm；大、小头孔中心线在水平面内的平行度（扭曲度）公差为 0.06mm/100mm。

④ 大、小头孔中心距极限偏差为±0.05mm。

⑤ 大头孔两端面对大头孔中心线的垂直度公差为 0.1mm，表面粗糙度 Ra 值应不大于 3.2μm。

⑥ 两螺栓孔中心线对大头孔剖分面 C 的垂直度公差为 0.15mm/100mm，用两个尺寸为 $\phi16_{-0.006}^{-0.002}$mm 的检验芯轴插入连杆体和盖的 ϕ16H8 孔中时，剖分面 C 处的间隙应小于 0.05mm。

⑦ 对连杆质量的要求：带盖连杆的质量（无螺栓）小于 5200g；连杆盖的质量应小于 1400g；连杆体的质量应小于 3800g；连杆合件的质量数值打印在连杆盖的 H 面上。

此外还要求在连杆全部表面上，不允许有裂缝、发裂、碰伤、分层、结疤、锈蚀、氧化皮和凹陷，在不加工表面上允许有修整后的分模面痕迹和深度不大于 0.5mm 的局部缺陷。

(3) 连杆的材料和毛坯

图 3-3 所示连杆，其材料采用 45 钢（精选含碳量为 0.42%～0.47%），并经调质处理以提高其强度及抗冲击韧性，其硬度为 217～289HBS。

钢制连杆毛坯一般采用锻造，在大量生产中采用模锻。锻坯有两种形式：连杆体和盖在一起的整体锻件和两者分开的分开锻件。整体锻件较分开锻件节省金属材料，并减少毛坯制造劳动量，又方便实现连杆体和连杆盖的端面同时加工，从而减少工序数目，所以连杆毛坯一般采用整体锻造的较多。整体锻造的毛坯需要在机械加工过程中将其切开，为保证切开后粗镗孔时的余量均匀，需将毛坯的大头孔锻成椭圆形状。

图 3-3 连杆毛坯采用整体模锻，分模面在工字形杆身腰部的母线平面上。锻件毛坯的主要技术要求如下。

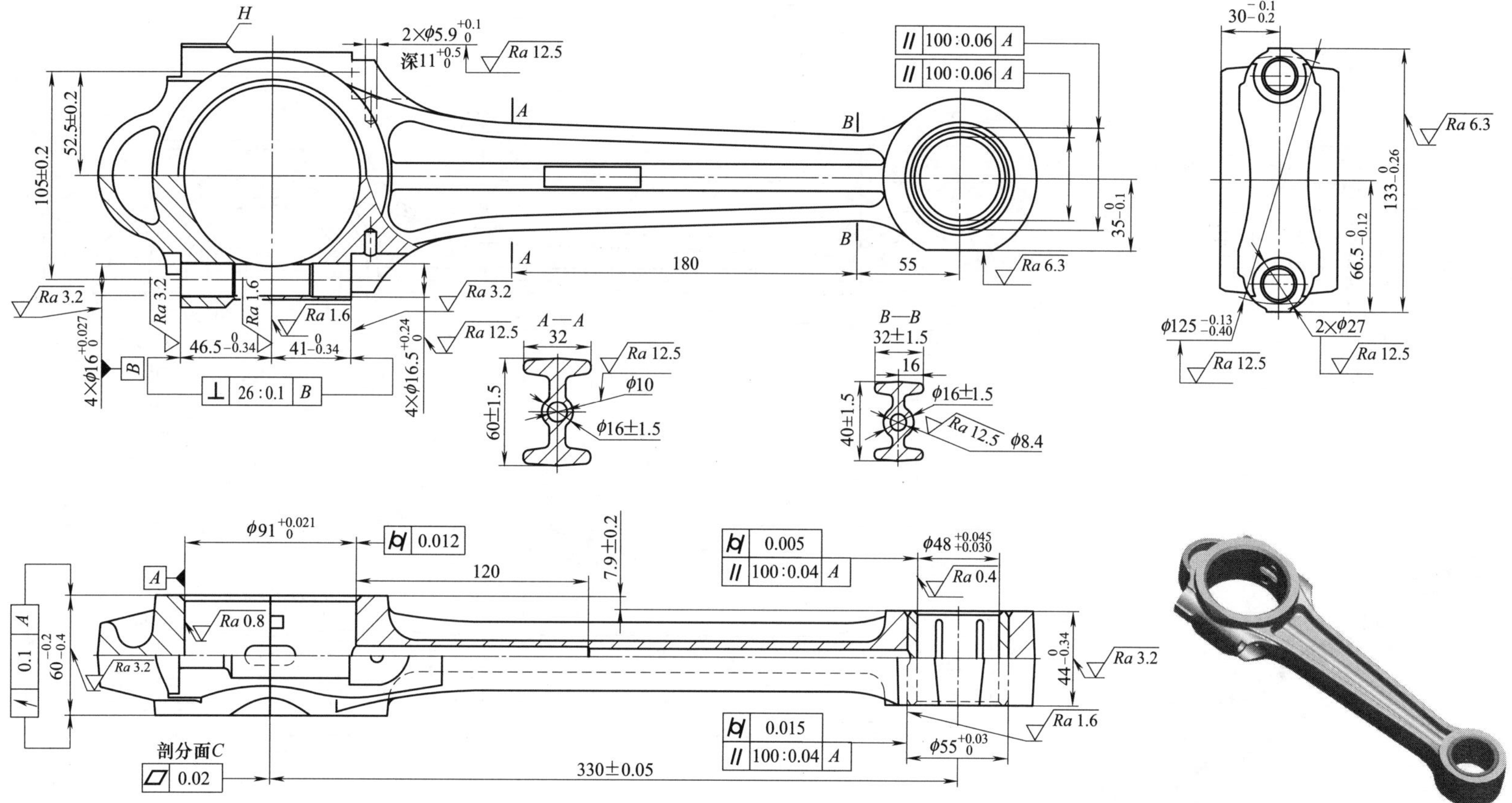
H
2×ϕ5.9
深11
Ra 12.5
105±0.2
52.5±0.2
A
B
180
55
35
Ra 6.3
Ra 3.2
Ra 1.6
46.5
41
4×ϕ16
4×ϕ16.5
26:0.1 B
A—A
32
60±1.5
ϕ10
ϕ16±1.5
B—B
32±1.5
16
40±1.5
ϕ8.4
30
133
66.5
ϕ125
2×ϕ27
ϕ91
0.012
120
7.9±0.2
0.005
100:0.04 A
ϕ48
Ra 0.4
Ra 0.8
0.1 A
60
44
0.015
ϕ55
剖分面C
0.02
330±0.05

图 3-2　连杆合件简图

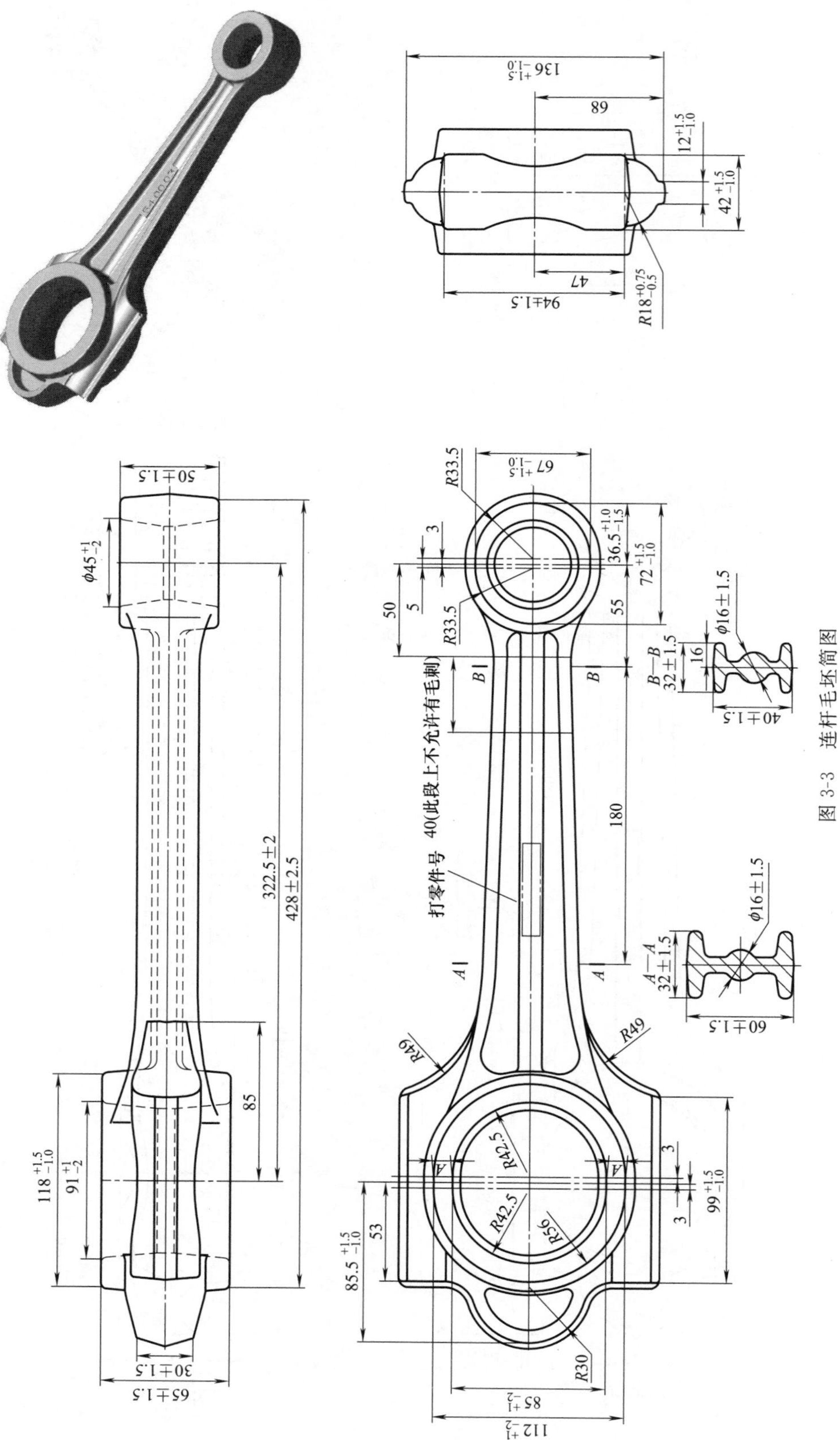
打零件号
40(此段上不允许有毛刺)
A—A
B—B
180
322.5±2
428±2.5
85
R49
R42.5
R56
R30
R33.5
φ16±1.5
60±1.5
40±1.5
32±1.5

图 3-3 连杆毛坯简图

① 热处理硬度：调质 217～289 HBS。

② 锻件质量：7.5kg。

③ 飞边：四周不大于 1mm，定位面上不允许有飞边，加工处不大于 1.5mm，孔内不大于 3mm。

④ 表面缺陷深度：不加工表面不大于 0.5mm，加工表面不大于余量的 1/2。

⑤ 不加工表面上不允许有氧化皮和锈蚀。

⑥ 杆体弯曲不大于 1mm。

⑦ *A* 处壁厚差不大于 2mm，*R*42.5mm 处的定位面上不允许有凹凸。

⑧ 错差：纵向不大于 1mm，横向不大于 0.75mm。

(4) 连杆的工艺特点

连杆是典型的板类零件。其外形复杂，粗基准定位困难；大、小头由细长杆身连接，其弯曲刚度差，易变形；其尺寸精度、形状精度、位置精度及表面粗糙度要求较高；润滑油孔直径小，长度尺寸大，是典型的深孔结构。这些特点决定了连杆的机械加工存在一定困难。因此，在连杆工艺安排时需要注意：合理选择定位基准，以减小定位误差；合理确定夹紧力大小和方向，以减小夹紧变形；合理地安排加工顺序，并进行分阶段加工，以避免残余应力对加工的影响；为改善排屑和刀具冷却效果，润滑油孔采用阶梯孔设计，在加工中还需采用分级进给和池冷方式；为保证表面加工质量，还需要注意刀具的选用和切削用量的合理选择。

3.1.2　连杆的机械加工工艺过程

图 3-1 所示连杆需要加工的表面种类有平面、孔、槽、外圆柱面，且孔直径尺寸差异很大，有些孔精度要求很高，所以该连杆需要采用的加工方法有铣、磨、钻、扩、铰、镗、珩磨、车等多种。该连杆零件为大批量生产，依据大批量生产类型的特点，其工艺过程安排如表 3-1 所示。

3.1.3　连杆加工的典型工艺装备

(1) 铣连杆大小头端面夹具

图 3-4 所示是工序 5、10 粗、精铣连杆大、小头两端面的夹具。连杆主要通过 V 形块 15 和对中定位装置 13 进行定位。浮动支承 9 支承连杆小头毛坯外圆，用于限制工件的第二类自由度。杠杆压板 10 上安装有浮动压块 11，通过对连杆小头外圆施力，从而实现对连杆的夹紧。连杆大、小头的铣刀分别采用对刀块 16 和 12 进行对刀。

夹紧动力采用压缩空气，通过手动换向阀 14 控制气缸活塞 1 的上下运动方向。由于夹紧时活塞杆承受有径向分力，且中间需要安装位置可调的拨套 4，为此导向杆 6 和活塞杆采用装配结构，在上部通过支撑臂 5 以增加活塞杆和导向杆 6 的刚性。夹紧时，气缸活塞 1 上移，拨套 4 将推动杠杆 3 绕销轴 2 做顺时针旋转，曲柄 7 将通过销轴 8 对杠杆压板 10 产生向上作用分力，杠杆压板 10 绕中间销轴做顺时针旋转，从而使浮动压块 11 完成对工件的夹紧。

表 3-1 连杆机械加工工艺过程

工序号	工序名称	工序简图及说明	设备
5	粗铣大、小头两端面	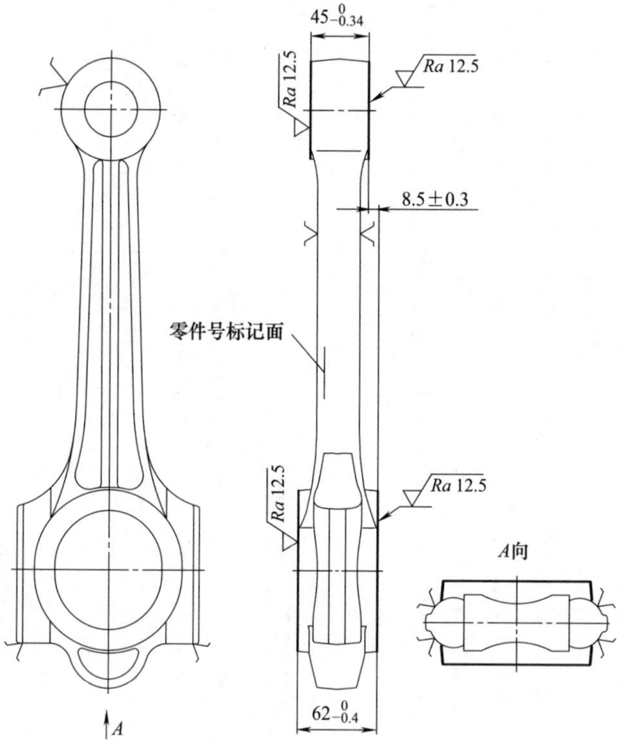 $v_c=176\mathrm{m/min}$, $v_f=190\mathrm{mm/min}$	四轴专用铣床

续表

工序号	工序名称	工序简图及说明	设备
10	精铣大、小头两端面	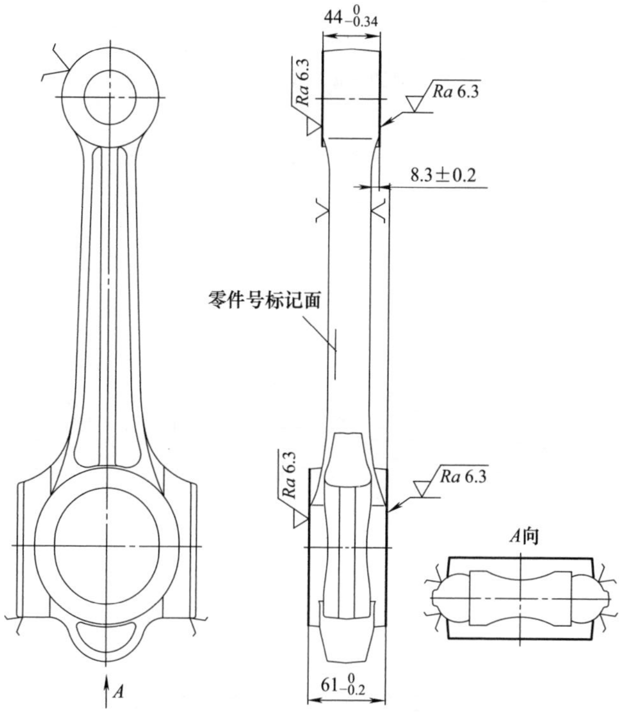 $44_{-0.34}^{\ 0}$　$Ra\,6.3$　$Ra\,6.3$　8.3 ± 0.2　零件号标记面　$Ra\,6.3$　$Ra\,6.3$　A向　A　$61_{-0.2}^{\ 0}$ 技术要求：两端面相对杆身应对称，其误差要求为小头不大于 1mm，大头不大于 1.5mm $v_c=176\text{m/min}, v_f=190\text{mm/min}$	四轴专用铣床

续表

工序号	工序名称	工序简图及说明	设备
15	粗、半精扩小头孔	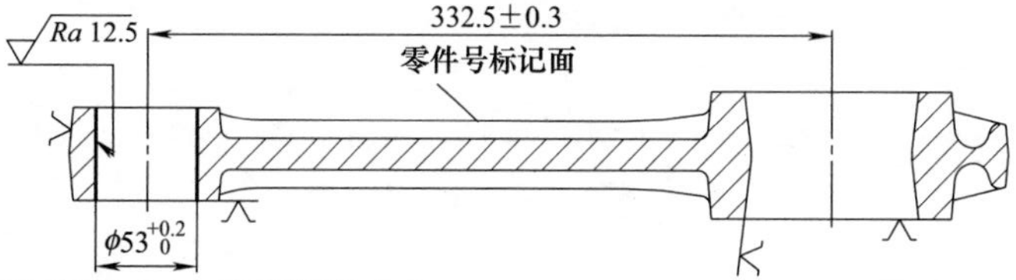 Ra 12.5；332.5±0.3；零件号标记面；$\phi53^{+0.2}_{0}$ 技术要求：横向壁厚≥6mm，纵向壁厚≥7.5mm 粗扩：$v_c=11\text{m/min}$，$f=0.34\text{mm/r}$ 半精扩：$v_c=12\text{m/min}$，$f=0.33\text{mm/r}$	三工位四轴立式钻床
20	小头孔倒角	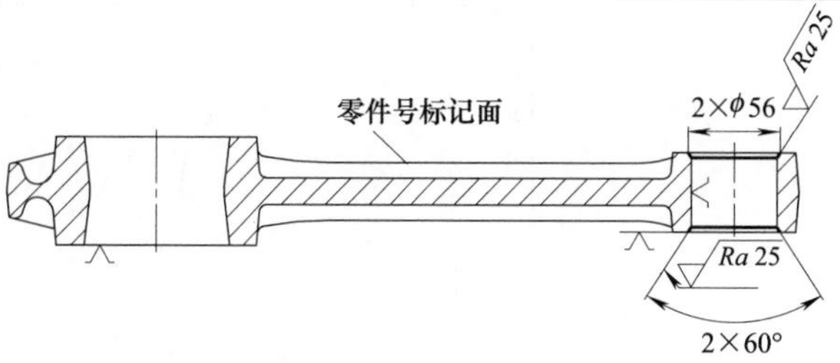 零件号标记面；2×φ56；Ra 25；Ra 25；2×60° $v_c=17\text{m/min}$，手动进给	普通钻床
25	拉小头孔	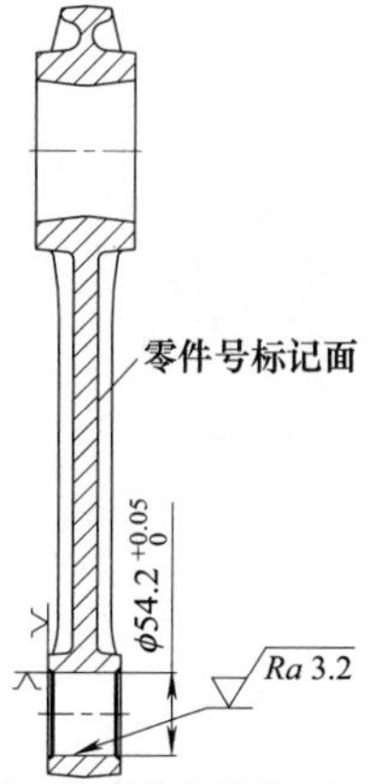 零件号标记面；$\phi54.2^{+0.05}_{0}$；Ra 3.2 技术要求：在标记面相反端，小头孔对端面的垂直度误差≤0.2mm $v_c=4.8\text{m/min}$	卧式拉床

续表

工序号	工序名称	工序简图及说明	设备
30	铣大、小头定位侧面	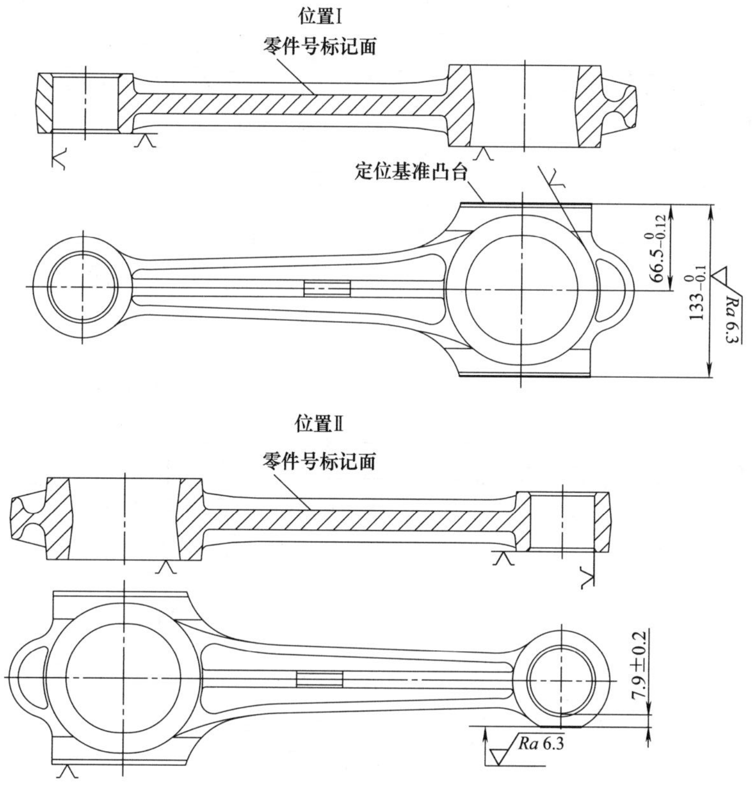 位置Ⅰ 零件号标记面；定位基准凸台；$66.5_{-0.12}^{0}$；$133_{-0.1}^{0}$；Ra 6.3 位置Ⅱ 零件号标记面；7.9 ± 0.2；Ra 6.3 $v_c=89.5\text{m/min}, v_f=300\text{mm/min}$	专用龙门铣床

续表

工序号	工序名称	工序简图及说明	设备
35	切分杆身和杆盖	330.55±0.2 零件号标记面 5.5 Ra 12.5 $v_c=30\text{m/min}, v_f=60\text{mm/min}$	卧式两轴铣床
40	锪杆盖上螺母定位端面	2×φ36.5 $32^{+0.5}_{0}$ 105.5±0.2 30±0.1 $47.15^{0}_{-0.34}$ Ra 12.5 Ra 12.5 2 45° $v_c=14\text{m/min}, f=0.28\text{mm/r}$	普通钻床

续表

工序号	工序名称	工序简图及说明	设备
45	粗、半精镗大头孔	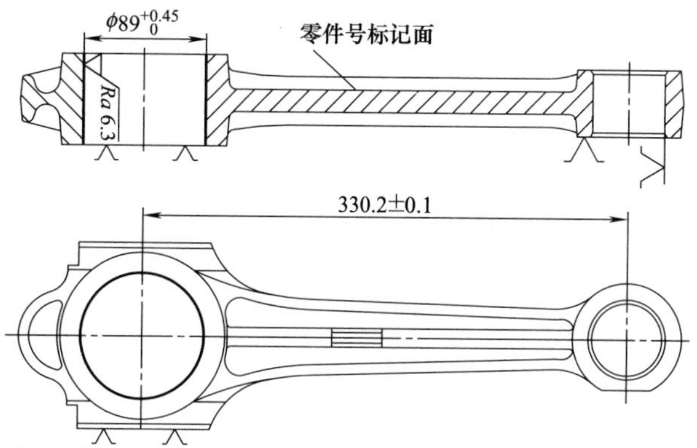 粗镗：v_c=15.6m/min，f=0.57mm/r 半精镗：v_c=16.8m/min	三工位四轴立式钻床
50	磨剖分面	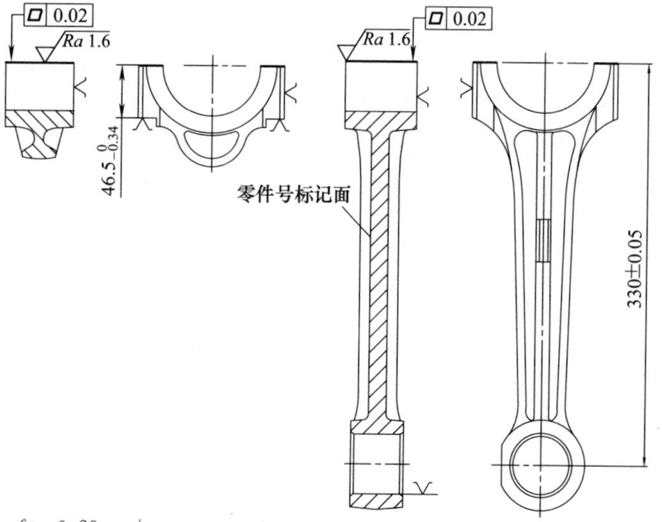 v_c=36.8m/s，f_a=0.29mm/s	立式转台平面磨床

续表

工序号	工序名称	工序简图及说明	设备
55	钻、扩、铰两个螺栓孔	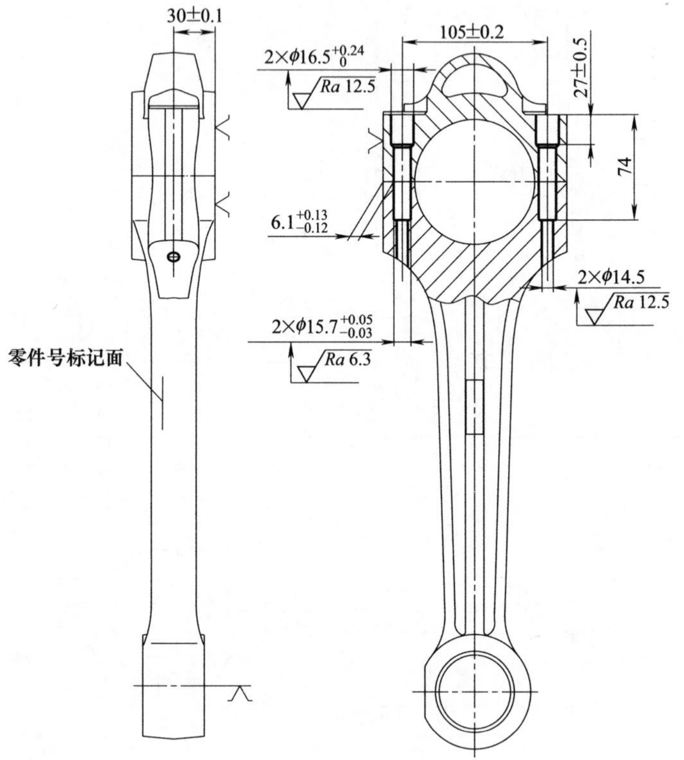 30±0.1 105±0.2 27±0.5 74 $2\times\phi16.5^{+0.24}_{0}$ Ra 12.5 $6.1^{+0.13}_{-0.12}$ $2\times\phi14.5$ Ra 12.5 $2\times\phi15.7^{+0.05}_{-0.03}$ Ra 6.3 零件号标记面 工位Ⅰ:装卸 工位Ⅱ:钻 ϕ16.5mm:v_c=17m/min,f=0.11mm/r 工位Ⅲ:钻 ϕ14.7mm:v_c=15m/min,f=0.11mm/r 工位Ⅳ:钻 ϕ14.5mm:v_c=10.8m/min,f=0.15mm/r 工位Ⅴ:扩 ϕ15.5mm:v_c=11.7m/min,f=0.15mm/r 工位Ⅵ:铰 ϕ15.7mm:v_c=3.2m/min,f=0.55mm/r	六工位十轴立式钻床

续表

工序号	工序名称	工序简图及说明	设备
60	锪杆身螺栓头部定位平面	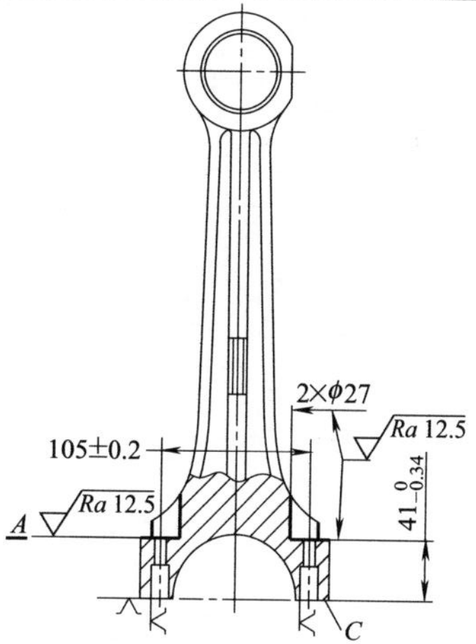 2×ϕ27 Ra 12.5 105±0.2 $41_{-0.34}^{0}$ A Ra 12.5 C 技术要求：2 个 A 面到 C 面的距离允差≤0.1mm v_c=11.8m/min，f=0.2mm/r	普通钻床
65	扩杆身两个螺栓孔	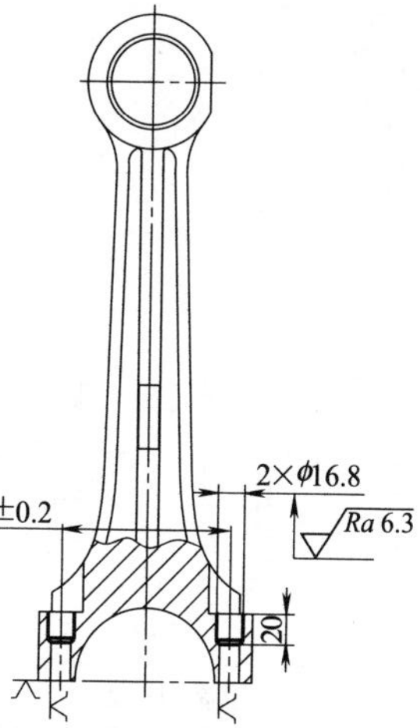 2×ϕ16.8 105±0.2 Ra 6.3 20 v_c=21.2m/min，f=0.32mm/r	普通钻床

续表

工序号	工序名称	工序简图及说明	设备
70	对杆身、杆盖剖分面处螺栓孔倒角	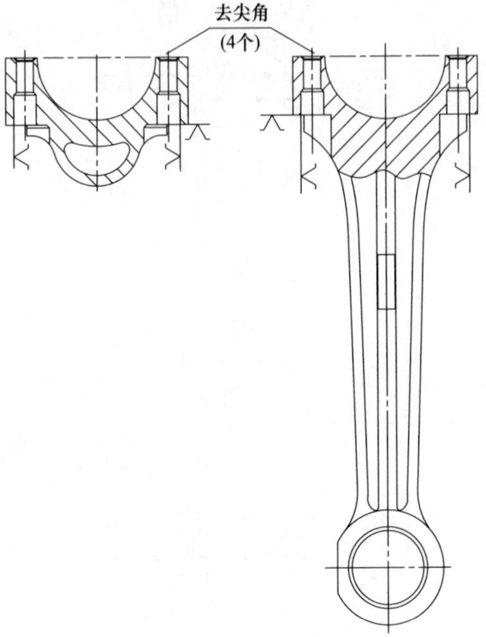 去尖角（4个） v_c=4.8m/min，手动进给	普通钻床
75	钻两个止转销孔	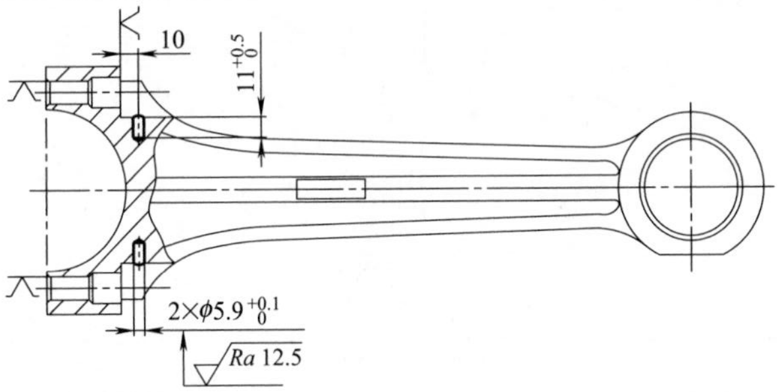 10　$11^{+0.5}_{0}$　$2\times\phi5.9^{+0.1}_{0}$　Ra 12.5 v_c=18m/min，f=0.1mm/r	普通钻床

续表

工序号	工序名称	工序简图及说明	设备
80	拉螺栓孔	$4\times\phi16^{+0.027}_{0}$ Ra 3.2 $v_c=3\text{m/min}$	立式拉床
85	钻 $\phi10$mm 润滑油孔	Ra 25 $\phi10$ 零件号标记面 30 ± 0.1 120 66.5 ± 0.1 $v_c=20\text{m/min}, f=0.06\text{mm/r}$	六轴卧式钻床

续表

工序号	工序名称	工序简图及说明	设备
90	钻 ϕ8.4mm 润滑油孔	零件号标记面；ϕ8.4；Ra 25；30±0.1；66.5±0.1 v_c=16.9m/min，f=0.05mm/r	六轴卧式钻床
95	精锪螺栓、螺母轴向定位平面	(2处) ⊥ 26:0.1 B；$41_{-0.34}^{0}$；Ra 3.2 (φ26端面上)；(2处) ⊥ 26:0.1 B；$46.5_{-0.34}^{0}$；Ra 3.2 (φ26端面上) v_c=7.9m/min，手动进给	普通钻床

续表

工序号	工序名称	工序简图及说明	设备
100	去毛刺、清洗	①在剖分面上去毛刺 ②成批清洗，历时 5min	清洗剂
105	检验	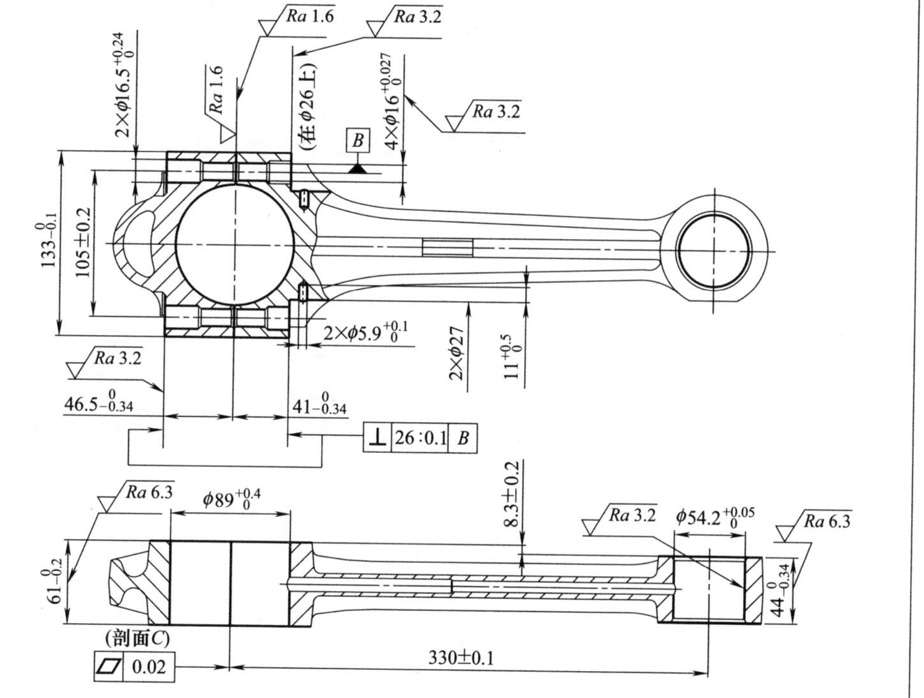 技术要求：用两个 $\phi16_{-0.05}^{-0.02}$mm 检验芯轴同时插入螺栓孔 $\phi16_{0}^{-0.027}$mm 时，杆身和杆盖结合面 C 处间隙≤0.05mm	检验台

续表

工序号	工序名称	工序简图及说明	设备
110	装配杆身和杆盖	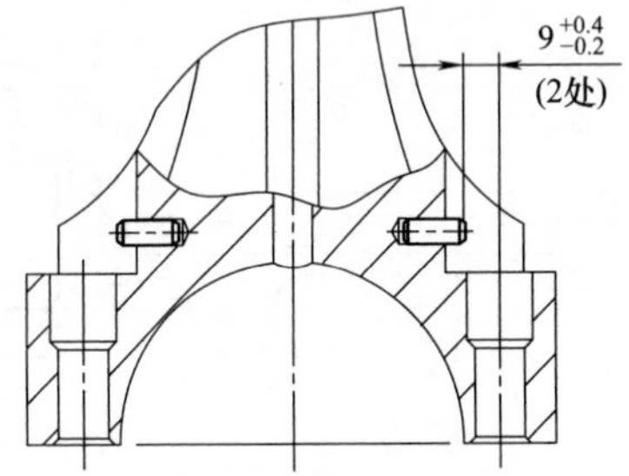 $9^{+0.4}_{-0.2}$ (2处) 拧紧力矩 186.2～205.8N・m	装螺母机
115	磨大头两端面	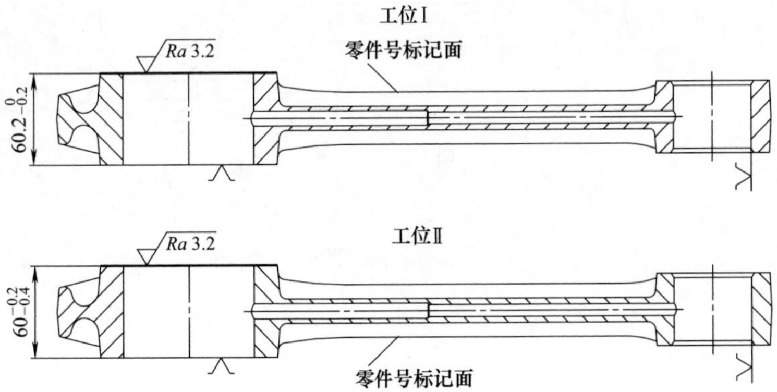 工位Ⅰ Ra 3.2 零件号标记面 $60.2^{0}_{-0.2}$ 工位Ⅱ Ra 3.2 $60^{-0.2}_{-0.4}$ 零件号标记面 $v_c=40\text{m/s}, f_a=0.53\text{mm/s}$	立式转台平面磨床

续表

工序号	工序名称	工序简图及说明	设备
120	精镗大头孔	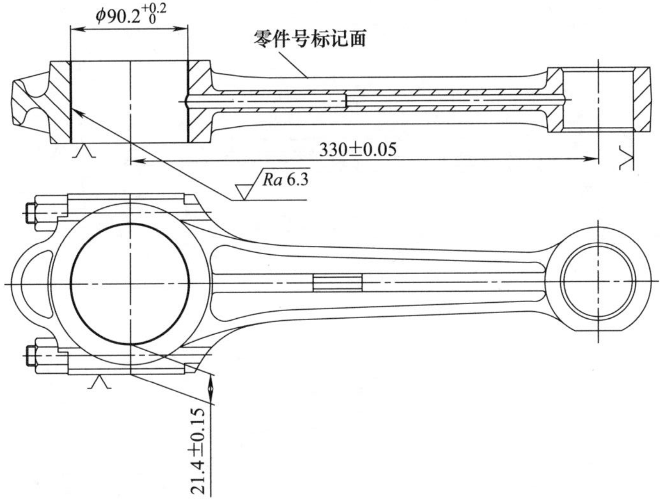 $\phi 90.2^{+0.2}_{0}$ 零件号标记面 330±0.05 Ra 6.3 21.4±0.15 $v_c=45\text{m/min}, f=0.3\text{mm/r}$	两轴立式镗床
125	大头孔倒角	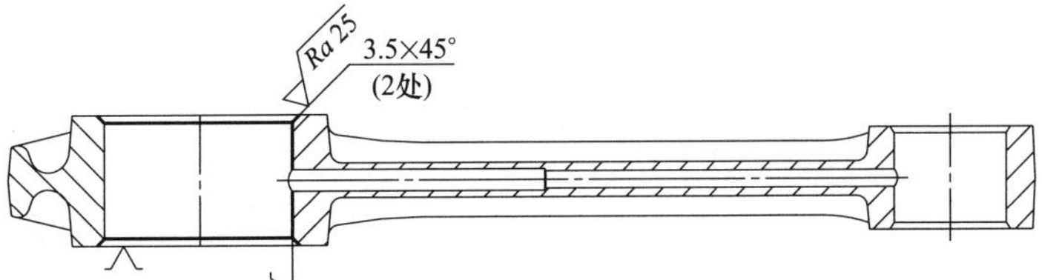 Ra 25 3.5×45° (2处) $v_c=149\text{m/min}, f=0.1\text{mm/r}$(手动进给)	普通钻床

续表

工序号	工序名称	工序简图及说明	设备
130	车大头定位侧面	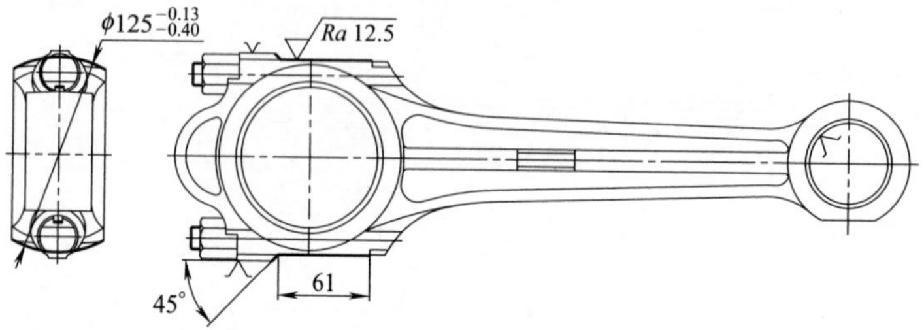 $\phi125_{-0.40}^{-0.13}$　Ra 12.5　61　45° $v_c=235\text{m/min}, f=0.21\text{mm/r}$	普通车床
135	拧紧螺母、打字、去毛刺	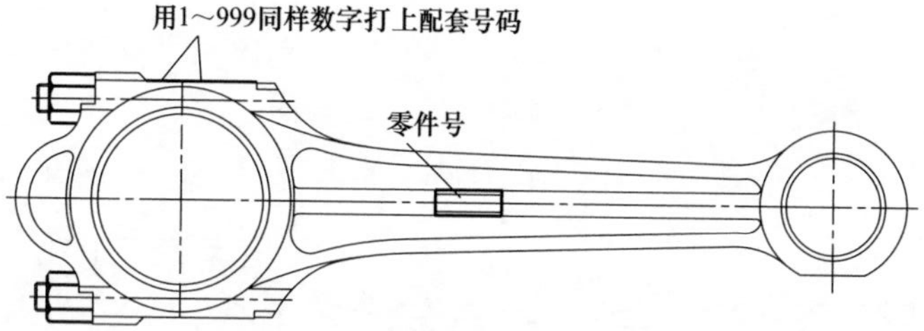 用1～999同样数字打上配套号码 零件号	钳工台、螺母扳手和去毛刺机
140	金刚镗大头孔（两次走刀）	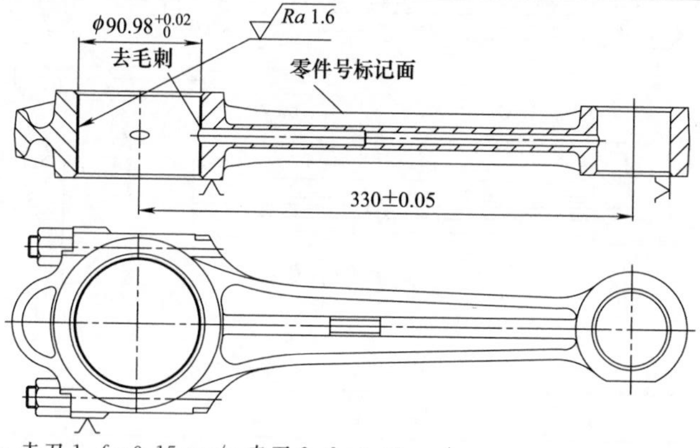 $\phi90.98_{0}^{+0.02}$　Ra 1.6　去毛刺　零件号标记面　330±0.05 $v_c=181\text{m/min}$，走刀 1：$f=0.15\text{mm/r}$；走刀 2：$f=0.08\text{mm/r}$	双面四轴金刚镗床

续表

工序号	工序名称	工序简图及说明	设备
145	珩磨大头孔	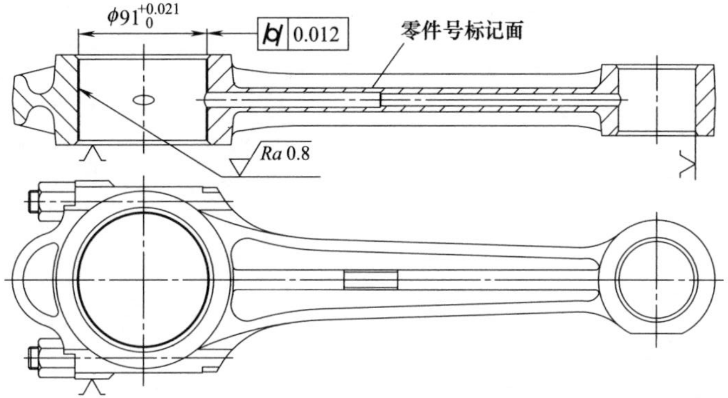 $\phi 91^{+0.021}_{0}$　0.012　零件号标记面　Ra 0.8 $v_c=67\text{m/min}, v_f=7.12\text{mm/min}$	立式单轴珩磨机
150	金刚镗小头孔（两次走刀）	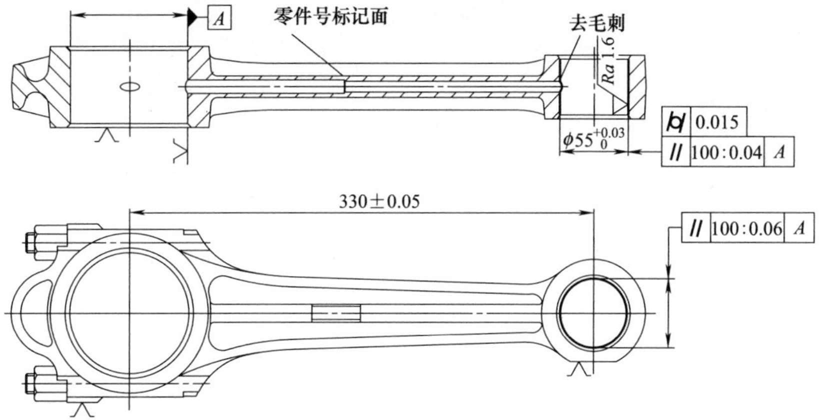 A　零件号标记面　去毛刺　Ra 1.6　$\phi 55^{+0.03}_{0}$　0.015　// 100:0.04 A　330±0.05　// 100:0.06 A $v_c=181\text{m/min}$，走刀 1：$f=0.15\text{mm/r}$；走刀 2：$f=0.08\text{mm/r}$	双面四轴金刚镗床

续表

工序号	工序名称	工序简图及说明	设备
155	清洗并吹净油孔	①用煤油清洗工件,历时不少于 30s ②用压缩空气吹净油孔	清洗机
160	检验	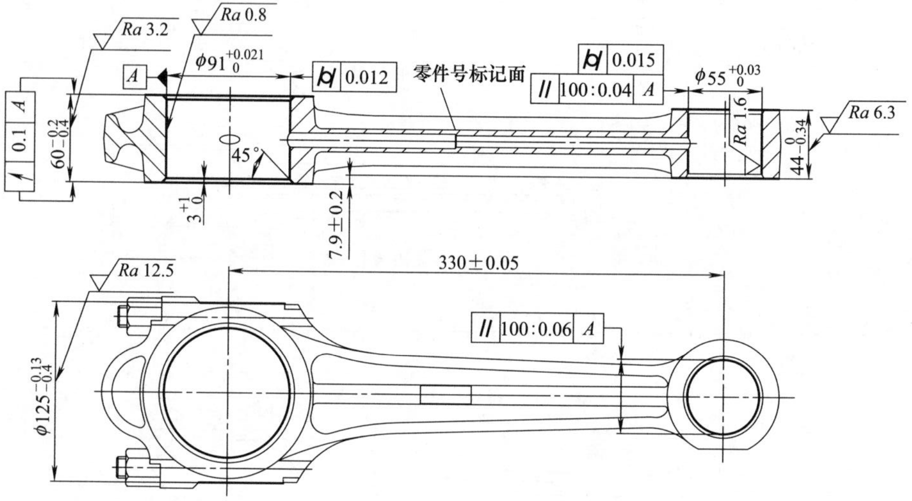	检验台
165	压铜套	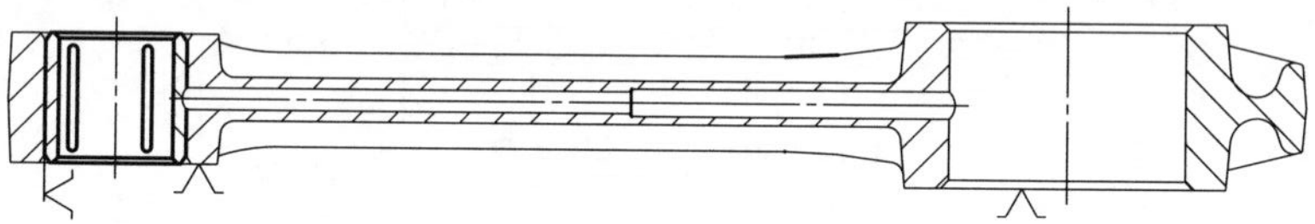 技术要求:铜套纵向油槽与油孔 $\phi8.4$mm 轴线的夹角为 $45^\circ\pm5^\circ$	立式液压机

续表

工序号	工序名称	工序简图及说明	设备
170	金刚镗铜套孔	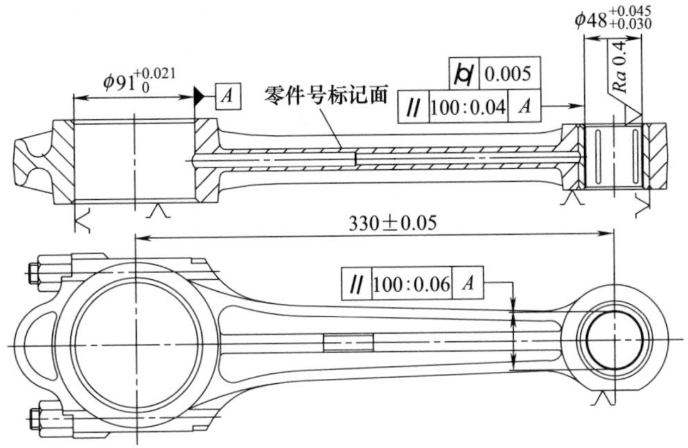 $v_c=525\text{m/min}, f=0.035\text{mm/r}$	单面两轴金刚镗床
175	清洗并吹净油孔	①用煤油清洗工件，历时不少于 30s ②用压缩空气吹净油孔	清洗机
180	检验	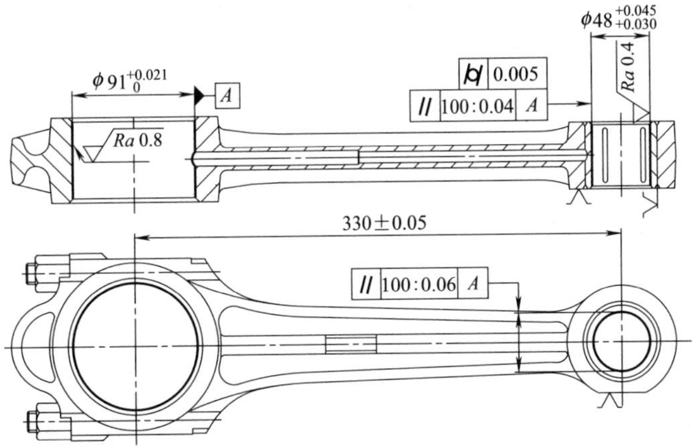	检验台

续表

工序号	工序名称	工序简图及说明	设备
185	拆开杆身和杆盖		螺母拧紧机
190	铣轴瓦定位槽和大头孔与螺栓孔贯穿部位的缺口	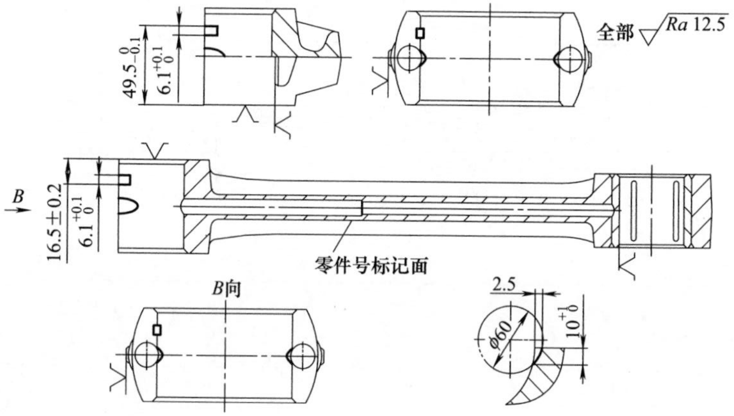 v_c=18.8m/min，v_f=50mm/min	卧式铣床 X61 铣床传动头
195	清理、去毛刺		钳工台
200	清洗、吹净和承质量	①用煤油清洗油孔 ②用压缩空气吹净油孔 ③称连杆杆身和杆盖（无螺栓螺母）质量，将数值（g）打印在杆盖 H 面（见工序 205 图）。打印时对个位数四舍五入，只打印十位和百位数字 ④杆身和杆盖质量小于 5200g，杆盖质量小于 1400g，杆身质量小于 3800g。当杆身和杆盖总质量超重时，应在杆盖顶部和杆身小头外圆底部去重 ⑤称重后将连杆按质量分组，同组连杆的质量差应在 10g 之内	清洗机和称重仪

续表

工序号	工序名称	工序简图及说明	设备
205	检验	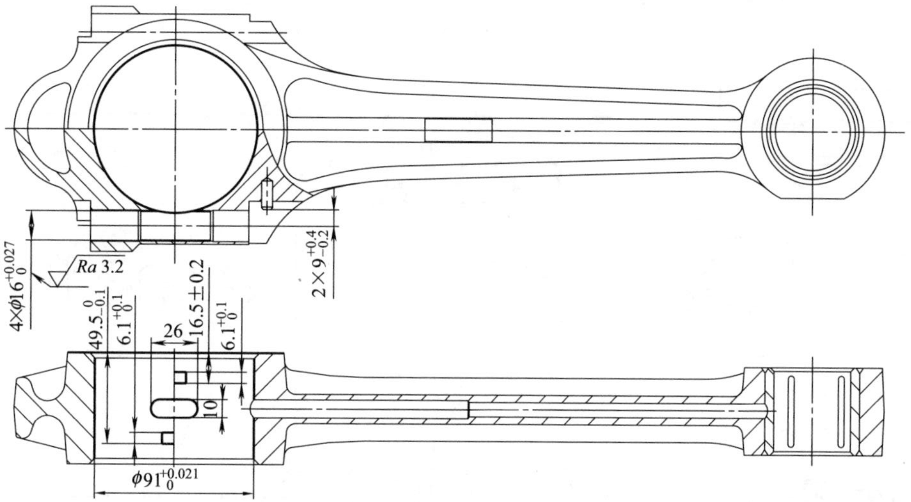 ①$2\times\phi16^{-0.027}_{0}$mm 孔轴线的平行度允差为 0.4mm/100mm，在 $\phi91^{+0.021}_{0}$mm 轴线方向的平行度允差为 0.2mm/100mm ②C 面对 $\phi91^{+0.021}_{0}$mm 孔轴线的平行度和位置度允差为 0.3mm/100mm ③外观检验	检验台
210	杆身和杆盖配对	①将配好对的杆身和杆盖用钢丝穿在一起 ②钢丝需经退火和发黑处理	钳工台
215	装配	注：此工序仅为备品部分执行	钳工台

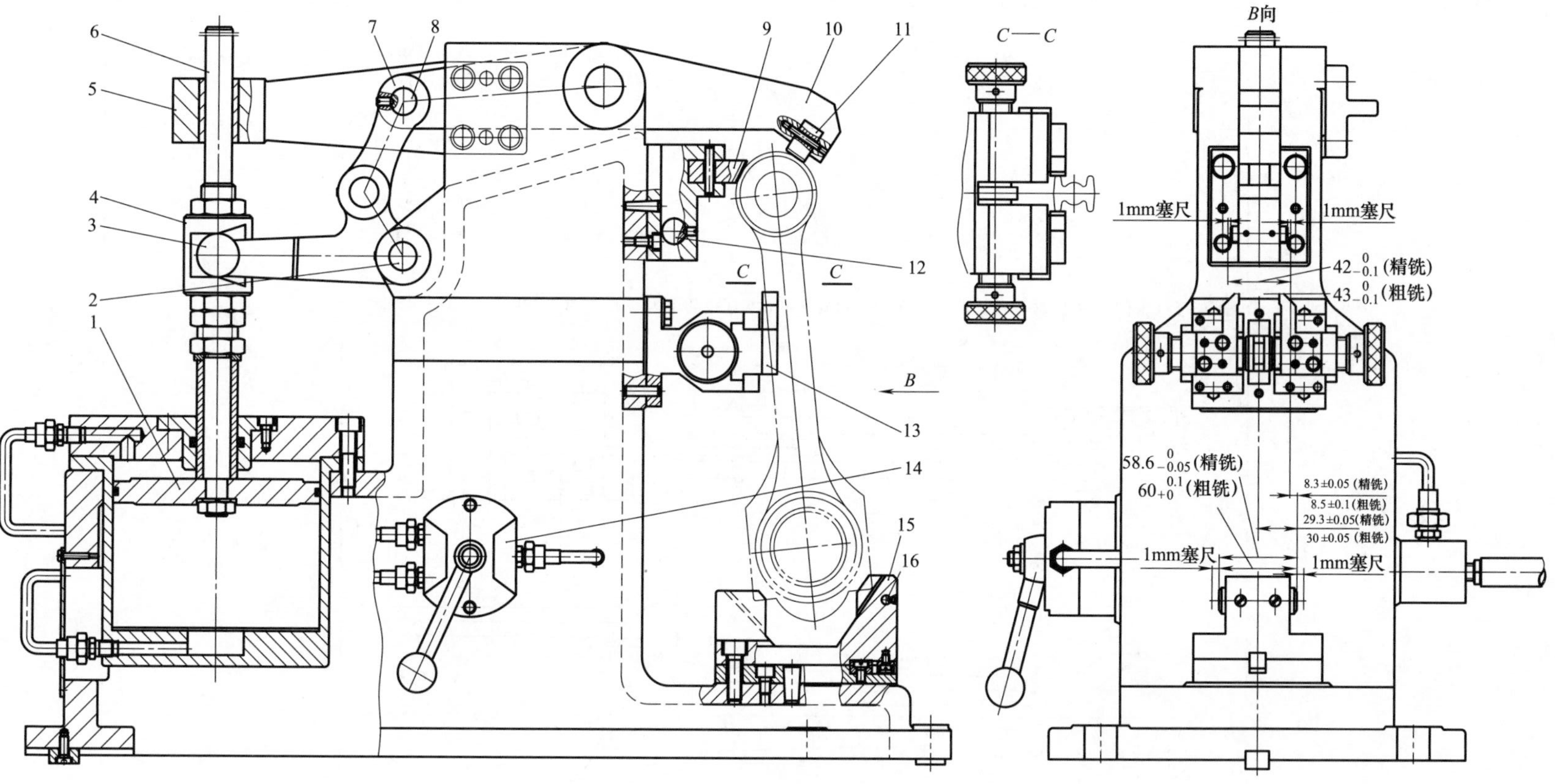

图 3-4 铣连杆大小头端面夹具

1—气缸活塞；2,8—销轴；3—杠杆；4—拨套；5—支撑臂；6—导向杆；7—曲柄；9—浮动支承；10—杠杆压板

11—浮动压块；12,16—对刀块；13—对中定位装置；14—手动换向阀；15—V形块

(2) 扩小头孔夹具

图 3-5 是工序 15 粗、半精扩小头孔夹具。该工序采用立式三工位回转台组合机床，回转台直径为 ϕ1150mm，工位 1 为装卸工位，工位 2 为粗扩小头孔，工位 3 为半精扩小头孔。机床上共安装有完全相同的 3 套该夹具，每套夹具一次安装两个工件。

工件采用大、小头端面，用支承板 2（大头没标出）定位，采用浮动锥销 7 对大头毛坯孔定位，采用活动 V 形块 1 对连杆小头外圆进行夹紧，并限制连杆的 1 个转动自由度。

该夹具采用手、气动联合操作。通过手柄手动（图中没画出）转动螺杆 14，拉动铰链螺母 20，通过销轴 21，使活动 V 形块 1 右移，对连杆小头外圆进行限转定位。为防止转动摩擦扭矩使锁紧螺母 13 松动，此处设置了止转垫圈 12。为防止活动 V 形块 1 定位时导致工件沿杆身轴线发生移动，大头孔在浮动锥销 7 上要先定位，并将压板 3 压上，通过浮动锥销 7 的弹簧力平衡 V 形块移动的定位力。

夹紧时，气缸 19 大腔进气，使活塞杆推动斜楔 15 在滚轮 16 上进行滚动右移，通过小轴 18 将杠杆 17 下压移动，通过杠杆的浮动作用，同时将两个双头螺栓 6 下拉，使两个压板 3 同时对连杆大头端面产生下压夹紧。

该夹具定位方案存在比较明显的不合理之处：采用大头毛坯孔定位，大、小头孔中心距将是本工序重点保证的工序尺寸之一。为补偿切分连杆盖时的铣刀厚度，大头毛坯孔制成了“椭圆”孔，因此将保证中心距作为工序尺寸必要性不大。但大头毛坯孔、小头毛坯外圆和中心距等误差将会导致小头孔加工后出现壁厚差，且由于一次装夹两件，由于两件连杆长度不同，导致定位 V 形块 1 会绕销轴 21 发生转动，从而也会导致小头孔加工后产生壁厚差。

(3) 拉小头孔夹具

图 3-6 所示是工序 25 拉小头孔的夹具。拉孔夹具设计时必须解决拉刀可能承受的弯矩力。因为拉孔夹具采用自定位方式定位，即采用拉刀与被加工的孔进行定位。而拉削力是沿加工孔轴线方向，为抵消拉削力，必须设计一挡套对工件进行轴向限位，以限制工件的第二类自由度，如图 3-6 所示中的件 6。在拉削力的作用下，必使加工孔端面与挡套端面贴合，加工孔与端面存在的不垂直度误差，必使拉刀和工件承受拉削弯矩。

在图 3-6 所示夹具中，挡套 6 采用过盈配合安装在浮动体 3 上，浮动体的安装定位面被设计成球面形状，用盖板 7 将浮动体 3 封闭在夹具体 2 的球窝中，通过弹簧 4 和浮动销 5 使浮动体的球面与夹具体的球窝紧密配合。当加工孔与端面不垂直时，浮动体 3 会产生浮动动作，以保证挡套 6 的端面与工件孔端面始终贴合。轴 1 用于工件的预定位，保证工件挂在轴 1 上时，拉刀能够穿入加工孔，拉刀与加工孔完成定位时，轴 1 上母线应与大头孔脱开并保留一定间隙，以满足工件随挡套 6 浮动时，轴 1 不会产生干涉。

(4) 铣分连杆夹具

图 3-7 是用于工序 35 连杆切分的夹具。该夹具采用三工位回转设计方案，一个工位用于工件装卸，一个工位等待加工，每次只有一个加工工位。每工位一次安装两个工件，采用卧式双轴同时铣削。工件以小头孔在圆柱销 3 上定位，限制 2 个移动自由度；以大头端面在 U 形叉 10 的底平面定位，限制工件 3 个自由度；以 U 形叉 10 的两侧面与连杆大头两侧面配合限制工件 1 个转动自由度。采用夹紧螺母 6 通过开口垫圈 5 对工件夹紧，同时满足快速装卸工件需要。

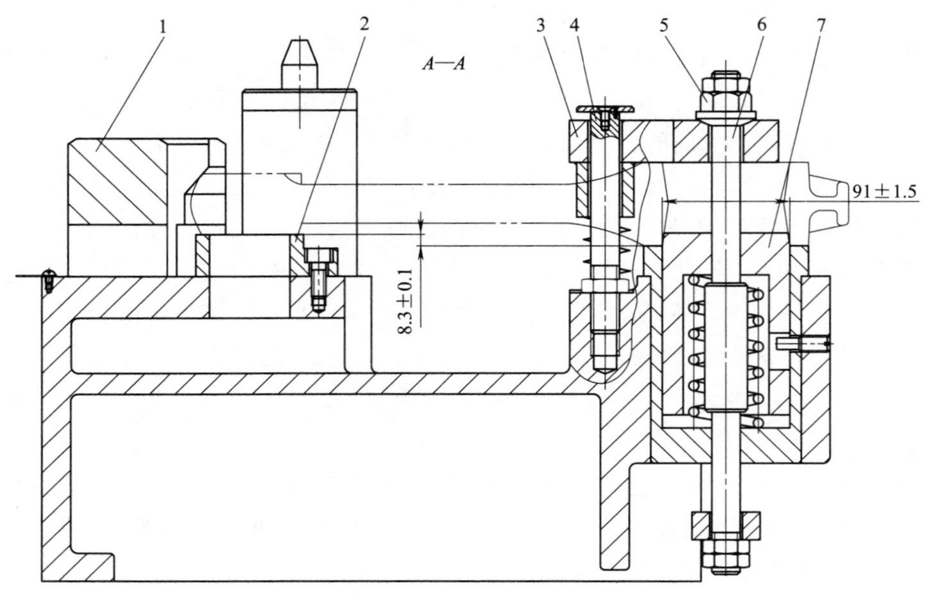

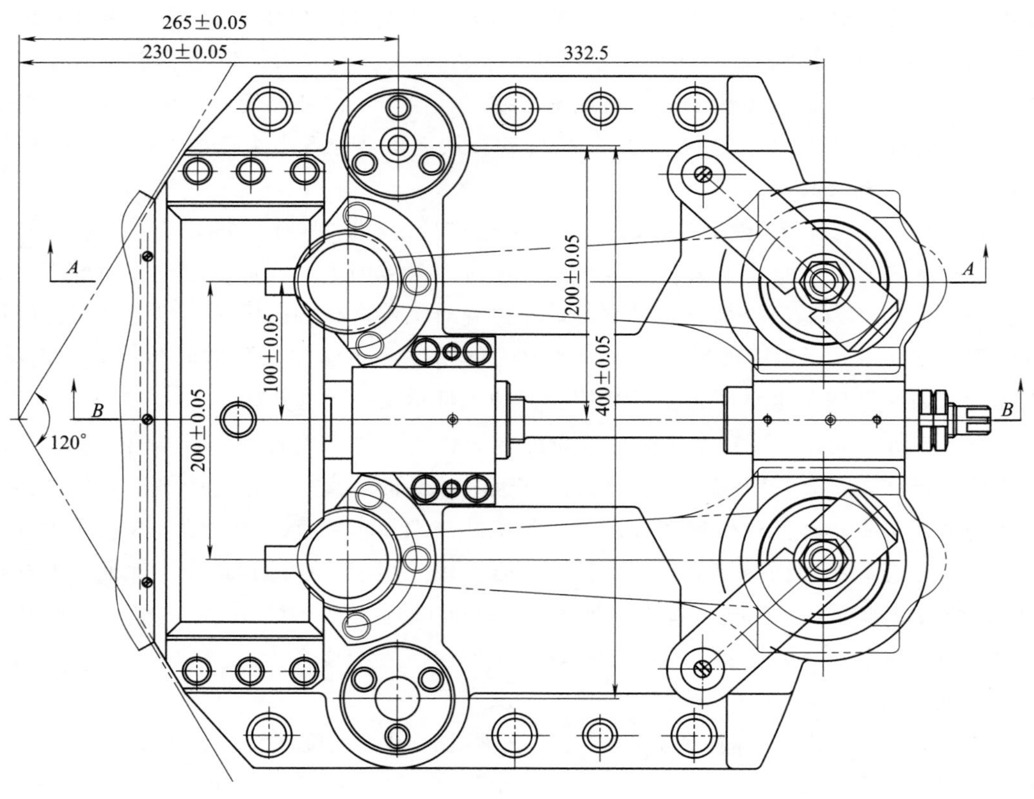

图 3-5 扩小头孔

1—V 形块；2—支承板；3—压板；4—螺柱；5,13—螺母；6—双头螺栓；7—浮动锥销；8—对定销；9—对定支承板；20—铰链螺母；

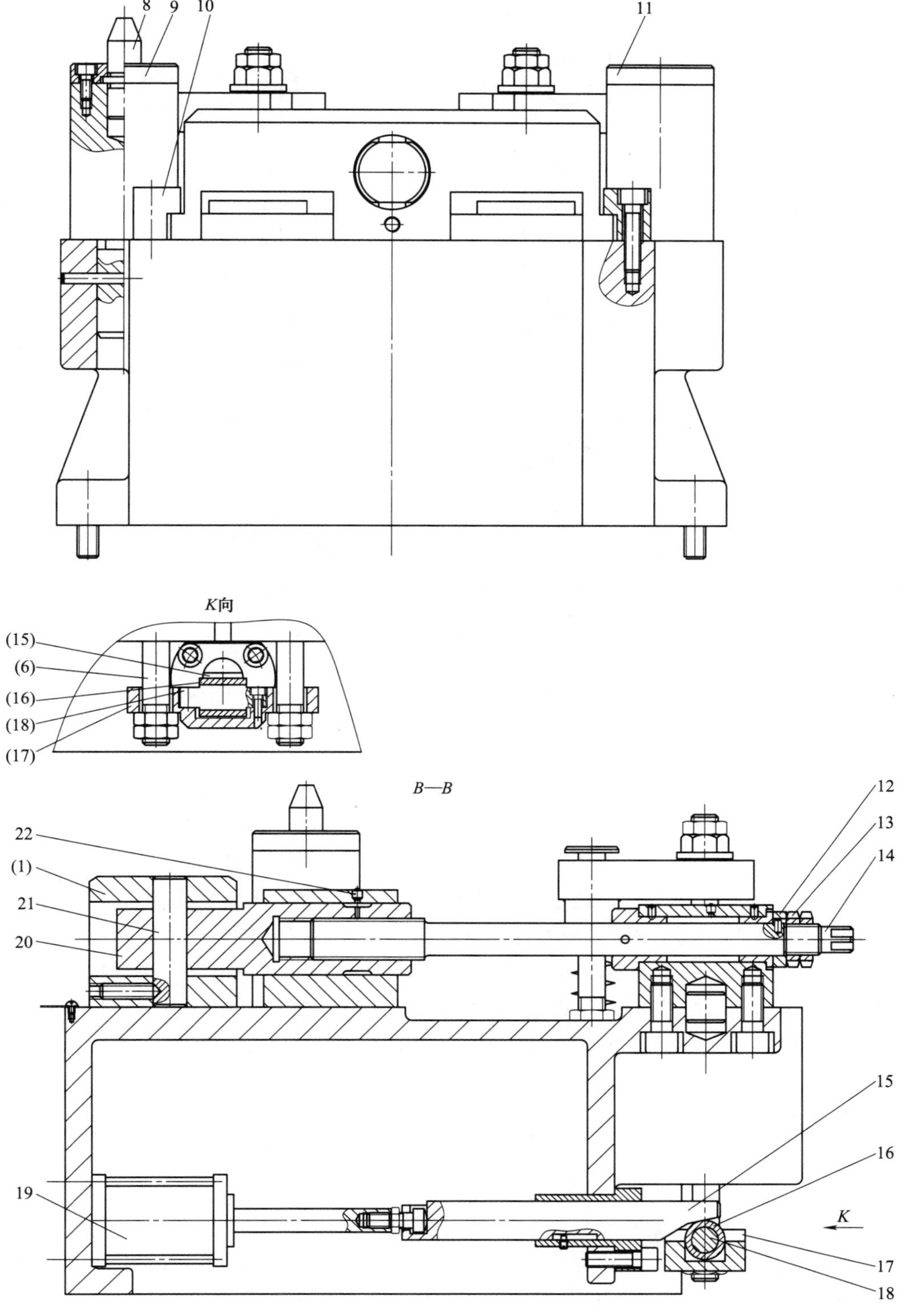

夹具

10—钩头压板；11—对定支承板；12—止转垫圈；14—螺杆；15—斜楔；16—滚轮；17—杠杆；18—小轴；19—气缸；21—销轴；22—油杯

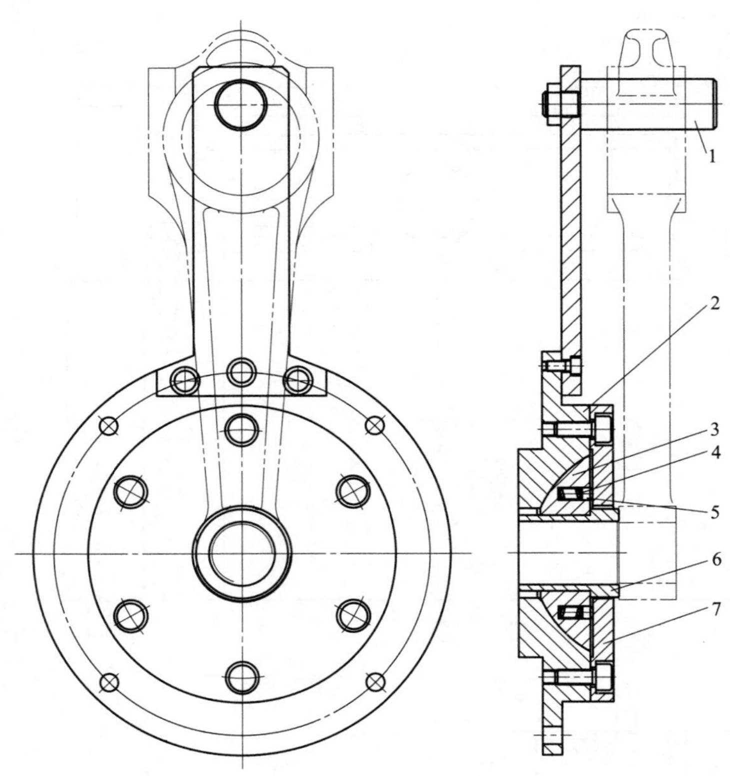

图 3-6 拉小头孔夹具

1—轴；2—夹具体；3—浮动体；4—弹簧；5—浮动销；6—挡套；7—盖板

该夹具的回转分度原理如下：首先逆时针转动手柄 2，使偏心轴 13 的偏心上移，由于偏心轴能够产生上下位移量（最大 3mm），而推力轴承与回转体之间的轴向间隙只有 0.5mm，因此当锁紧轴 12 上抬到一定位置后，定位套 14 和推力轴承 15 也将上移，并与回转体 11 接触，将其抬离底座 7，此时回转体连同工件的全部重量将由推力轴承 15 支承。然后逆时针转动手柄 1，使齿轮轴 8 将对定销 9 拔出，此时就可轻松转动回转体 11，当其进入下一个工位时，对定销 9 会在弹簧力的作用下自动插入下一个对定孔，再顺时针转动手柄 2，在偏心轴 13 的偏心量作用下，锁紧轴 12 将下移，定位套 14 和推力轴承 15 也将下移，并脱离回转体的接触面，继续顺时针转动手柄 2，将会通过锁紧轴 12 将回转体 11 紧紧压靠在底座 7 的定位平面上，从而起到对回转体的固定作用。

(5) 镗大头孔夹具与悬挂镗模板

图 3-8 是工序 45 镗大头孔的夹具。该工序采用立式三工位回转台组合机床，回转台直径为 ϕ1150mm，工位 1 为装卸工位，工位 2 为镗大头孔，工位 3 为半精镗大头孔。机床上共安装有完全相同的 3 套该夹具，每套夹具一次安装两套工件。

工件在夹具上的定位，采用支承板 9、20 分别对小头、大头孔端面定位，采用定位销 10 对小头孔定位，采用定位块 16 对连杆大头的杆身和杆盖的侧定位面定位。

由于在该工序前对连杆已进行切分加工，为保证本工序加工后杆身、杆盖上的大头孔共圆，除采用上述定位措施外，在夹紧上对同一加工孔的工件，采用了“三向五点”夹紧，即夹紧力有 3 个方向 5 个作用点。由于夹具一次安装两套工件，夹紧力全部共有 4 个方向、10

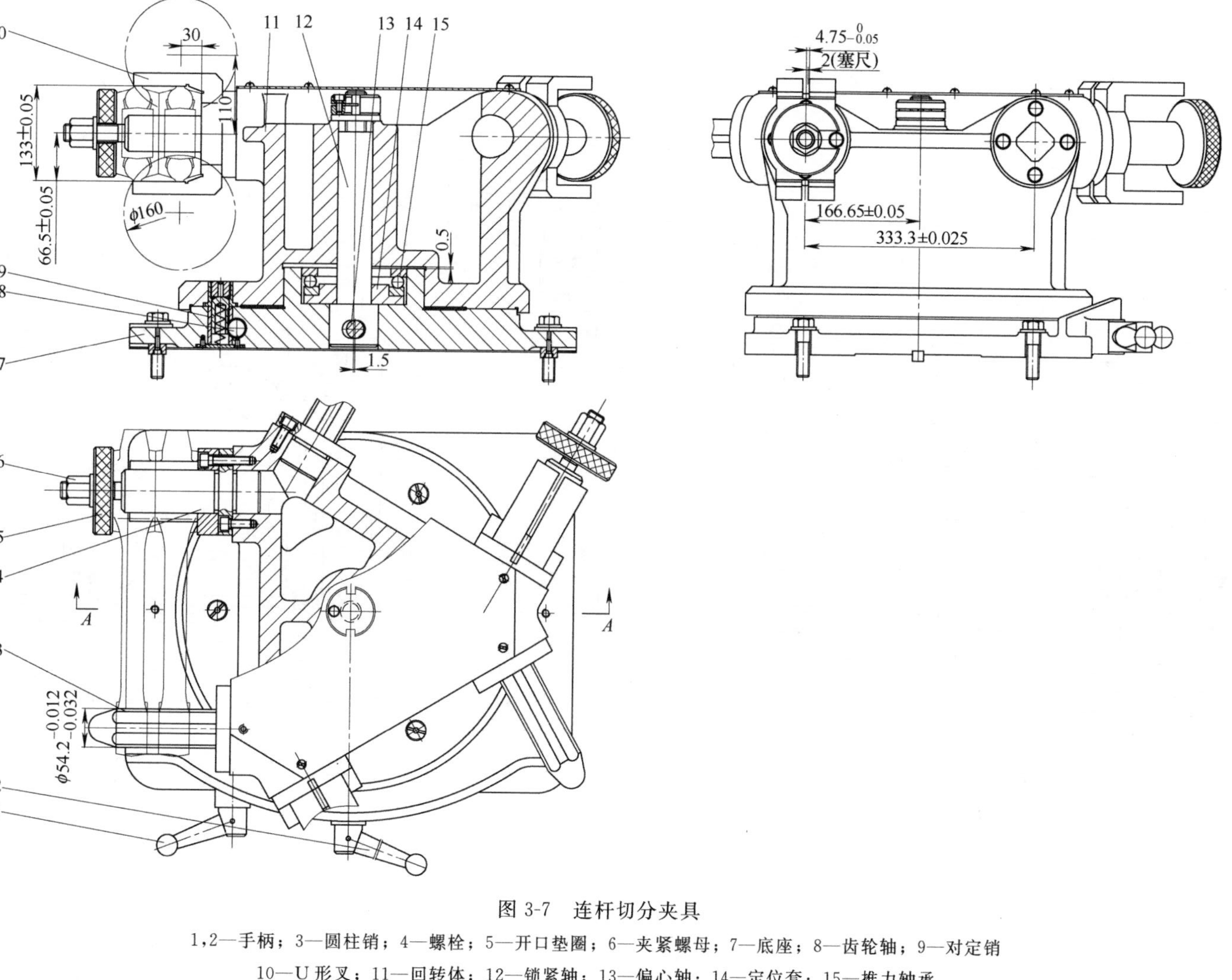

图 3-7　连杆切分夹具

1，2—手柄；3—圆柱销；4—螺栓；5—开口垫圈；6—夹紧螺母；7—底座；8—齿轮轴；9—对定销

10—U 形叉；11—回转体；12—锁紧轴；13—偏心轴；14—定位套；15—推力轴承

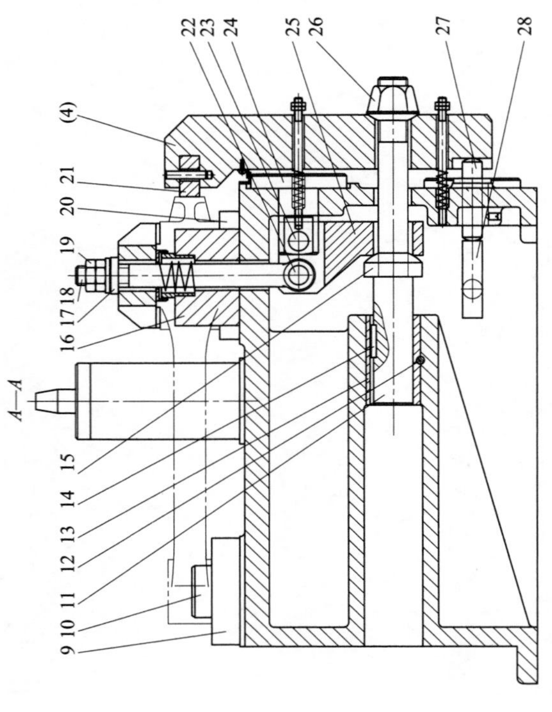
A—A
(4)
21
20
19
18
17
16
15
14
13
12
11
10
9
22
23
24
25
26
27
28

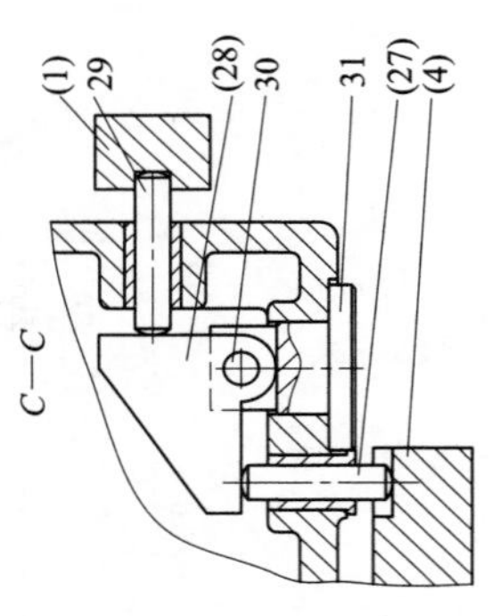
C—C
(1)
29
(28)
30
31
(27)
(4)

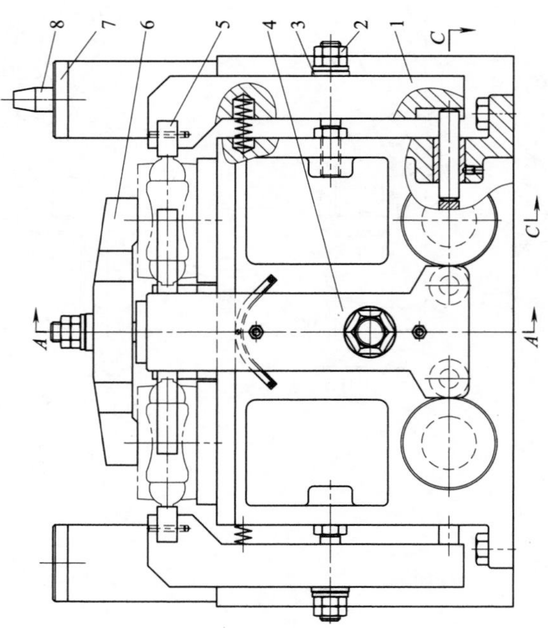
8
7
6
5
4
3
2
1
C
A
A
C

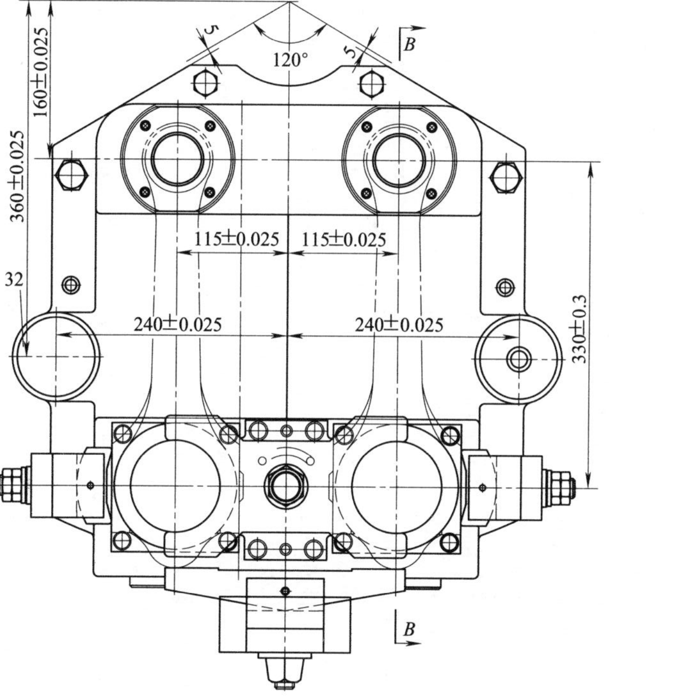

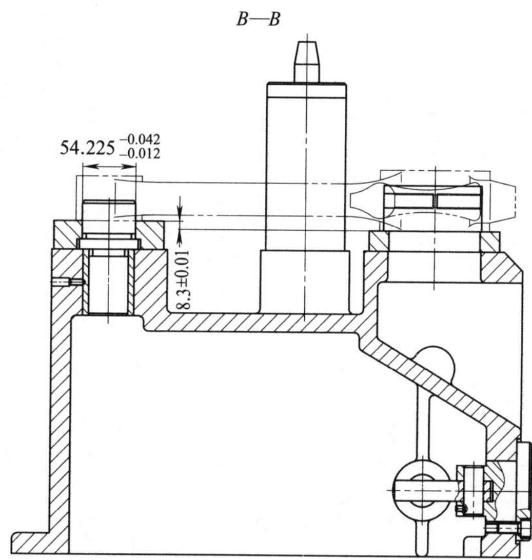

图 3-8　镗大头孔夹具

1—侧压板；2,19—螺母；3,17—套装球面垫圈；4—前压板；5,21—浮动压块；6—顶压板；7,32—对定支承板；8—对定销；9,20—支承板；10—定位销；11—滑移螺栓；12—骑缝销；13—键套；14—平键；15—球面块；16—定位块；18—活节螺栓；22,23,30—铰链销；24,31—铰链座；25,28—铰链板；26—夹紧螺母；27,29—顶销

个作用点。在前面采用前压板 4 和浮动压块 21 实现同时对两套工件的杆盖顶部的水平夹紧，以使同套工件上的杆盖与杆身切分面紧密贴合；在右侧面采用侧压板 1 和浮动压块 5 实现对杆身和杆盖水平向左的夹紧，使杆身和杆盖的定位侧面同时靠在定位块 16 的同一定位平面上，以保证同套工件上的杆身和杆盖侧定位面对齐；左侧面夹紧与右侧雷同，夹紧力方向向右，是实现对另一套工件的夹紧；顶压板 6 用于对两套工件垂直向下的同时夹紧，并使同套工件的杆身和杆盖大头端面同时在支承板 20 上定位，以保证大头端平面的对齐，因此该压板上有 4 个施力点，采用套装球面垫圈 17 实现自位浮动，由于球面垫圈浮动的局限性，实际只能保证前压板 4 有 3 点可以同时夹紧。

为防止一个方向夹紧后影响其他方向的夹紧，该夹具所有方向夹紧力采用了联动夹紧机构，只需采用电动扳手对拧紧螺母 26 做拧紧操作，即可实现 4 个方向夹紧力的同时夹紧。同一方向的多个作用点，通过诸如浮动压块 5、21，或套装球面垫圈 3、17 实现同时夹紧。

夹具联动夹紧机构的工作原理如下：夹紧螺母 26 被拧紧时，一方面会推动前压板 4 左移，通过浮动压块 21 对杆盖顶部水平夹紧；另一方面，前压板 4 左移时，会推动顶销 27 向左移动，推动铰链板 28 绕铰链销 30 做顺时针旋转，铰链板 28 又会推动顶销 29 向右移动，顶动侧压板 1 绕套装球面垫圈 3 逆时针旋转，使浮动压块 5 实现对工件水平向左的夹紧；受夹紧螺母 26 的球面浮动作用，前压板 4 同时也会使夹具左侧相同原理的机构，实现夹紧力水平向右对另一套工件的夹紧；再一方面，由于骑缝销 12 和平键 14 的共同限制，夹紧螺母 26 被拧紧时，滑移螺栓 11 只能同时向右直线移动，使球面块 15 推动铰链板 25 逆时针绕铰链销 23 旋转，通过铰链销 22 拉动活节螺栓向下移动，从而使顶压板 6 向下夹紧工件。

该机床采用主轴箱柔性镗孔，因此刀具需要用镗模套进行导向定位。由于是多工位加工，所以镗套需要安装在悬挂镗模板上。为确保镗模板与夹具的相互正确位置关系，每套夹具上均安装有对定支承板 7、32 和对定销 8，与镗模板上安装的支承板和定位孔进行配合定位。图 3-9 是粗镗大头孔镗模板的装配简图。

(6) 锪螺母定位端面夹具及多轴头

图 3-10 所示是工序 40 锪连杆盖上螺母定位端面的夹具及多轴头。该工序采用普通钻床加工，多轴头 5 通过连接轴 6 与钻床主轴连接，采用斜楔板 7 和钢丝卡簧 8 将其固定在钻床主轴上。钻床主轴上下移动时，带动多轴头 5 沿导柱 4 一起移动。钻床主轴的旋转运动，通过连接轴 6 及齿轮先传给两根传动轴，再由传动轴通过齿轮啮合传给刀具主轴，从而使普通钻床实现两轴同时加工的功能。工件在夹具上的定位情况如下：以连杆盖的端平面为主要定位面，在支承板 11 上定位，限制工件 3 个自由度；以狭长支承板 1（两件）对连杆盖的切分面定位，限制工件 2 个自由度；以狭长支承板 2（两件）与连杆盖的定位侧面形成定位配合，限制工件 1 个自由度；从而实现对工件的完全定位。

该夹具采用气缸 9 作为夹紧动力部件，采用斜楔夹紧机构。活塞杆 10 被加工成斜楔，活塞杆上下移动时，会带动滑杆 12 左右往复移动；通过螺栓 14 和压板 13 实现对工件的夹紧和松开。

为实现快速装卸工件，压板 13 与螺栓 14 的连接部位被加工成 U 形开口，工件装卸时，压板 13 需要人工放上和拿下。为解决斜楔夹紧机械效率较低的问题，此处采用经典的滚动摩擦斜楔结构，斜楔不再具有自锁功能，夹紧机构的自锁由气动回路的换向阀实现。

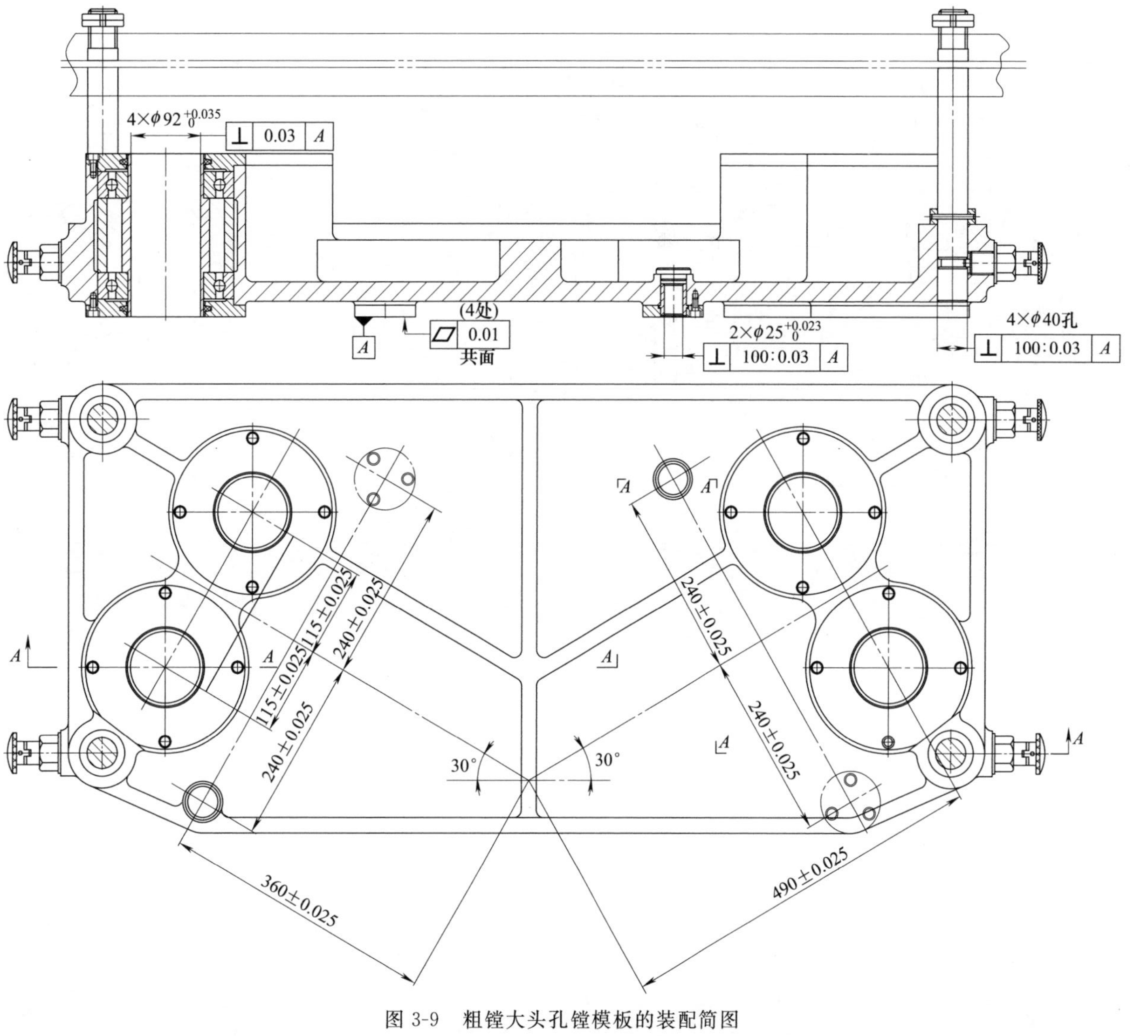

图 3-9　粗镗大头孔镗模板的装配简图

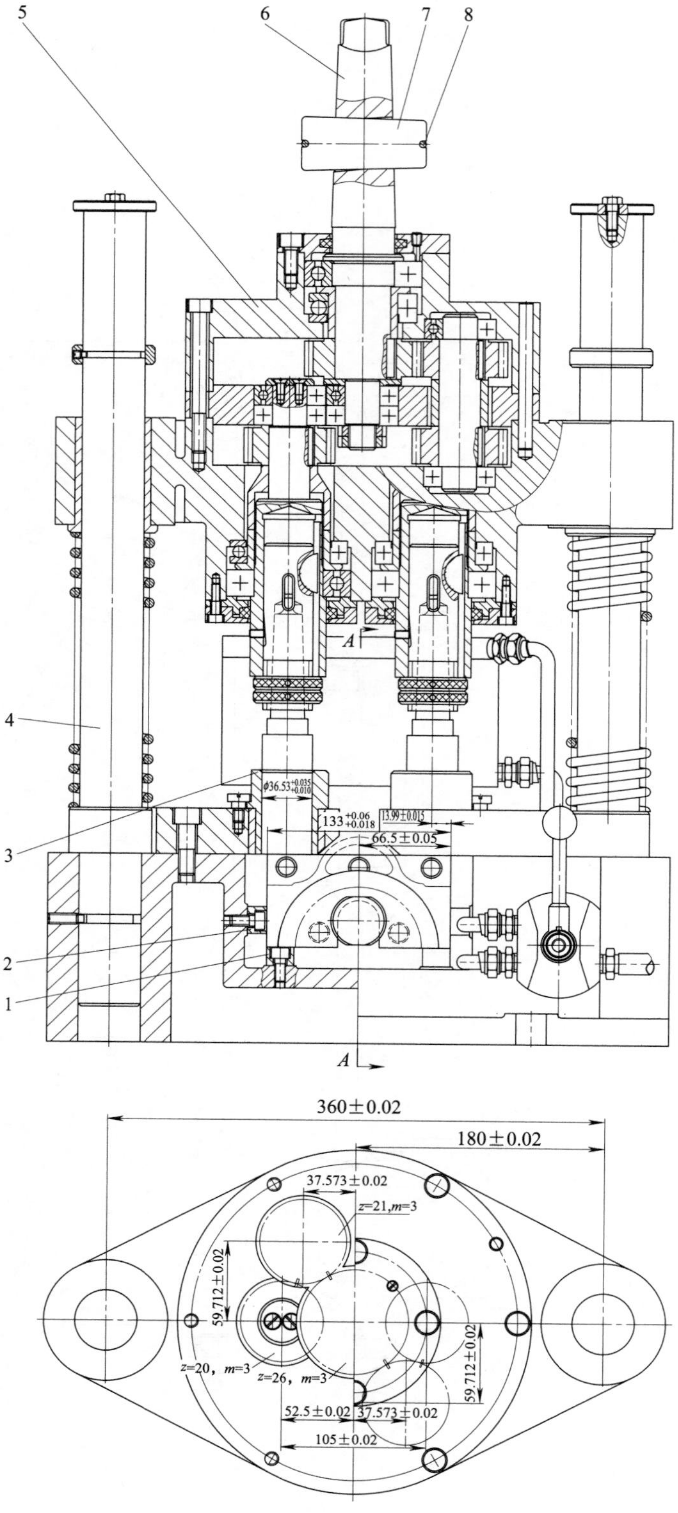

图 3-10 锪连杆盖上螺母定位

1,2,11—支承板；3—导向套；4—导柱；5—多轴头；6—连接轴；7—斜楔板；8—钢丝卡簧；

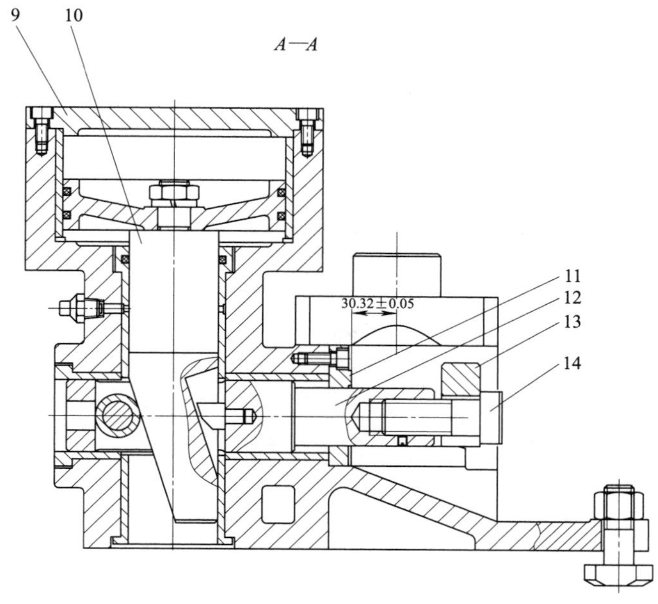

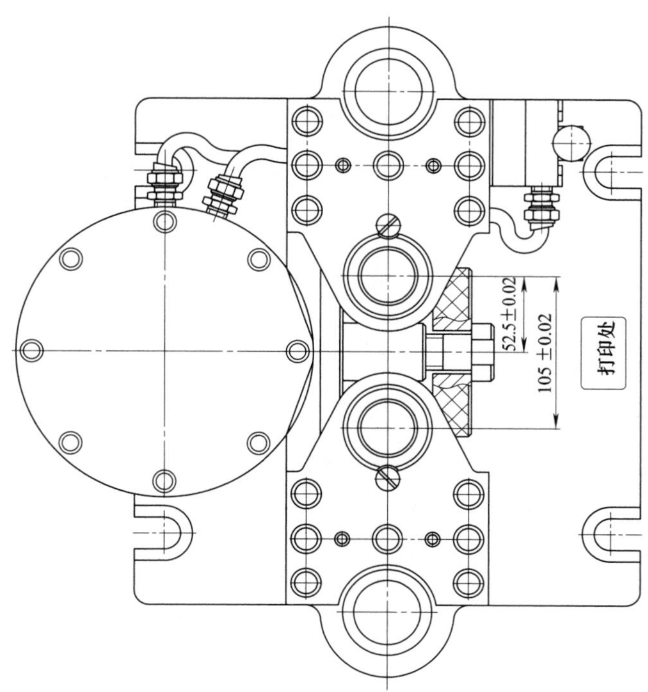

端面的夹具及多轴头

9—气缸；10—活塞杆；12—滑杆；13—压板；14—螺栓

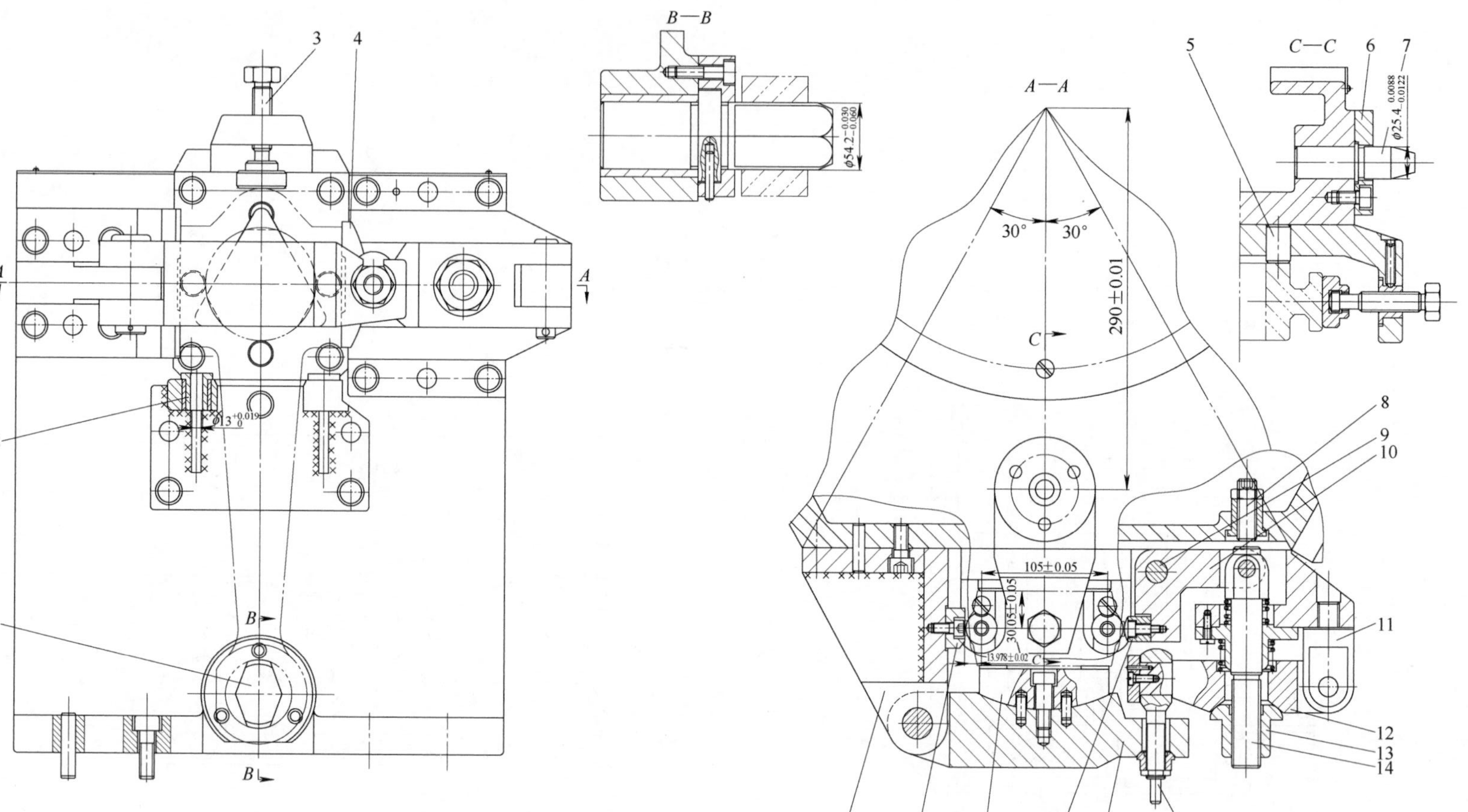

图 3-11　钻、扩、铰螺栓孔夹具

1—削边销；2—导套；3—夹紧螺钉；4,17—浮动压块；5—支承钉；6—对定支承板；7—对定销；8—限位螺钉；9—销轴；10—直角压板；11—铰链支座；12—杠杆；13—夹紧螺母；14—夹紧螺栓；15—铰链螺栓；16—压板；18—支承板；19—支座

(7) 钻、扩、铰螺栓孔夹具与悬挂钻模板

图 3-11 所示是工序 55 钻、扩、铰螺栓孔工序夹具。该工序采用立式六工位回转台机床，回转台直径为 ϕ1000mm，第一工位用于工件的装卸，第二、三、四工位分别采用直径 ϕ16.5mm、ϕ15.7mm、ϕ14.5mm 的钻头将螺栓孔依次钻通，第五工位将杆盖顶部螺栓孔扩大，第六工位对螺栓定位孔进行铰削加工。夹具为整体六面体结构，各面结构基本相同，图 3-11 是只表达一个面的夹具结构。

该工序的连杆杆身和杆盖已经切分，切分面已经完成终加工。因此该工序工件安装时必须首先要保证切分面紧密贴合，其次在大头孔端面和侧面两方向的杆身和杆盖要对齐。因此，在工件定位时，除用它们的切分面进行贴合，相互定位外，夹具中还设置了 4 个支承钉 5，用作大平面定位，以实现对杆身和杆盖大头端平面的定位和对齐；用狭长支承板 18 实现连杆合件大头侧面的定位和对齐；削边销 1 限制工件沿螺栓孔轴线方向的自由度。夹紧时，通过手动拧紧夹紧螺钉 3 以保证连杆合件切分面紧密贴合，用压板 16 和浮动压块 17 以保证它们的端平面可靠定位，用直角压板 10 和浮动压块 4 以保证它们的侧定位面可靠定位。

该夹具夹紧采用了“三向六点”夹紧方式，即夹紧力方向有 3 个，夹紧力作用点有 6 个。除垂直方向上采用夹紧螺钉 3 手动夹紧外，其他两个方向、5 个作用点，采用了联动夹紧机构和浮动夹紧元件，实现一次拧紧，“两向五点”同时夹紧，这样可以避免某一方向夹紧力先行作用，而影响其他方向定位的可靠性。

该夹具采用电动夹紧。按上述定位分析，对工件进行安放定位。先手动拧紧夹紧螺钉 3，保证工件切分面紧密贴合。然后用电动扳手拧动夹紧螺母 13。该螺母的拧紧，一方面使杠杆 12 绕铰链支座 11 的销轴顺时针旋转，通过铰链螺栓 15 拉动压板 16，使其绕支座 19 上的销轴逆时针旋转，使浮动压块 17 的 3 个作用点完成对连杆合件大端面的施力夹紧；另一方面，夹紧螺母 13 的拧紧，会使夹紧螺栓 14 外移，拉动直角压板 10 绕销轴 9 顺时针旋转，从而使浮动压块 4 完成对连杆合件大头侧平面的施力夹紧。

为方便装卸工件，在松开夹紧后，压板 16 需要手动转开，直角压板 10 会在弹簧力的作用下自动让开，为防止直角压板 10 转位过度，通过限位螺钉 8 可调节直角压板 10 的转角大小。

对多工位钻床，同一加工孔，在不同工位的刀具尺寸将不同，因此需采用悬挂钻模板对刀具进行引导，即钻模板悬挂在主轴箱上，并不安装在夹具上，图 3-12 是该工序悬挂钻模板的装配图。采用悬挂钻模板时，需要钻模板与夹具进行相互定位，简称“对定”，一般采用一面双销进行对定。为保证“一面双销”对定要求，在夹具上每间隔一个工位，设计有与钻模板对定的对定支承板 6 和对定销 7，其他工位上则只有对定支承板。由于铰孔加工精度要求高，刀具悬伸长度大，夹具上用导套 2 对铰刀进行前导引，以增加刀具的导引精度和刚度。

(8) 钻止转销孔夹具

图 3-13 所示是工序 75 所用钻止转销孔夹具。该工序通过对工件进行两次安装，实现对连杆杆身上两个止转销孔的钻削加工。夹具采用两个定位销 1、3 和它们的台肩平面 K 实现对工件的“一面双销”定位。通过定位销 1 上安装的钻套 4 对钻头进行导引。为保证钻套导引方向，通过限转销保证定位销 1 的转角方位。

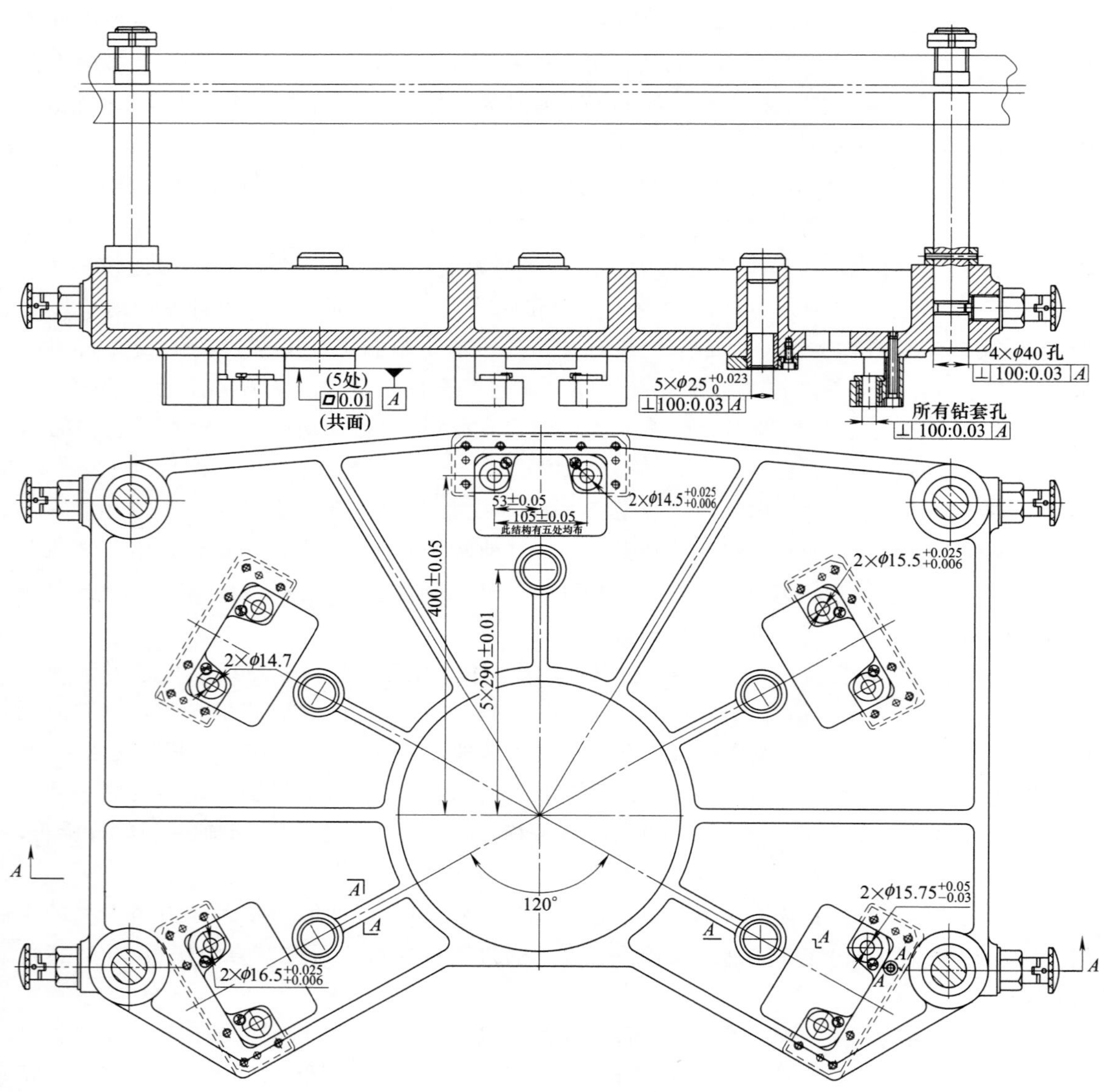

图 3-12　螺栓孔加工用悬挂钻模板的装配图

工件安装时，将小头孔套在滑板齿条销 8 的扁销上，工件大头放入 U 形板 2 的 U 形槽中，使大头的一端平面靠在 U 形槽的底平面上，完成工件安装预定位。逆时针旋转手轮 6 使齿轮轴 7 一起旋转，通过啮合的斜齿条，将会带动滑板齿条销 8 向右移动，工件在扁销的带动下也向右移动，从而使两个螺栓定位孔分别套入定位销 1、3 上。当工件螺栓孔端平面靠上 1、3 定位销的 K 平面时，工件的移动将停止，此时继续转动手轮 6，由于采用的斜齿轮-齿条副，齿轮轴 7 将会在轴向分力的作用下产生轴向位移，通过齿轮轴上的摩擦锥面副实现工件的夹紧自锁。

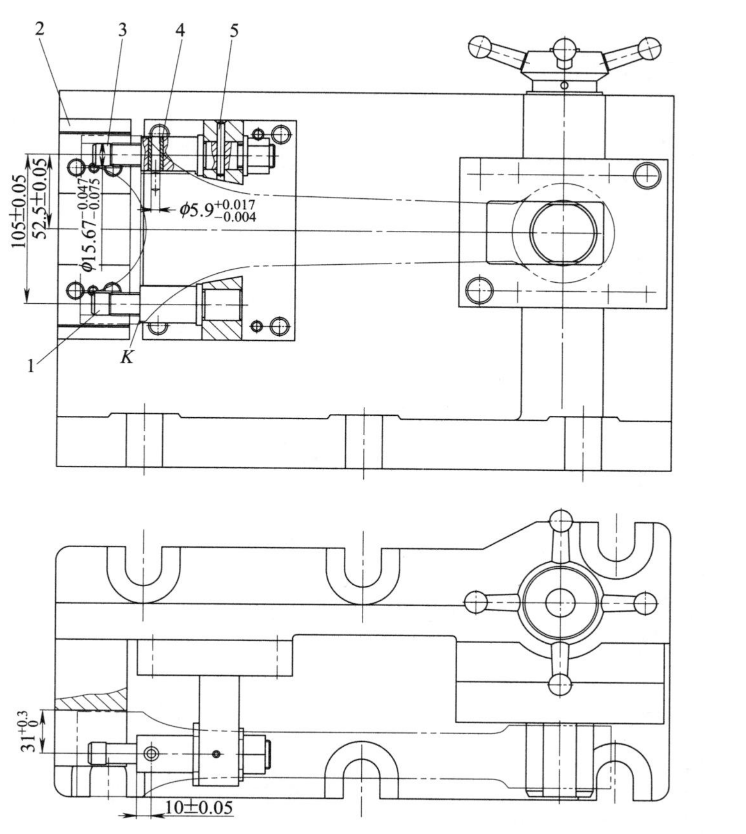

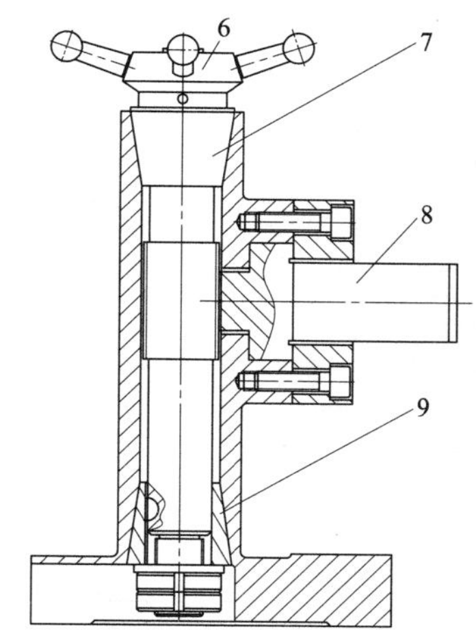

图 3-13　钻止转销孔夹具

1,3—定位销；2—U形板；4—钻套；5—限转销；6—手轮；7—齿轮轴；8—滑板齿条销；9—锥套

(9) 精锪螺栓孔端面夹具

图 3-14 所示夹具用于工序 95 精锪螺栓、螺母轴向定位平面。该夹具重点要保证所

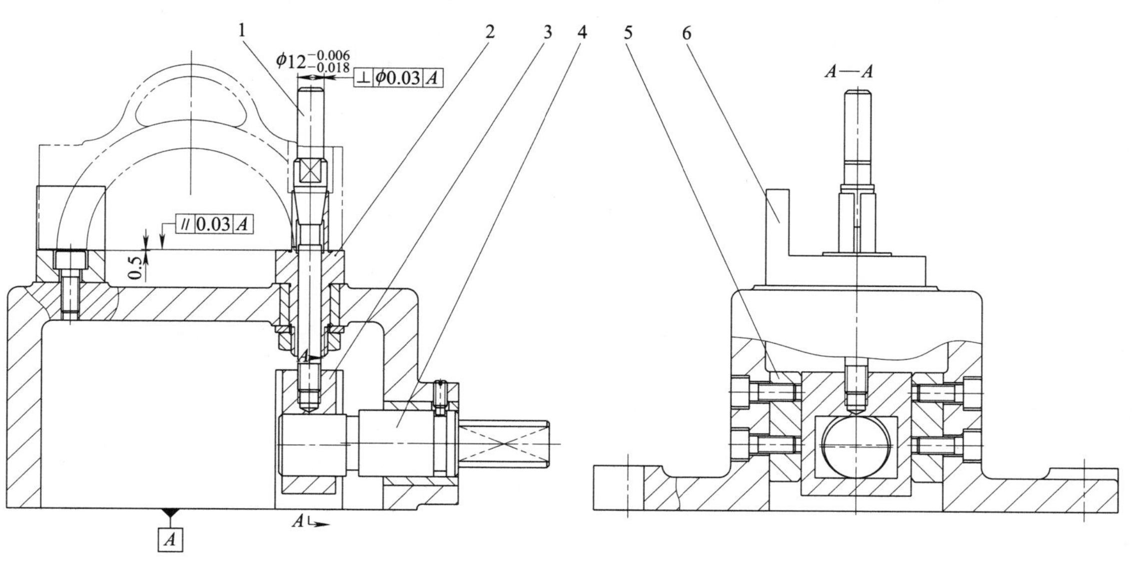

图 3-14　精锪螺栓、螺母轴向定位平面夹具

1—拉杆；2—定位胀套；3—承力框；4—偏心轴；5—导向板；6—限转挡块

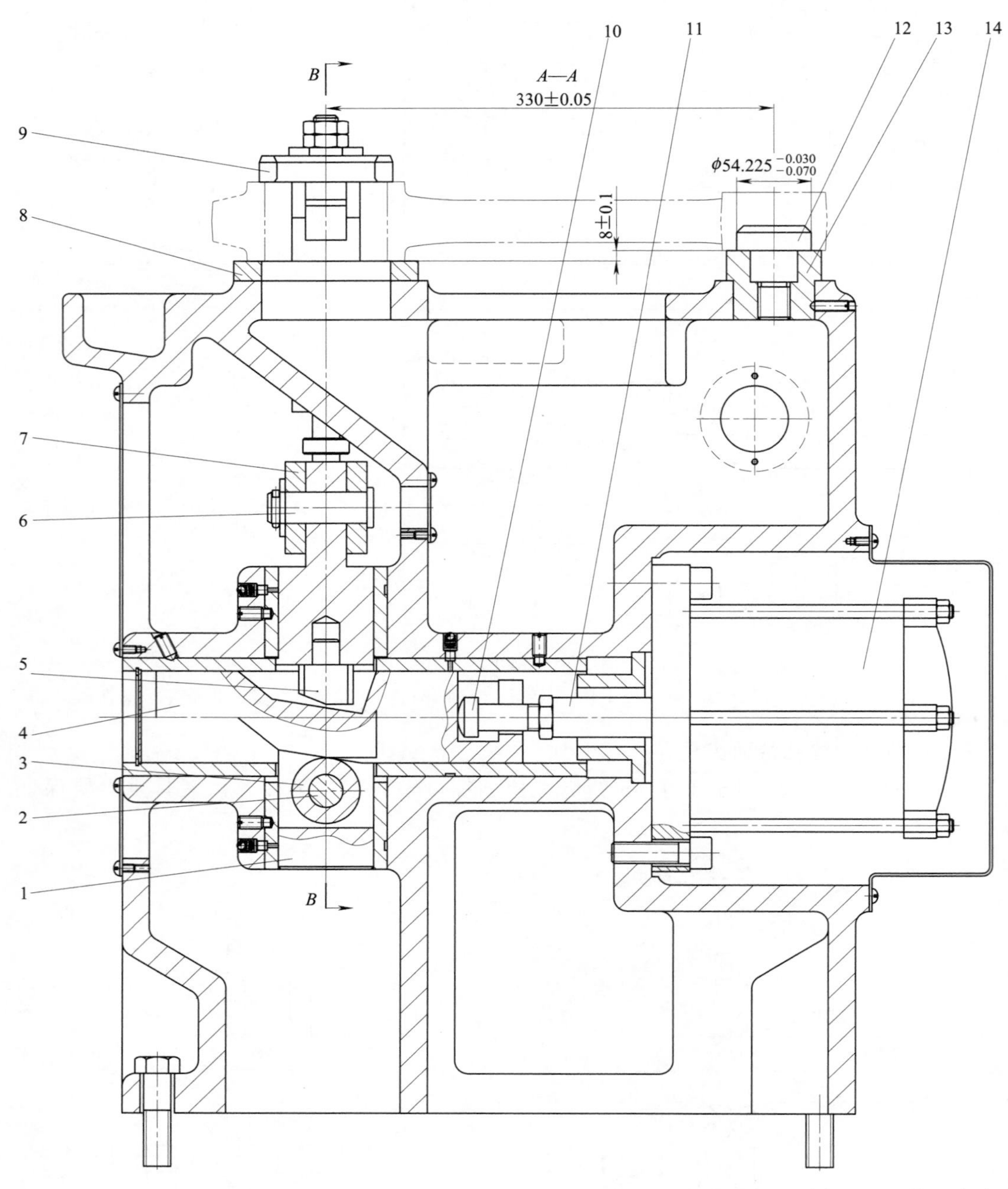

图 3-15 精镗大头

1—拉杆；2—销轴；3—滚轮；4—斜楔；5—复位销；6，17—铰链销；11—活塞杆；12—定位销；13—定位套；14—气缸；15—螺栓；

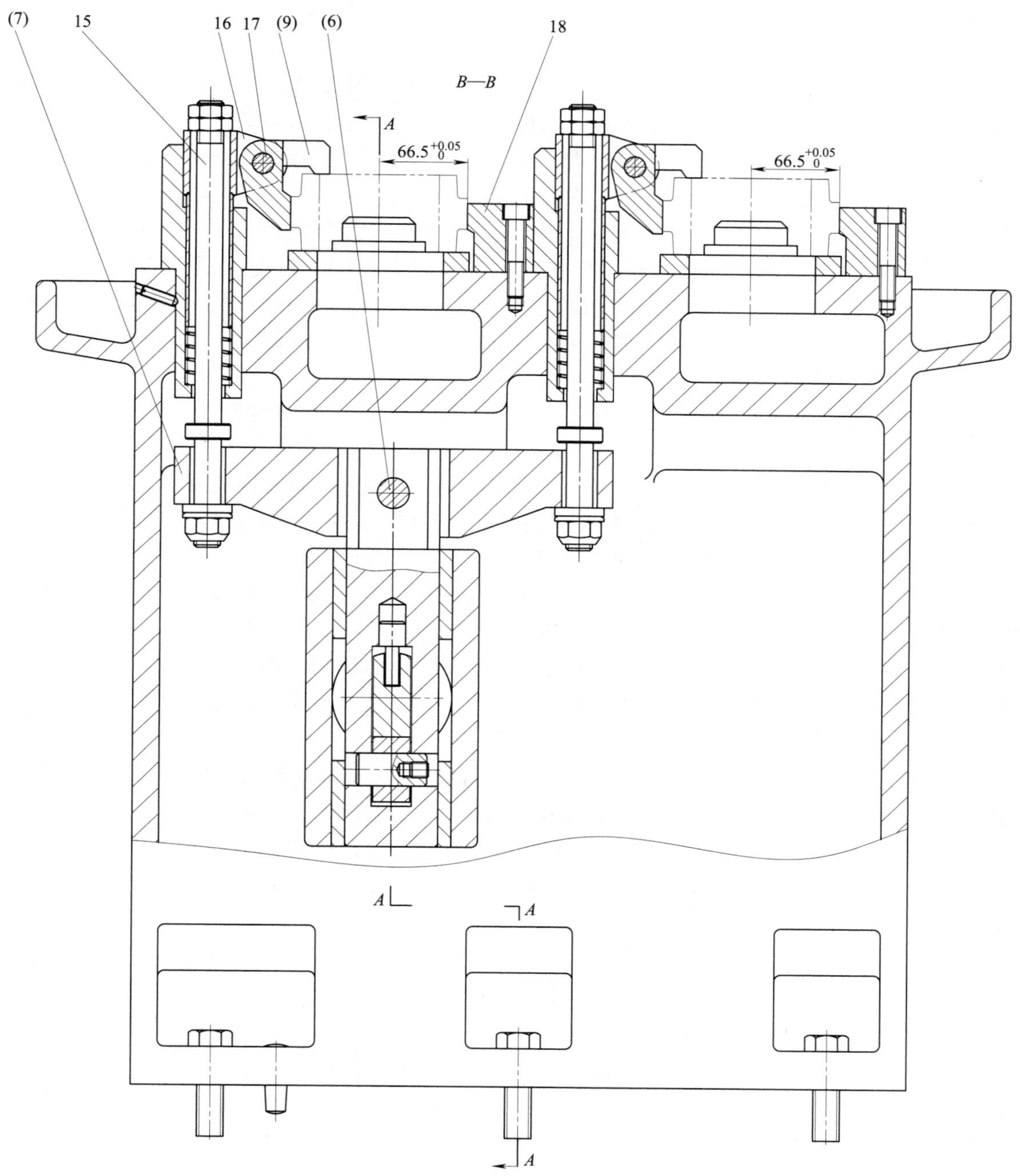

孔夹具

7—杠杆；8—支承板；9—压板；10—推钉；

16—支座套；18—定位挡铁

锪平面必须垂直于定位螺栓孔，以避免连杆工作时造成螺栓的应力集中。因此，该夹具以定位胀套 2 与工件螺栓孔进行配合定位，限制工件 4 个自由度；以定位胀套 2 上的台肩面作为次要定位基准，限制工件 1 个移动自由度；用限转挡块 6 限制工件一个第二类转动自由度。

夹具使用时，用手柄转动偏心轴 4，使承力框 3 下移，通过拉杆 1 上的圆锥面，使定位胀套 2 的弹性变形部位胀开，从而实现对工件定位螺栓孔的定位和夹紧。

由于定位胀套 2 的弹性变形不可过大，在夹具不使用时，需要在定位胀套 2 上套上保护套并夹紧，且夹紧手柄设计为移除式，夹具不使用时，夹紧手柄应锁入工具柜，以防无关人员的不当操作造成夹具损坏。为防止拉杆产生弯曲变形，采用导向板 5（左右各 1 块）限制承力框 3 的运动位移方向，以防偏心轴 4 施力过程中导致承力框 3 产生水平移动。

该夹具的夹具体采用五面全封闭结构，可能给夹具体上导向板 5 的安装面加工带来不便，在夹具使用中，还会导致承力框 3 与偏心轴 4 及导向板 5 之间的运动副润滑困难。

(10) 精镗大头孔夹具

图 3-15 是工序 120 精镗大头孔的夹具。该工序采用立式两轴镗床，一次可加工两个工件。

该夹具对工件的定位情况：支承板 8 和定位套 13 上端面共同构成大平面，限制工件 3 个自由度；定位销 12 与连杆小头孔配合限制 2 个自由度；定位挡铁 18 配合定位销 12 限制工件 1 个转动自由度。工件 6 个自由度全部被限制，属于完全定位。

由于一次装夹两个工件，夹具采用了联动夹紧机构，通过杠杆 7 绕铰链销 6 的转动实现联动夹紧动作。夹紧力的传递过程如下：气缸 14 活塞→活塞杆 11→推钉 10→斜楔 4→滚轮 3→销轴 2→拉杆 1→铰链销 6→杠杆 7→螺栓 15→支座套 16→铰链销 17→压板 9。压板 9 呈直角形结构，可以绕铰链销 17 浮动（转动），从而实现对工件两个方向的同时夹紧。

(11) 大头孔倒角夹具

图 3-16 所示夹具用于工序 125 对大头孔进行倒角加工。该夹具以定位销 9 对连杆大头孔及端面定位。该夹具采用气动夹紧，操作气阀手柄 1，当活塞杆 2 向下移动时，通过压板 7、13 实现对工件夹紧。压板 7、13 与铰链杠杆 5 分别通过铰链销轴 4、14 铰连，铰链杠杆 5 与铰链支座 3 也采用铰链销轴 6 铰连，从而使铰链杠杆 5 具有浮动作用，以实现两个压板 7、13 由于夹紧位移不同时也能同时夹紧工件。

该工序采用普通钻床进行倒角，由于钻、镗加工的不同，在夹具上设计了滚动式导向套 10，用来对镗刀杆 11 进行前导引，以提高镗杆的刚度。

(12) 车大头两侧外圆夹具

图 3-17 是工序 130 车大头定位侧面的夹具。该夹具以定位销 8、支承钉 6、7 对工件进行定位。支承钉 6 有两个，形成与工件大头两侧面的配合；支承钉 7 有 3 个，形成对工件大头端平面的定位；在夹紧力的作用下，定位销 8 用左侧母线定位工件小头孔，该销兼具防止在离心力作用下工件甩出的作用。

该夹具以过渡法兰 2 的 $\phi 92^{+0.035}_{0}$mm 孔与车床主轴端部圆柱面配合，以螺纹孔与车床主轴连接。夹具右端安装有活动锥柄，用于在车床尾架安装，以增加夹具的支承刚度。考虑到车削加工的回转速度较高，以平衡铁 1 对夹具进行平衡。夹紧时以推杆 4 推动异形 V 形铁 5 实现对工件的夹紧，夹紧动力来自于安装在车床主轴后端的旋转气缸（这里没画出）。

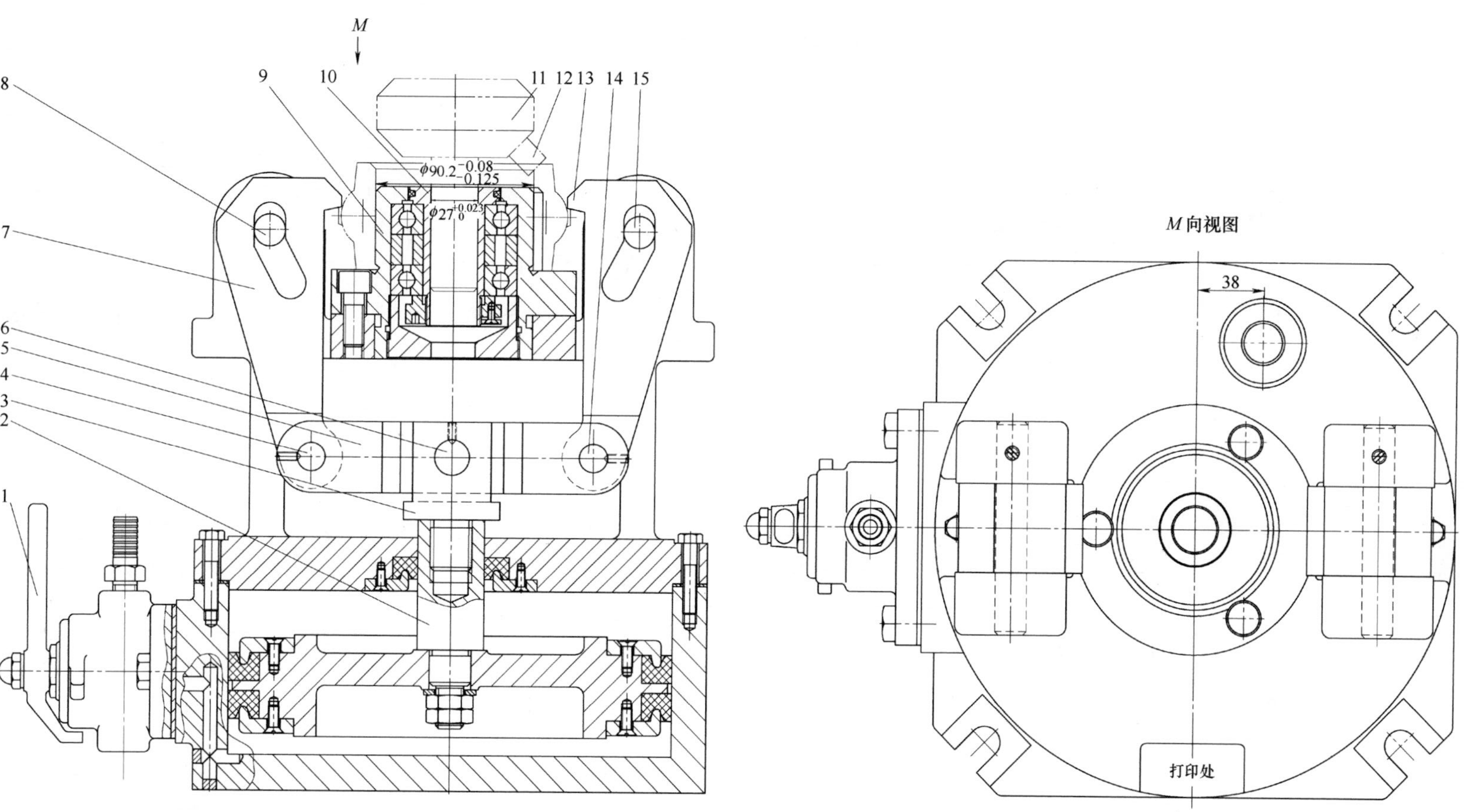

图 3-16　大头孔倒角夹具

1—气阀手柄；2—活塞杆；3—铰链支座；4，6，14—铰链销轴；5—铰链杠杆；7，13—压板；8，15—固定销；9—定位销；10—导向套；11—镗刀杆；12—镗刀

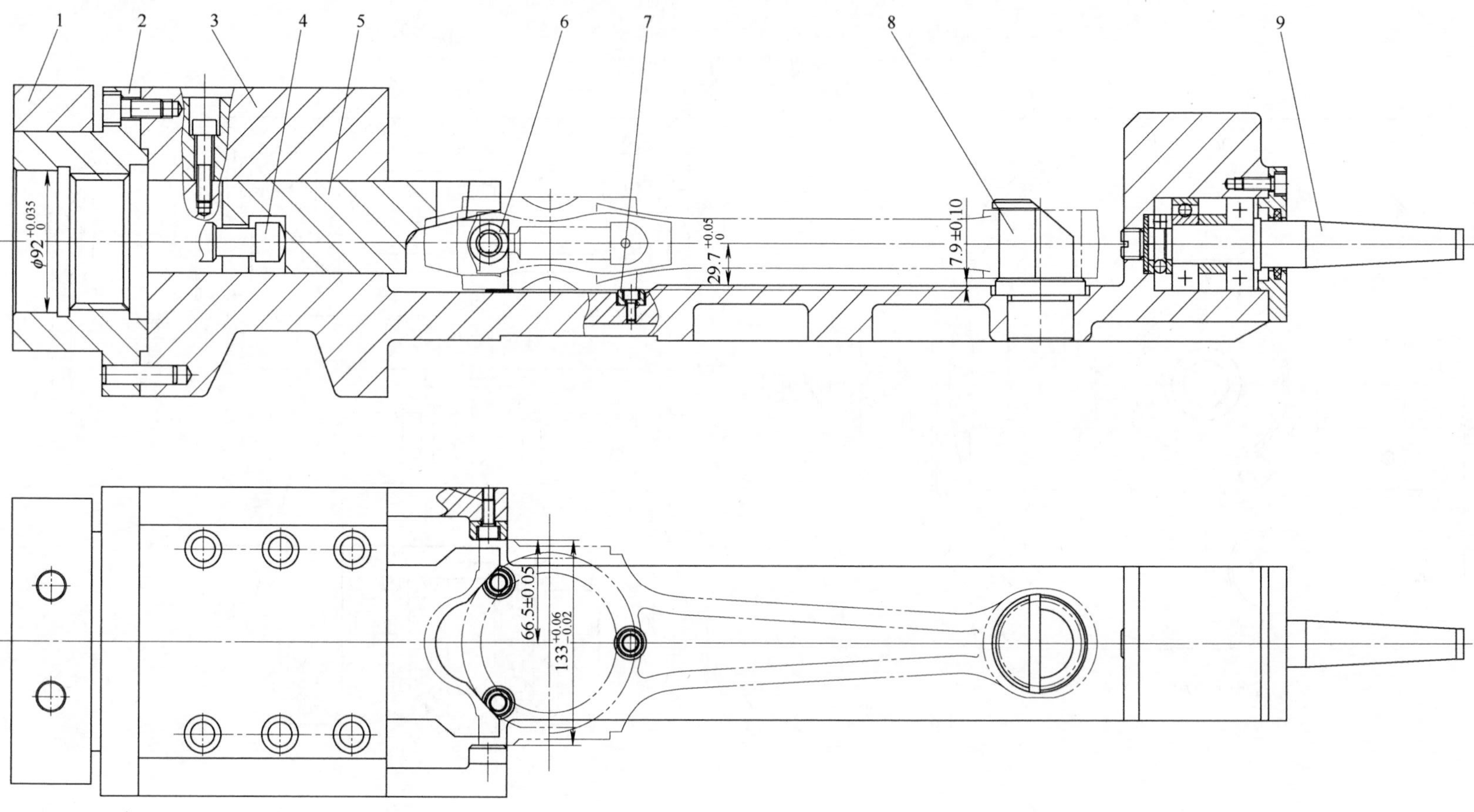

图 3-17　车大头定位侧面夹具

1—平衡铁；2—过渡法兰；3—夹具体；4—推杆；5—V 形铁；6,7—支承钉；8—定位销；9—锥柄

(13) 珩磨大头孔夹具及辅具

图 3-18 所示是用于工序 145 珩磨大头孔的夹具。定位元件有定位销 2、定位套 4 和支承钉 7，分别用于对连杆小头孔、大头端面和大头侧定位面的定位。由于珩磨是自定位，所以上述定位都是预定位，即只要满足刀具与工件能够自动进入自定位状态，对定位元件的定位精度要求相对不高。

夹紧采用斜楔 11 和杠杆式压板 6 组成的复合夹紧机构，由浮动压环 5 完成对工件的夹紧，弹簧 10 用于夹紧松开时浮动压环 5 的让位，为解决斜楔夹紧时滑动摩擦造成的功率损失，斜楔摩擦副改由滚轮 9 的滚动摩擦取代。

珩磨属于光整加工，主要用来提高表面加工质量，对尺寸精度影响不大，对加工面的位置精度不具有修正能力。但为防止浮动珩磨头对形状和尺寸精度的影响，该夹具采用浮动结构，将工件、定位装置和夹紧机构全部置于浮动板 3 之上，加工时随珩磨头位置的变化，工件加工面位置也会发生变化。浮动由安装在浮动板 3 和夹具体底座之间的 6 个钢球 1 实现，并由限位块 12 对浮动板 3 各个方向的浮动位移加以限制。

图 3-19 是该工序加工所用珩磨头的结构。珩磨头通过销 20 悬挂于珩磨机主轴上，以保证珩磨头的柔性。珩磨加工的旋转主运动及沿轴向的快速往复进给运动的传递路径如下：机床主轴→销 20→浮动套 10→销 9→套轴 3→磨具座 2→磨具 4。珩磨孔径向进给运动由液压系统完成，其运动传递路径是：液压系统→导柱 19→销 18→连接套 16→调整套 15→螺母套 12→销 11→推杆 7→圆锥斜楔 6→斜楔滑块 5→磨具座 2→磨具 4。

珩磨加工时，珩磨头往复快速进给运动，会对磨具及径向进给运动产生冲击，弹簧 17 可以缓冲这种冲击。珩磨孔的直径尺寸，传统采用“定时”或“定程”进行控制：定时就是采用时间继电器控制珩磨孔的时间；采用位置行程开关控制推动导柱 19 的液压系统换向阀，以达到控制珩磨孔的直径尺寸要求就是定程控制。上述控制方法主要用于控制加工孔的大致尺寸，精准的控制采用调整套 15 进行调整。钢球 14 用于改善旋转调整套 15 时的摩擦阻力，钢球 13 用于调整套 15 和连接套 16 的相互位置锁止。

浮动珩磨头有利于自定位，但浮动珩磨头的回转精度不便控制，容易造成加工孔的精度降低。为保证孔的加工精度，本工序加工时，采用导向套 8 对珩磨头的位置加以限制，自定位由浮动夹具辅助实现。为防止孔加工可能出现的“喇叭口”误差，珩磨头采用较长的磨具（油石）。

(14) 金刚镗小头孔夹具

图 3-20 所示是用于工序 150 金刚镗小头孔的夹具。定位元件采用液性塑料芯轴 1 和支承钉 10 完成对工件定位。液性塑料芯轴 1 和油缸 9 共同实现对工件的夹紧。

液性塑料芯轴 1 用于对工件孔的定心和夹紧。夹紧时，油缸 8 以活塞杆 7 推动柱塞 6 挤压液性塑料 4，利用液性塑料具有液体的流动性和不可压缩性，使薄壁套筒 5 沿径向产生均匀变形，从而实现对工件孔的定心和夹紧。图 3-20 中，通过调整螺钉 2 限制柱塞 6 的移动位置，以保证夹紧力的大小；当装入或更换液性塑料时，应通过排气螺钉 3 将空气排出。

液性塑料芯轴定心精度很高，最高可达 0.005mm，一般为 0.01mm。由于薄壁套筒的变形量不能过大，因此要求工件定位孔要有较高精度（一般要求 IT7～IT9）才能使用液性塑料芯轴。注意不用时应在液性塑料芯轴上装保护套。

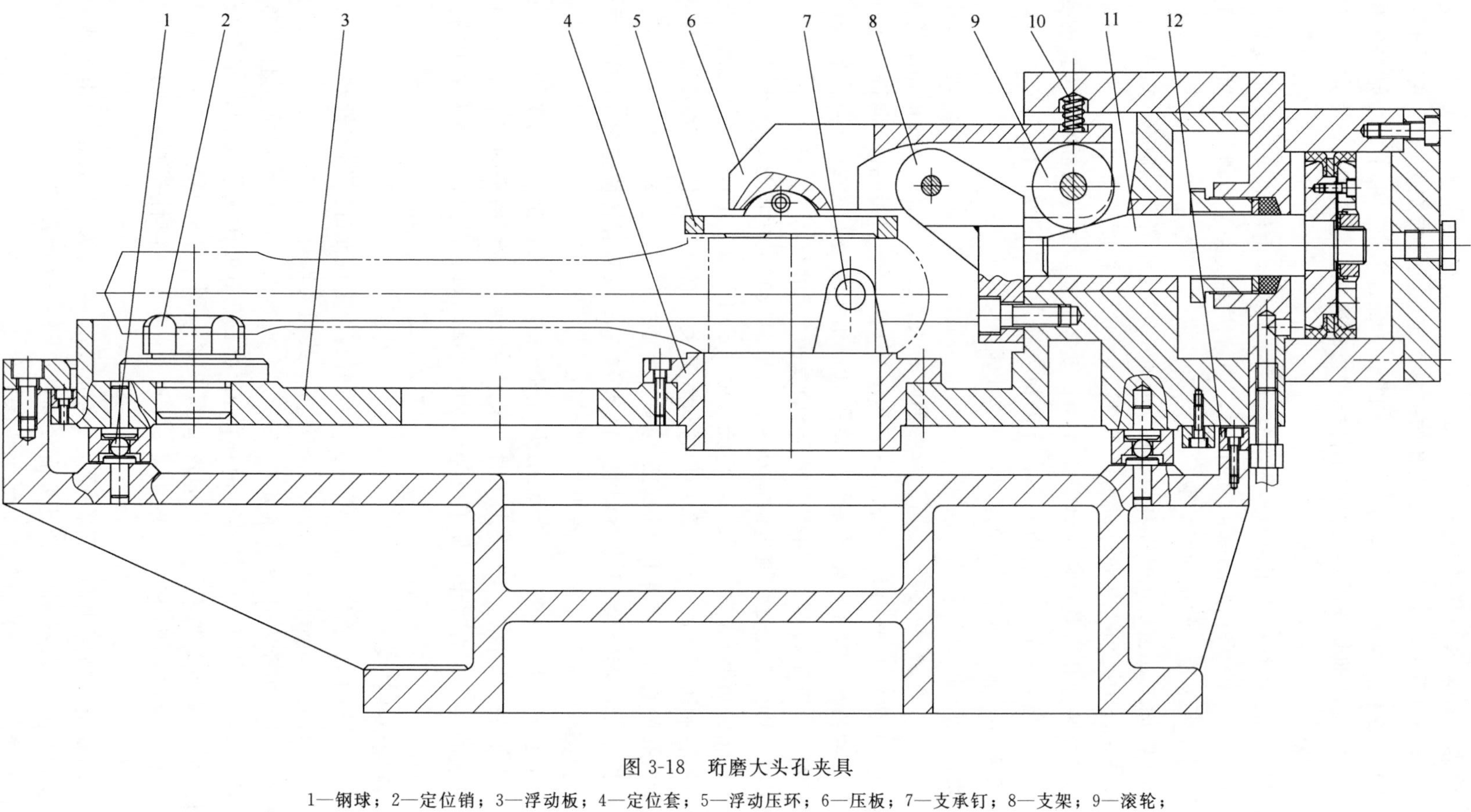

图 3-18 珩磨大头孔夹具

1—钢球；2—定位销；3—浮动板；4—定位套；5—浮动压环；6—压板；7—支承钉；8—支架；9—滚轮；10—弹簧；11—斜楔；12—限位块

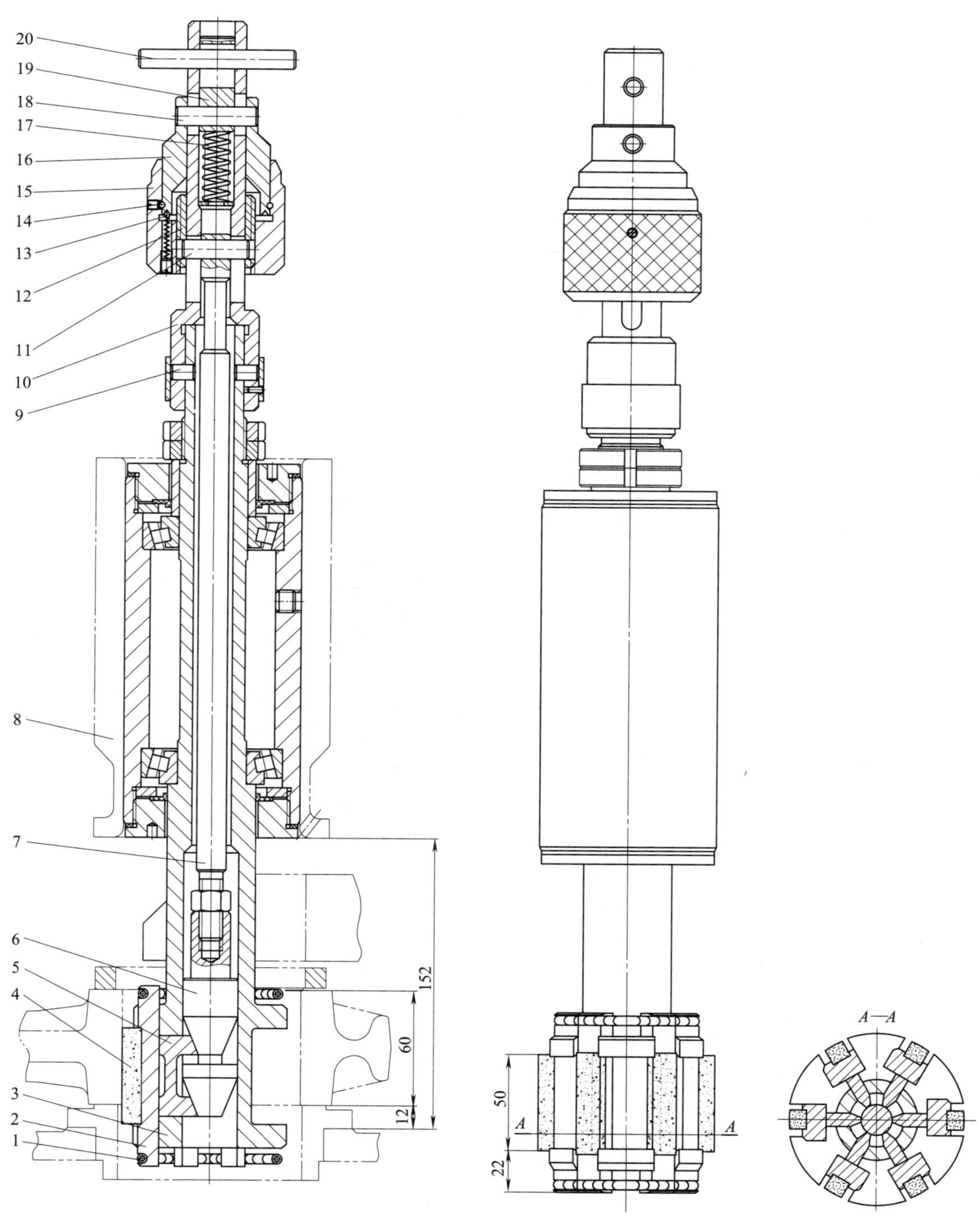

图 3-19　珩磨头结构

1—环形弹簧；2—磨具座；3—套轴；4—磨具；5—斜楔滑块；6—圆锥斜楔；7—推杆；8—导向套；9,11,18,20—销；10—浮动套；12—螺母套；13,14—钢球；15—调整套；16—连接套；17—弹簧；19—导柱

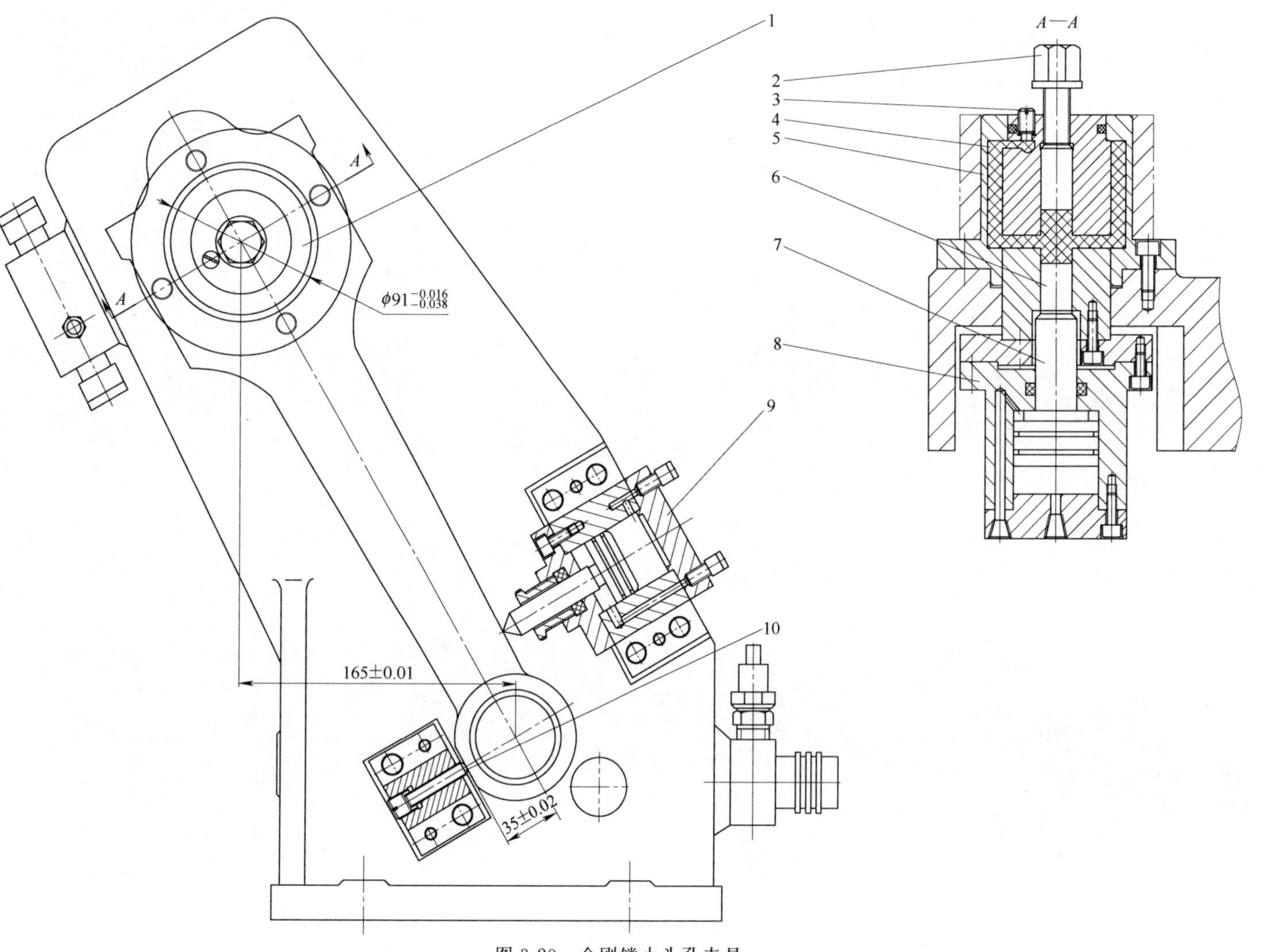

图 3-20 金刚镗小头孔夹具

1—液性塑料芯轴；2—调整螺钉；3—排气螺钉；4—液性塑料；5—薄壁套筒；6—柱塞；7—活塞杆；8,9—油缸；10—支承钉

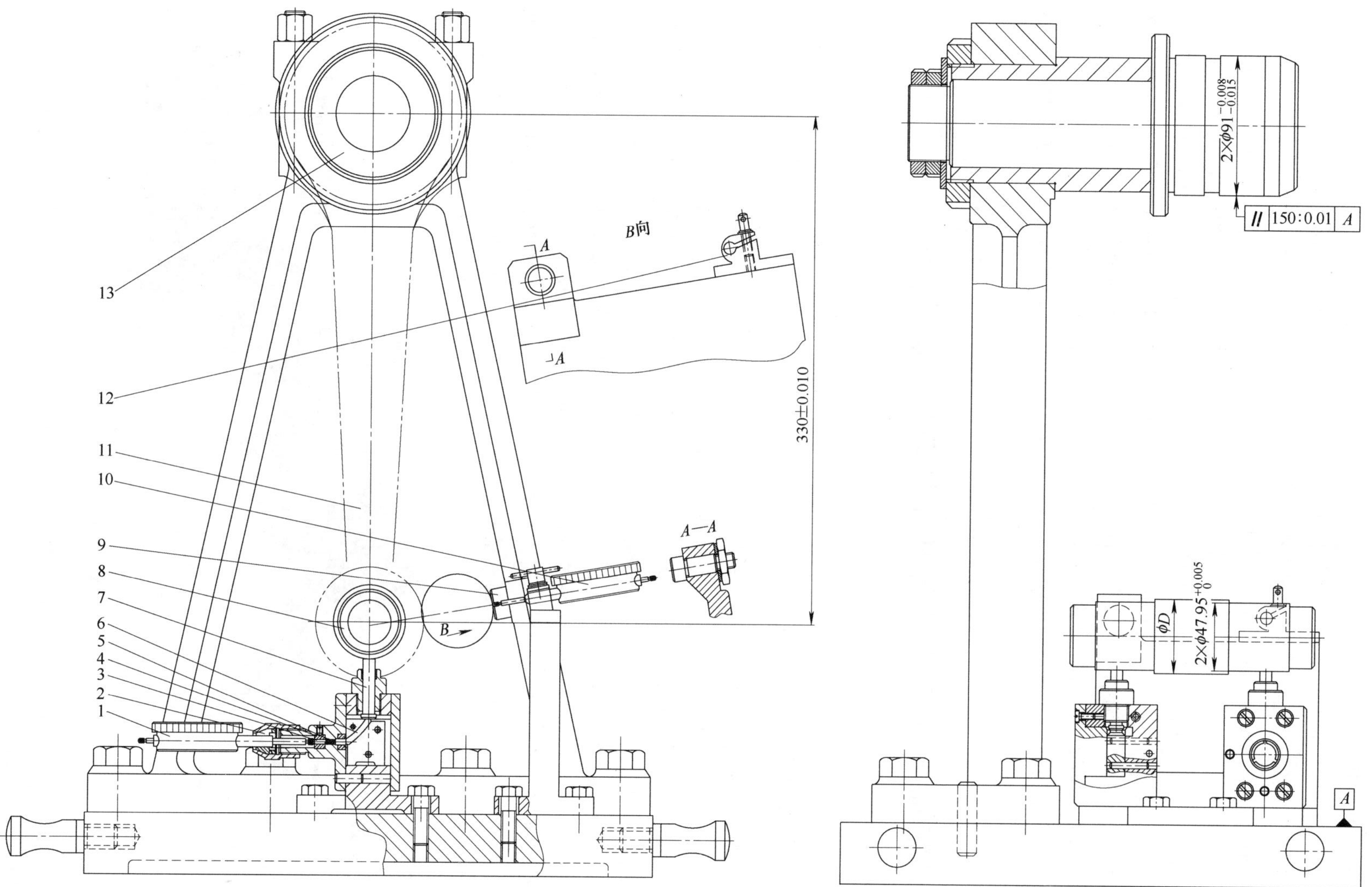

图 3-21　检验夹具

1,10—千分表；2—弹簧夹；3—推杆；4—导套；5—弹簧；6—杠杆；7—挺杆；8—芯棒；9—挡铁；11—校准件；12—表夹；13—芯轴

(15) 检验夹具

连杆大、小头孔的中心距和孔轴线平行度，是连杆加工需要重点保证的位置精度。为满足大批量生产要求，该连杆采用图 3-21 所示检验夹具进行检验。

检验时，需先将校准件 11 套在芯轴 13 上，在小头孔装入芯棒 8。然后小心摆动校准件 11，在千分表 1（2 个）产生最大压缩读数时，对千分表 1 调零；再将校准件 11 摆动到挡铁 9 位置，将千分表 10 调零。卸下校准件，装上待测零件和芯棒，小心摆动待测零件到千分表 1 的位置，读取两个千分表的最大压缩读数，两个读数的平均值就是中心距误差，两个读数的差值就是平行度（两轴心线所在平面）误差；将待测零件摆动到挡铁位置，读取千分表 10 的测量读数，该数值就是扭转度（在两孔心连线的法向平面的平行度）误差。

为提高测量精度，可对工件小头孔进行测量分组，每组分别采用图 3-21 中芯棒 8 的不同 ϕD 尺寸。

3.2 曲轴零件加工工艺过程及典型工艺装备

3.2.1 曲轴的工艺特点及毛坯

(1) 曲轴的功用和结构特点

曲轴是组成发动机的重要零件之一，它的作用是将活塞的往复直线运动变为旋转运动，并将这一旋转运动传递给其他工作机械。图 3-22 所示是某拖拉机发动机曲轴零件的三维模型，其主要结构组成及功能如下：最左端（前端）为手动启动轴颈，在其轴颈端面上加工有螺纹孔，以安装启动爪，可以用摇把手摇启动发动机；其右为齿轮轴颈，用于安装正时齿轮；再向右依次排列有Ⅰ～Ⅴ5 个主轴颈，用于在缸体上的轴承孔中安装，1～8 共 8 个曲柄和 4 个连杆轴颈。连杆轴颈分别与 4 个连杆的大头孔进行装配，主轴颈和连杆轴颈分布在同一平面内，4 个连杆轴颈在主轴颈两侧呈两两分布。最右端（后端）的法兰与飞轮相连，以将曲轴的旋转运动进行输出。

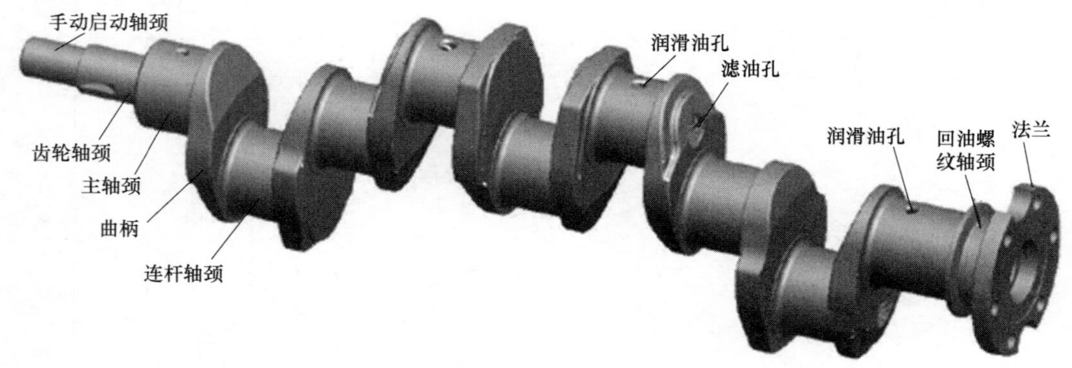

图 3-22　某拖拉机发动机曲轴零件三维模型

图 3-23 是某拖拉机发动机曲轴的零件简图，曲轴是一个精度要求高、结构复杂、刚性又特别差的轴类零件。

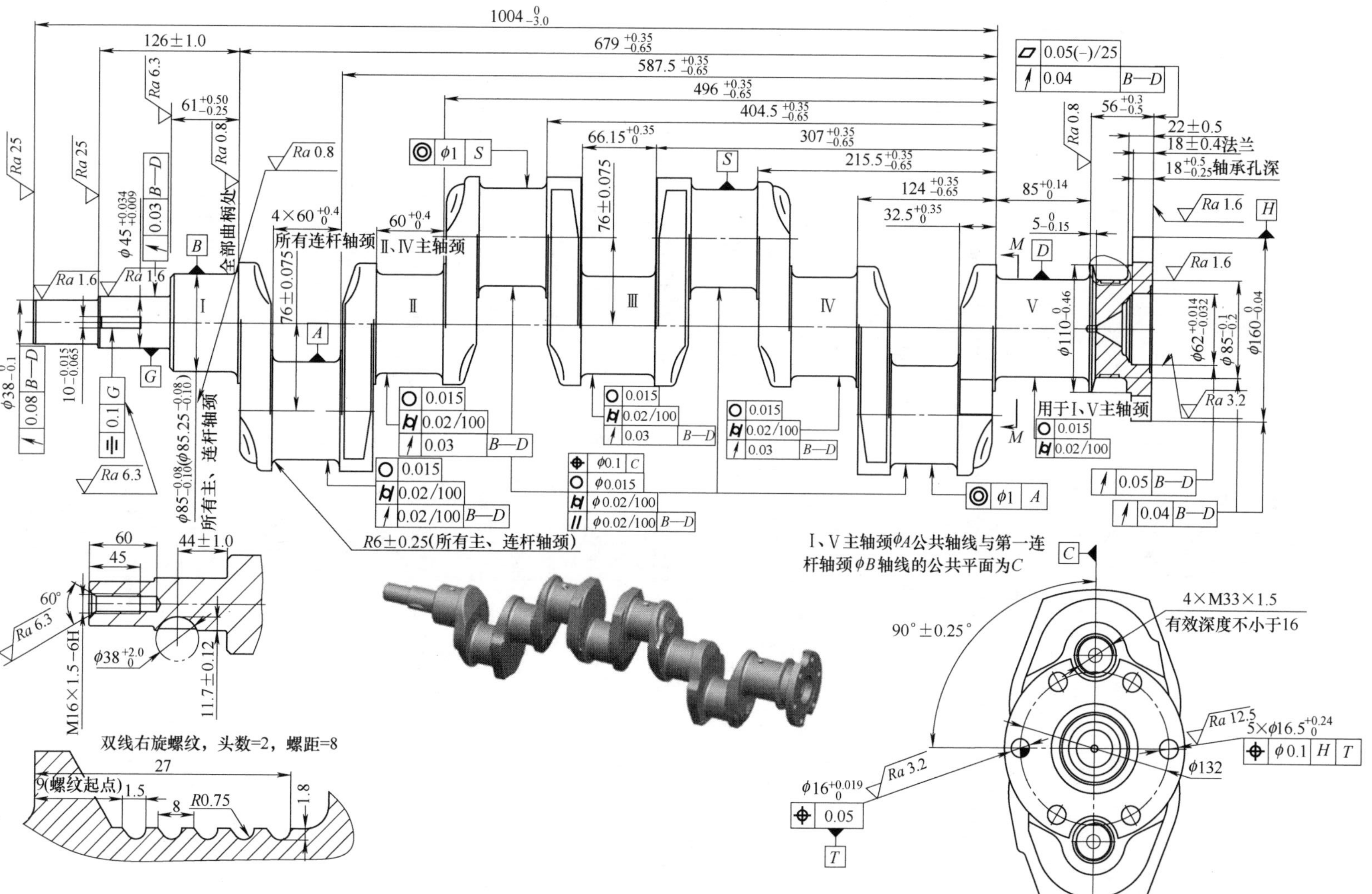

图 3-23　某拖拉机发动机曲轴的零件简图

(2) 曲轴的主要设计技术要求

曲轴工作时的受力情况非常复杂，它不但要受到很大的扭转应力及大小和方向都在周期性变化的弯曲应力的作用，而且还受到振动所产生的附加应力的作用。因此曲轴应具有足够的强度、刚度、抗疲劳强度及抗冲击韧性。同时，由于曲轴工作时的旋转速度很高，所以在设计曲轴时，应使曲轴的主轴颈和连杆轴颈具有足够的耐磨性，且曲轴的质量应当平衡分布，以便降低不平衡带给曲轴的附加载荷。

为了保证曲轴能正常工作，对曲轴规定了严格的技术要求。不同形式和功用的发动机，其技术要求不尽相同。对汽车、拖拉机发动机和柴油机的曲轴，有关部门制定了部颁标准。汽车、拖拉机发动机曲轴的主要技术要求如下。

① 所有主轴颈和连杆轴颈尺寸公差等级不低于 IT6，轴颈的圆度和轴颈母线间的平行度不大于 0.015mm，轴颈表面粗糙度值为 Ra0.4～0.2μm。

② 连杆轴颈轴线对主轴颈轴线的平行度允差为 0.02mm/100mm。

③ 长度小于 1.5m 的曲轴，以两端的主轴颈支承时，中间主轴颈的径向圆跳动允差为 0.03mm；装飞轮法兰盘的端面圆跳动允差为 0.02mm/100mm，法兰盘的端面只允许凹入，不允许凸起，以保证和飞轮端面可靠贴合。

④ 曲柄半径公差为±0.05mm。

⑤ 主轴颈、连杆轴颈与曲柄连接圆角的表面粗糙度值不大于 Ra0.4μm。

⑥ 多缸发动机曲轴，各连杆轴颈轴线之间的角度偏差不大于±30′。

⑦ 精加工后的曲轴必须经过动平衡，所要求的平衡精度，取决于发动机的用途、轴颈数目和每分钟转数。

⑧ 曲轴的主轴颈和连杆轴颈，应经过表面淬火或氮化，根据材料及热处理规范的不同，其硬度为 50～62HRC。

⑨ 曲轴经精加工后需进行磁力探伤，磁力探伤技术条件由制造厂规定，并应做退磁处理。

在我国，汽车、拖拉机发动机生产厂家众多，各生产厂家对曲轴加工的技术要求不尽相同。图 3-23 所示的某四缸拖拉机发动机曲轴毛坯简图，其主要加工技术要求已在图上标出，但它同时还有下列一些加工要求。

① 所有主轴颈和连杆轴颈需经高频淬火，其硬度为 55～62HRC，淬火层深度不小于 3mm。

② 曲轴的动力不平衡量不得大于 120g·cm。

③ 已加工表面上不得有碰痕、裂纹、发纹、黑点、夹渣、毛刺、凹陷等缺陷。

④ 油道孔内不允许有铁屑和脏物，要用煤油清洗，并用压缩空气吹干净。

⑤ 非加工表面应清洁，不得有氧化皮、迭缝、结疤、分层和裂缝，不允许用锤辗或焊补法消除缺陷。

⑥ 未注尺寸公差：加工尺寸按 Q/SB 123-64，锻造尺寸按 Q/SB 125-64。

(3) 曲轴的材料和毛坯

曲轴材料一般采用 45 钢（精选含碳量为 0.42%～0.47%）、45Mn2、50Mn、40Cr、35CrMo 合金钢和 QT60-2 球墨铸铁等。

钢制曲轴毛坯，根据不同的生产类型和工厂的具体条件，在单件、小批生产中，常采用自由锻造；在大批、大量生产中，一般采用模锻法压制。

在我国，还广泛采用球墨铸铁曲轴，近年来，很多工厂广泛使用具有我国特点的稀土球墨铸铁曲轴。

图 3-23 所示曲轴采用精选 45 钢模锻毛坯，其毛坯简图如图 3-24 所示。其锻造工艺过程为：将坯料加热至 1180～1240℃；经模锻锤弯曲预锻及终锻；在压床上切边；再在模锻锤上进行热校正；最后经热处理消除其内应力，调整其硬度值到 207～241HBS。

为了保证曲轴毛坯具有良好的机械加工性能及各加工表面余量均匀等要求，对图 3-24 所示曲轴毛坯规定了严格的技术要求，其主要要求如下。

① 热处理：调质 207～241HBS。

② 法兰端面对主轴中心线的垂直度：当法兰盘厚 26.5mm 时，不大于 1mm；当法兰厚度大于 26.5 mm 时，不大于 2.5 mm。

③ 法兰盘上孔中心对主轴颈中心不同轴度不大于 2mm。

④ 曲轴弯曲不大于 1 mm。

⑤ 错模误差：纵向，当连杆轴颈长为 48mm 时，不大于 1mm；轴颈长大于 48mm 时，不大于 2.5mm。径向，当连杆轴颈小于 ϕ93mm 时；不大于 1mm；轴颈大于 ϕ93mm 时，不大于 2mm。

⑥ 表面缺陷深度：不加工表面，允许有不大于 2mm 的凹坑及铲除修整的痕迹；加工表面允许有不大于实际余量 1/2 的凹坑、发裂及气孔。

⑦ 周边除注明处外，毛刺不大于 8mm；B 处毛刺不大于 4mm；ϕ166mm 圆周纵向毛刺不大于 8mm。

⑧ 不加工表面不允许有氧化皮、折叠、裂纹等缺陷。

⑨ ϕ166mm 和 ϕ52mm 不充满处允许焊补并磨光，具体按焊接技术条件进行。

(4) 曲轴的工艺特点

零件的工艺特点主要取决于结构特点和技术要求。由图 3-23 曲轴零件简图可以看到：曲轴外形复杂，弯曲刚性差，受力易变形；主轴颈和连杆轴颈的尺寸精度和位置精度及表面粗糙度要求很高。曲轴的上述特点决定了曲轴在机械加工时存在一定的困难，因此在确定曲轴的工艺过程时应注意解决受力变形问题。

作为曲轴加工，其主要问题就是工件本身刚性差、零件技术要求高。这就需要在加工过程中采取一系列相应的措施，以使加工后的零件符合图纸的设计要求，所应采取的主要措施如下。

① 尽量减小或抵消切削力。

② 提高曲轴的定位支承刚性，以减小受力变形。

③ 在工艺路线中设置校直工序，以减少前工序的弯曲变形对后续工序的影响。

④ 加工工艺路线要分阶段，以减小粗加工对精加工的影响。

3.2.2　曲轴的机械加工工艺过程

图 3-23 所示曲轴，其需要加工的表面主要有外圆柱面、孔、槽等，所采用的加工方法有车、磨、铣、钻等。该曲轴零件为大批量生产，依据大批量生产类型的特点，其工艺过程安排如表 3-2 所示。

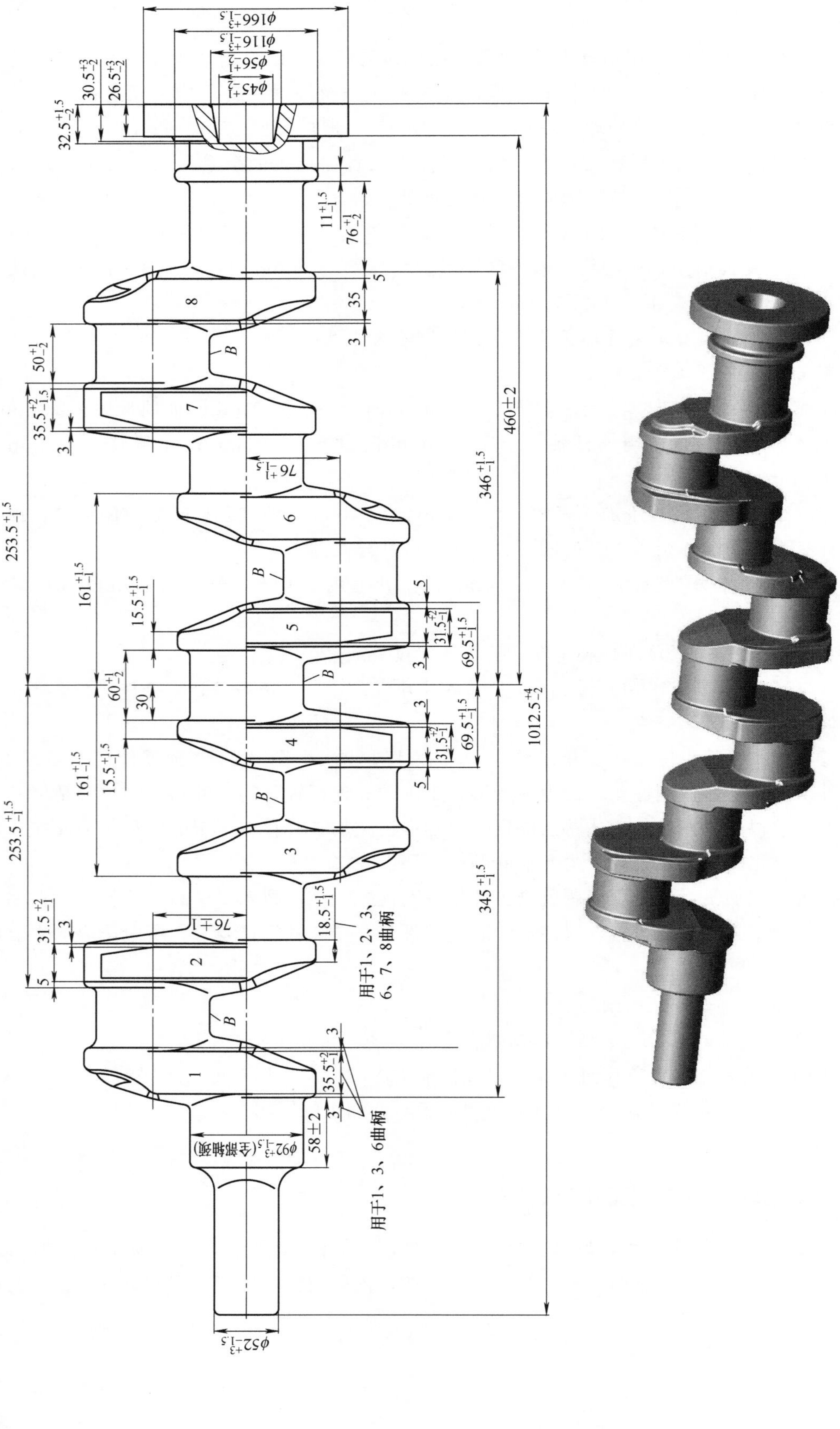

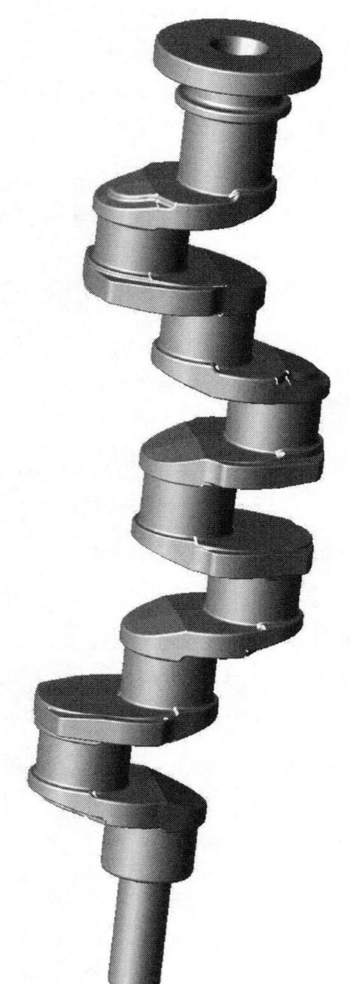

图 3-24　某拖拉机发动机曲轴毛坯简图

表 3-2　曲轴机械加工工艺过程

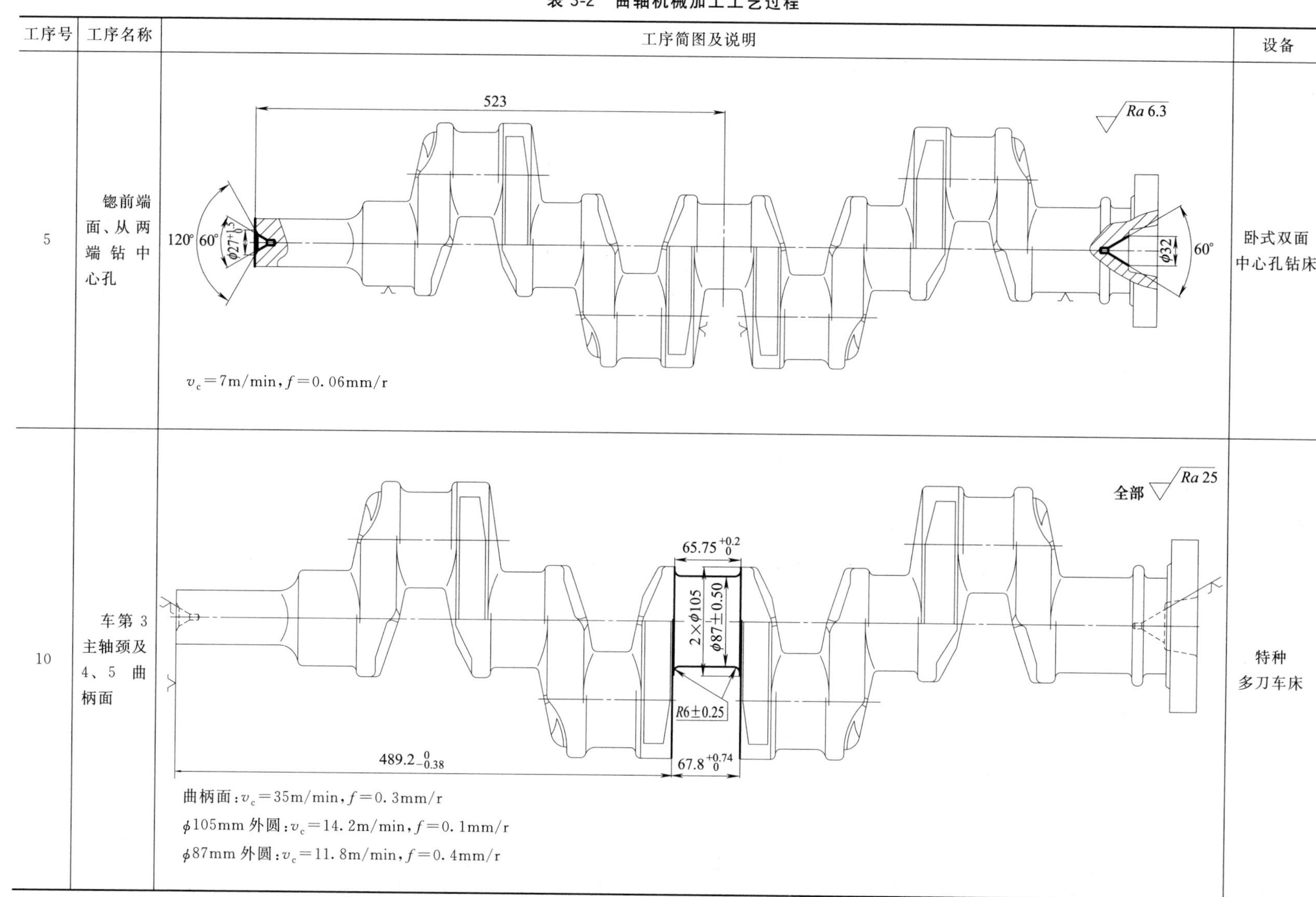

工序号	工序名称	工序简图及说明	设备
5	锪前端面、从两端钻中心孔	$v_c = 7\text{m/min}, f = 0.06\text{mm/r}$	卧式双面中心孔钻床
10	车第 3 主轴颈及 4、5 曲柄面	曲柄面：$v_c = 35\text{m/min}, f = 0.3\text{mm/r}$ $\phi 105$mm 外圆：$v_c = 14.2\text{m/min}, f = 0.1\text{mm/r}$ $\phi 87$mm 外圆：$v_c = 11.8\text{m/min}, f = 0.4\text{mm/r}$	特种多刀车床

续表

工序号	工序名称	工序简图及说明	设备
15	校直	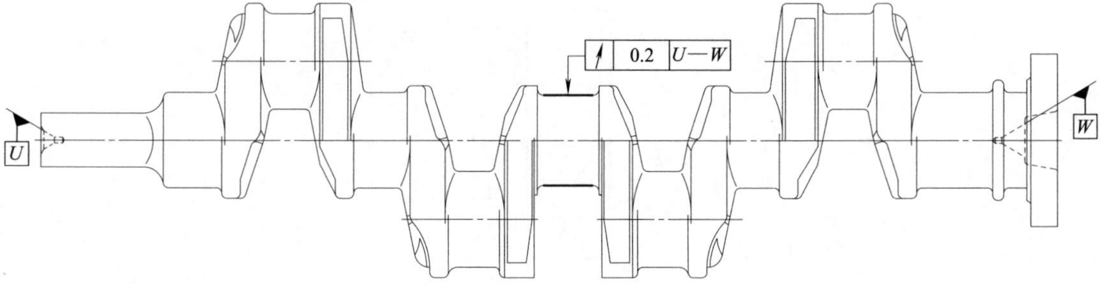 校直时，曲轴的弯曲挠度不得大于 5mm	压床
20	粗磨第3主轴颈	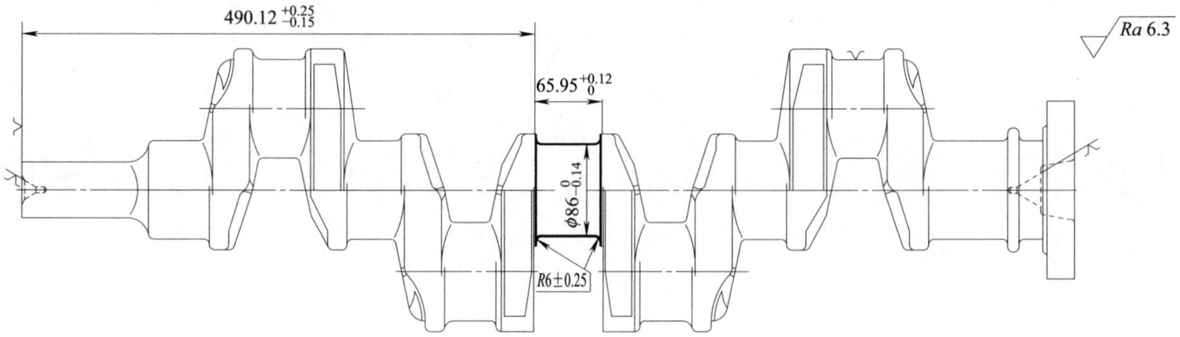 $v_c=20.3\text{m/min}, f=0.005\text{mm/r}$	外圆磨床

续表

工序号	工序名称	工序简图及说明	设备
25	检验 （抽检）	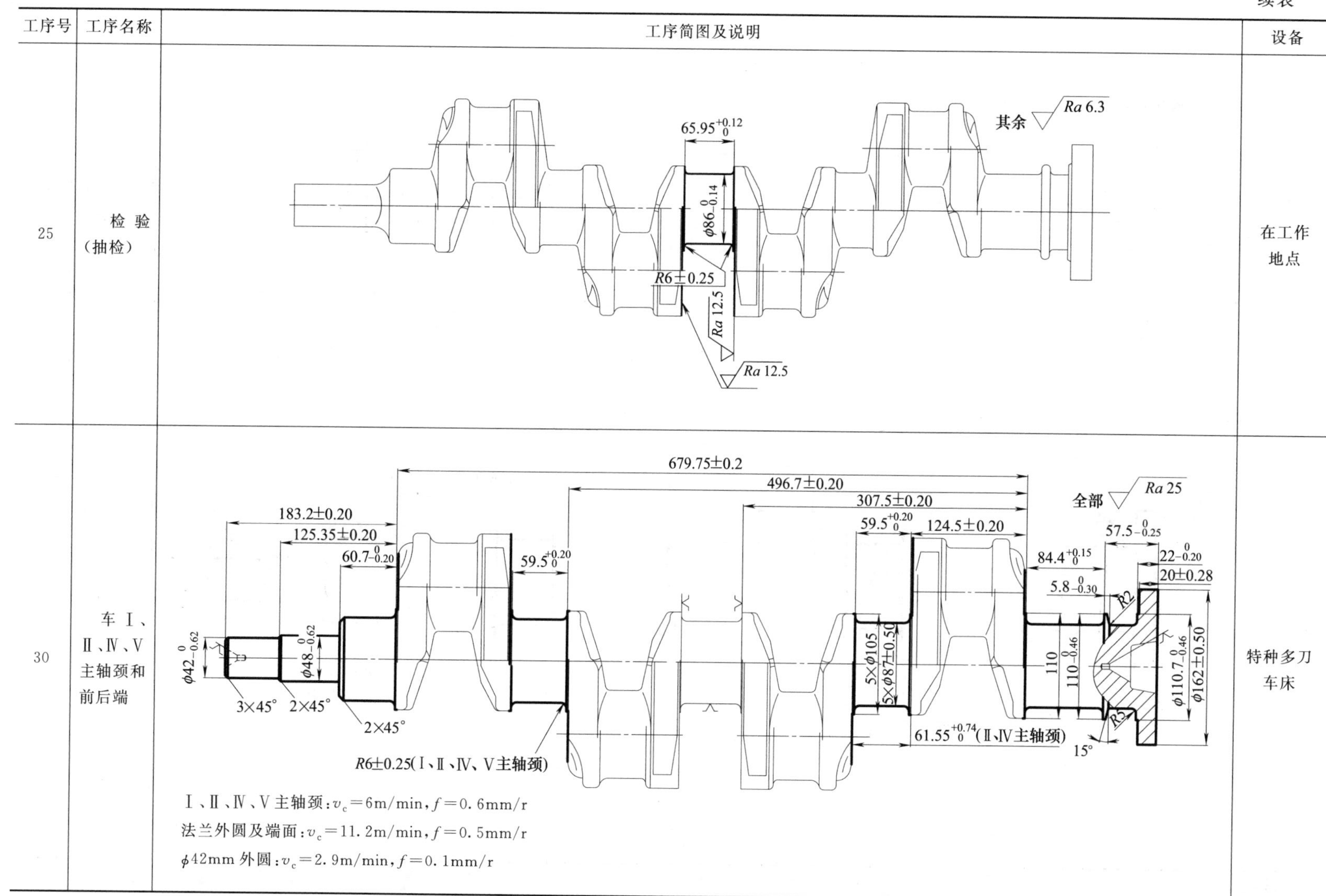	在工作地点
30	车Ⅰ、Ⅱ、Ⅳ、Ⅴ主轴颈和前后端	Ⅰ、Ⅱ、Ⅳ、Ⅴ主轴颈：$v_c=6\text{m/min}, f=0.6\text{mm/r}$ 法兰外圆及端面：$v_c=11.2\text{m/min}, f=0.5\text{mm/r}$ $\phi 42$mm 外圆：$v_c=2.9\text{m/min}, f=0.1\text{mm/r}$	特种多刀车床

续表

工序号	工序名称	工序简图及说明	设备
35	检验 (抽检5%)	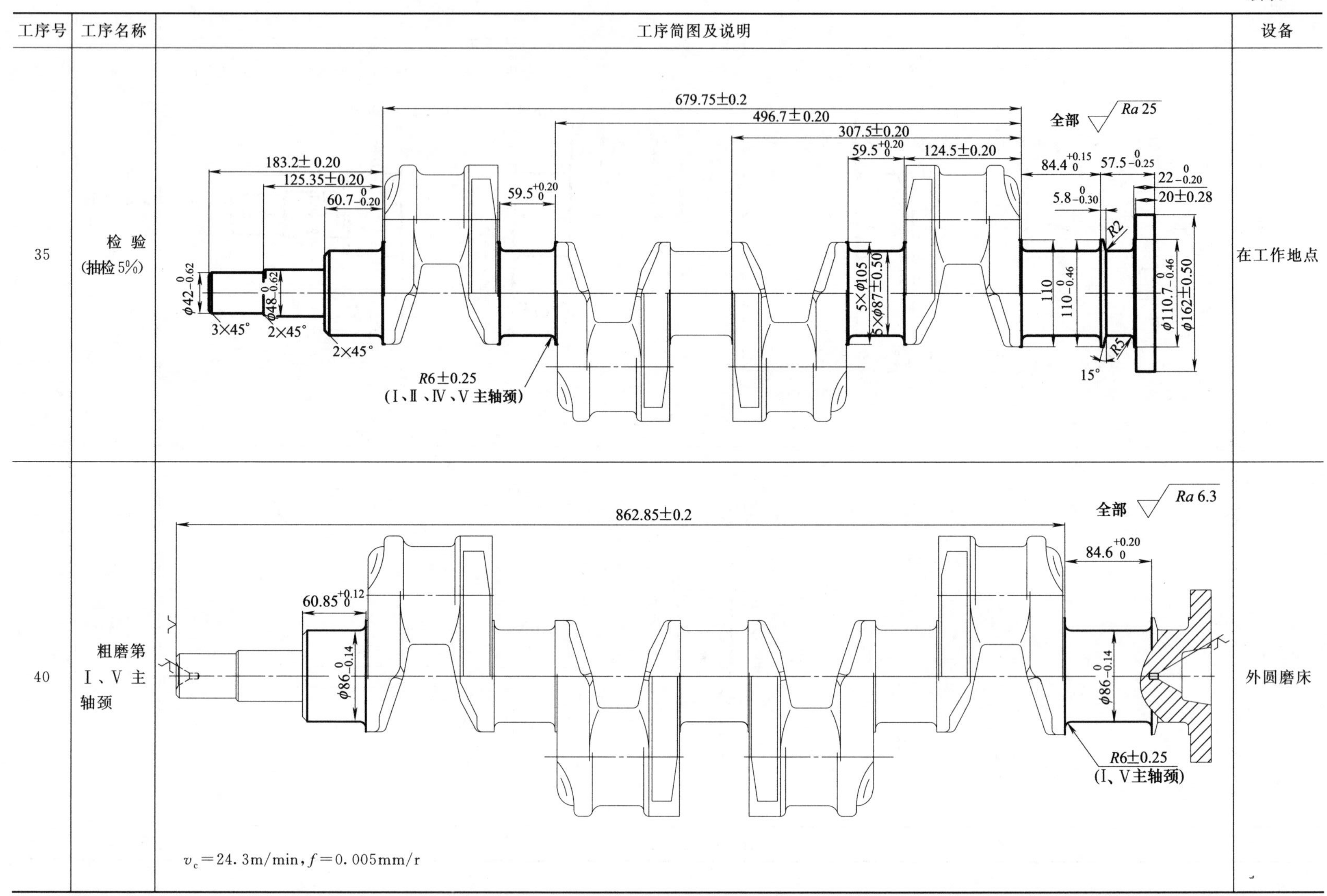	在工作地点
40	粗磨第Ⅰ、Ⅴ主轴颈	v_c=24.3m/min, f=0.005mm/r	外圆磨床

续表

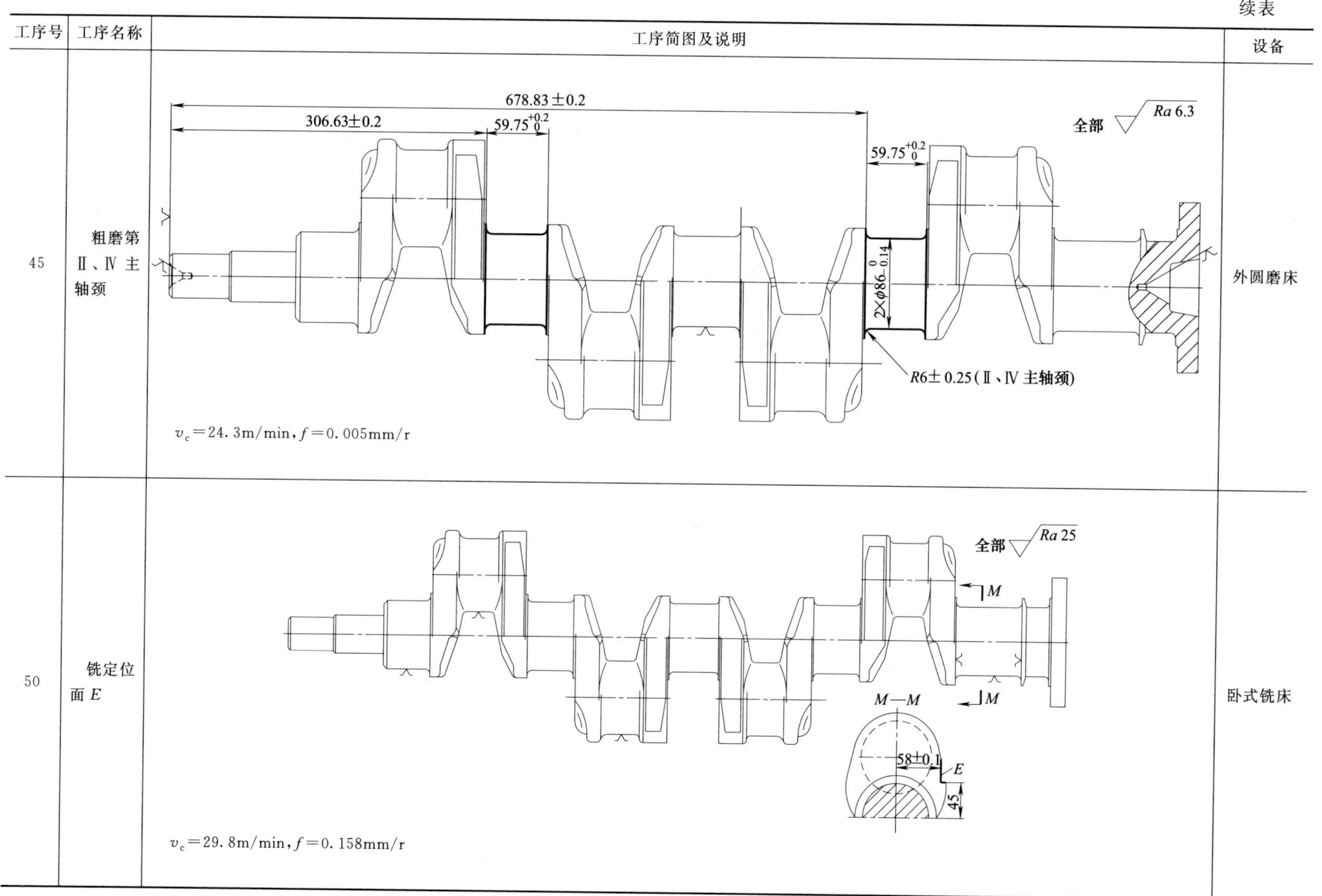

工序号	工序名称	工序简图及说明	设备
45	粗磨第Ⅱ、Ⅳ主轴颈	v_c=24.3m/min，f=0.005mm/r	外圆磨床
50	铣定位面 E	v_c=29.8m/min，f=0.158mm/r	卧式铣床

续表

工序号	工序名称	工序简图及说明	设备
55	粗车第1、4连杆轴颈及第1、2、7、8曲柄面	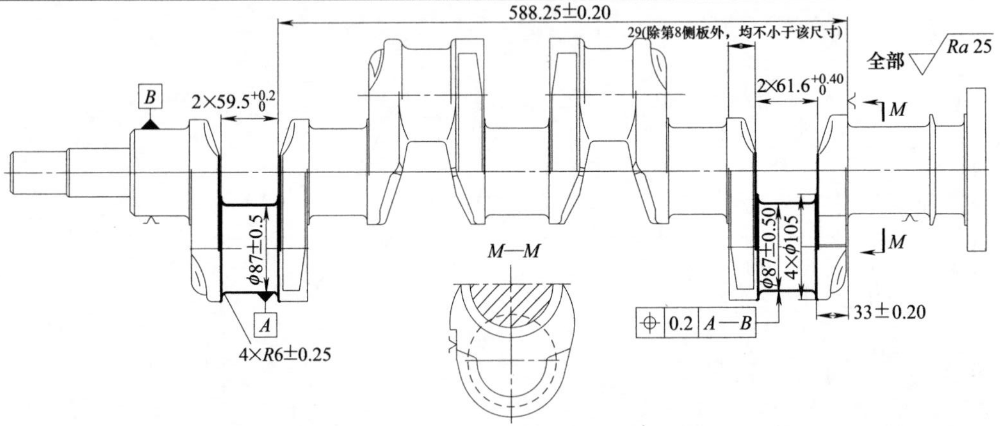 ϕ87mm 外圆， 高速：v_c=11.8m/min，f=0.4mm/r 低速：v_c=6.1m/min，f=0.2mm/r	特种多刀车床
60	粗车第2、3连杆轴颈及第3、4、5、6曲柄面	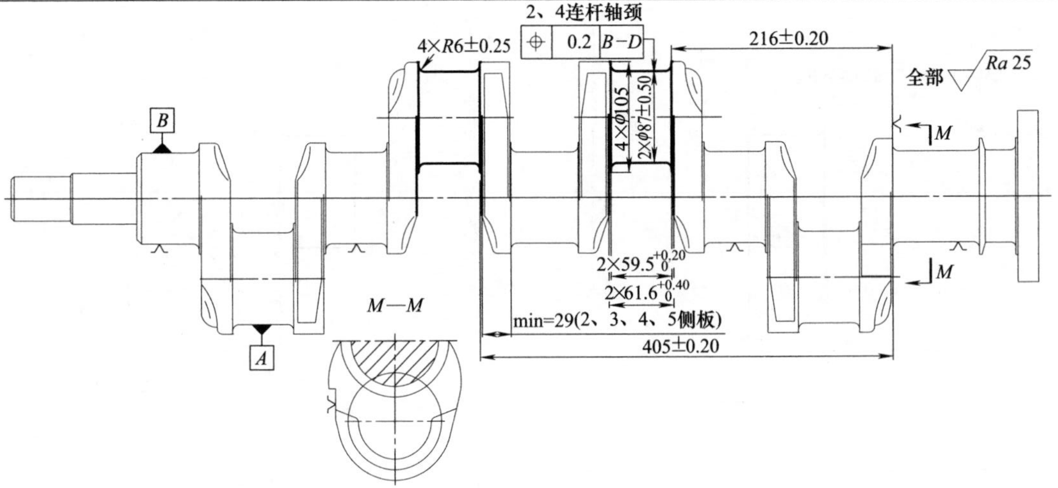 ϕ87mm 外圆，高速：v_c=11.8m/min，f=0.4mm/r 低速：v_c=6.1m/min，f=0.2mm/r	特种多刀车床

续表

工序号	工序名称	工序简图及说明	设备
65	检验 (抽检 5%)	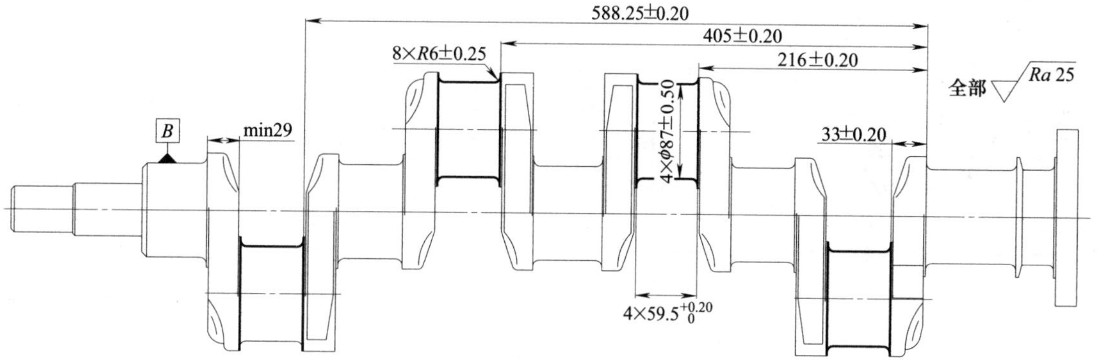 588.25±0.20　405±0.20　216±0.20　8×R6±0.25　全部 Ra 25　B　min29　33±0.20　4×φ87±0.50　4×59.5$^{+0.20}_{0}$	在工作地点
70	校直	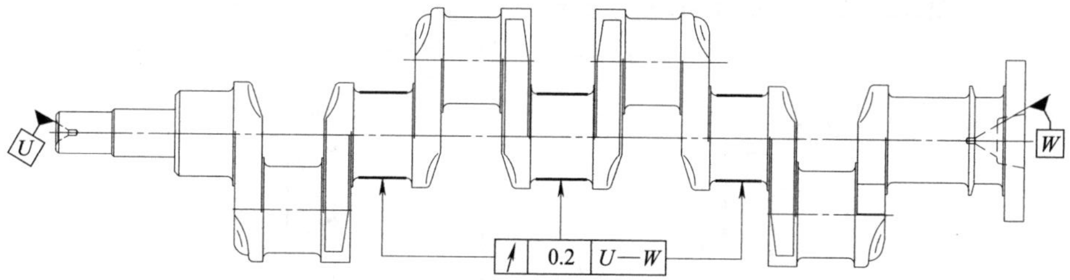 U　W　0.2　U—W 校直时，允许曲轴被压弯挠度不得大于 5mm	压床

续表

工序号	工序名称	工序简图及说明	设备
75	粗磨第一、二、三、四连杆轴颈	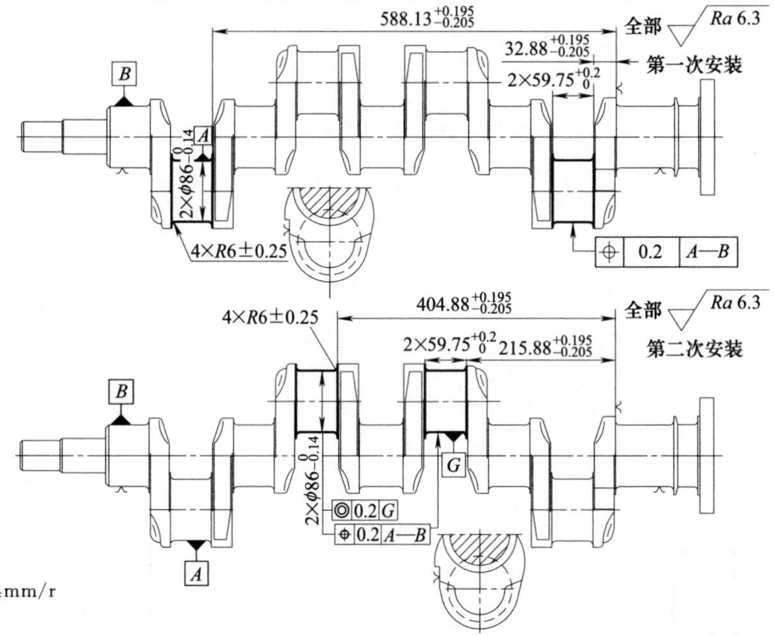 第一次安装；第二次安装 v_c=21.6m/min, f=0.004mm/r	特种外圆磨床
80	精车法兰外圆及端面，车油封轴颈并倒角	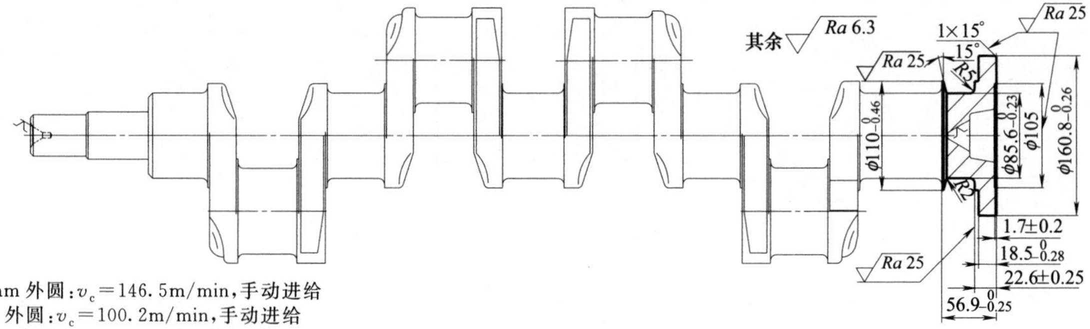 ϕ160.8mm 外圆：v_c=146.5m/min，手动进给 ϕ110mm 外圆：v_c=100.2m/min，手动进给 ϕ85.6mm 外圆：v_c=78m/min，手动进给 法兰内、外端面：v_c=146.5m/min，手动进给	车床

续表

工序号	工序名称	工序简图及说明	设备
85	在第Ⅰ、Ⅳ、Ⅱ、Ⅴ主轴颈和所有连杆轴颈上钻 4 个 ϕ8.4mm 斜油孔	全部 Ra 12.5 第一次安装 第二次安装 60°23′　30　2×ϕ8.4　⌖ 1.5 C v_c=18.5m/min，f=0.08mm/r	卧式双面四轴钻床

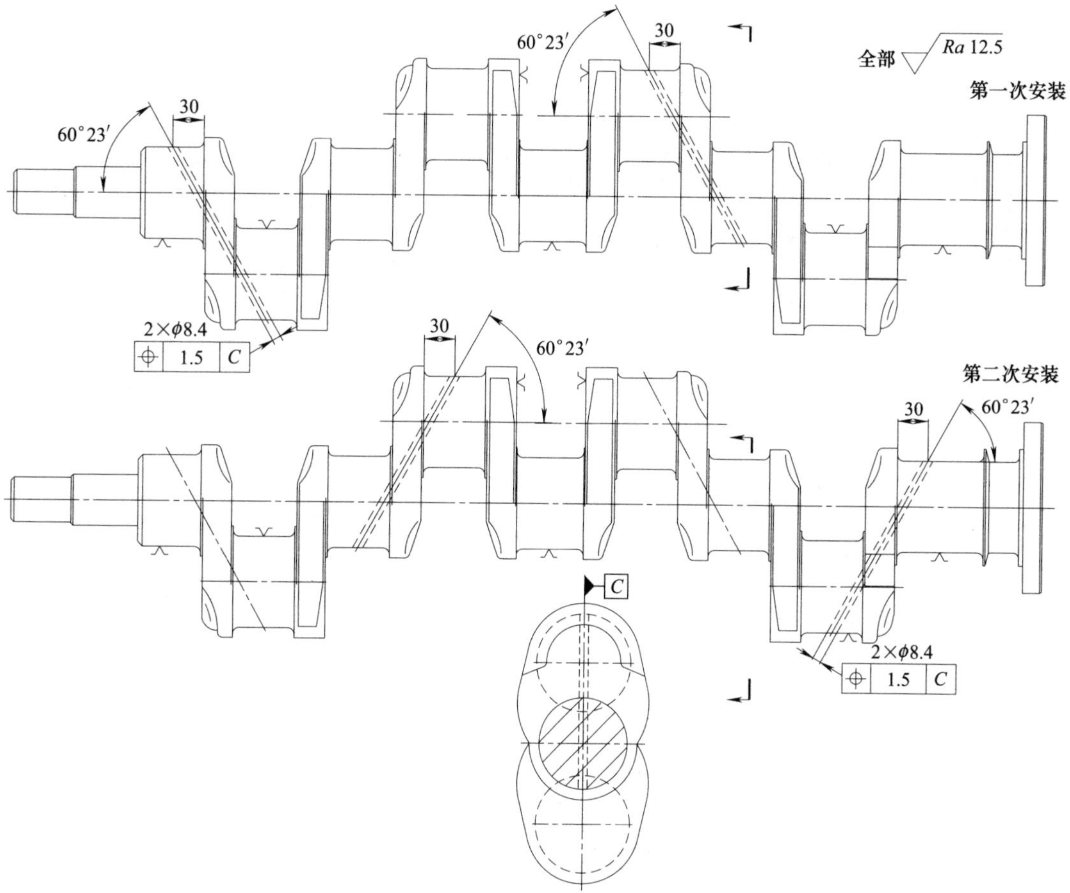

续表

工序号	工序名称	工序简图及说明	设备
90	在法兰盘上铣工艺缺口	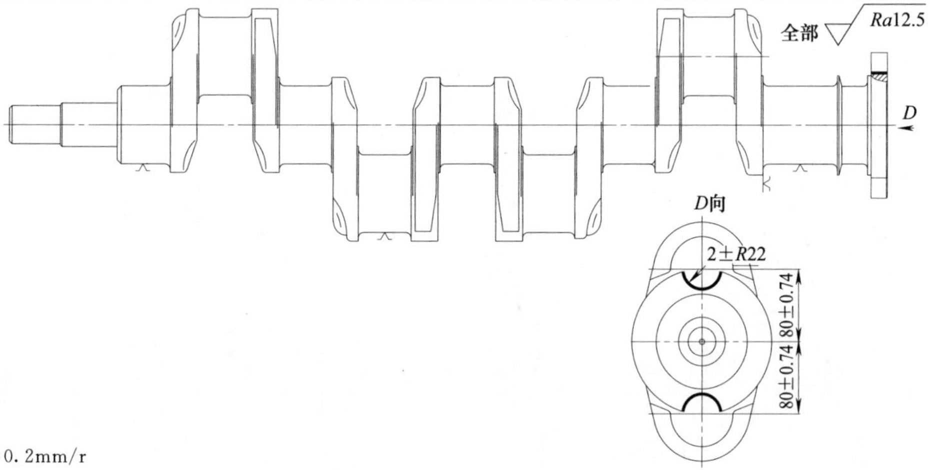 全部 Ra12.5；D；D向；2±R22；80±0.74；80±0.74 $v_c=45\text{m/min}, f=0.2\text{mm/r}$	卧式铣床
95	在第1、3、6、8曲柄面上钻4个ϕ31.4mm孔	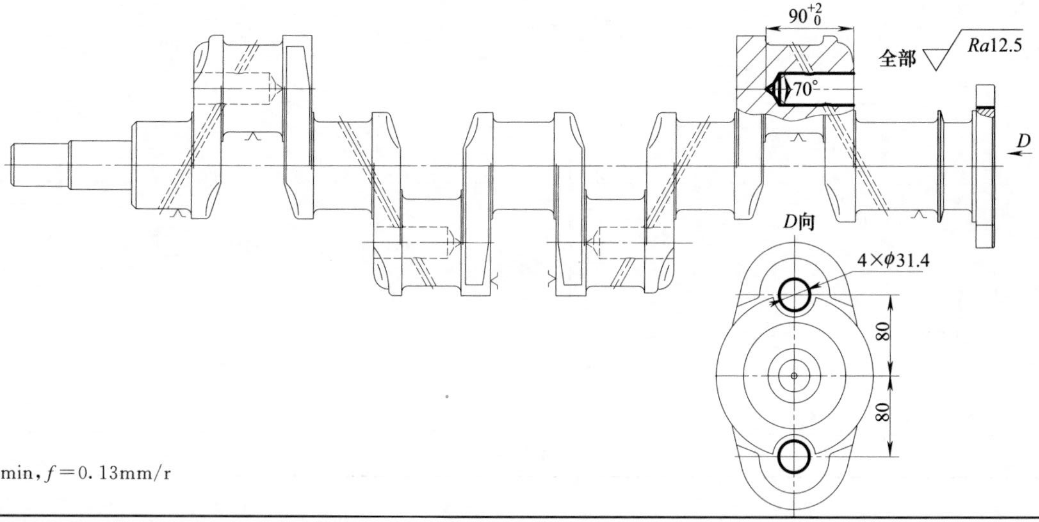 90^{+2}_{0}；70°；全部 Ra12.5；D；D向；4×ϕ31.4；80；80 $v_c=17.8\text{m/min}, f=0.13\text{mm/r}$	两面四轴钻床

续表

工序号	工序名称	工序简图及说明	设备
100	在油孔上扩孔、倒角，并在滤油孔上钻小孔	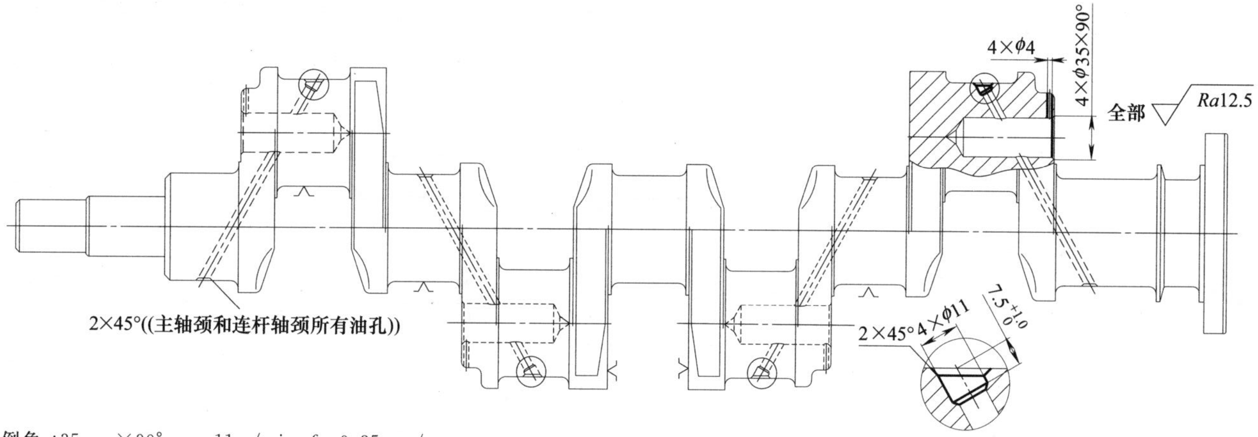 倒角 ϕ35mm×90°：v_c=11m/min，f=0.35mm/r 扩孔 ϕ11mm：v_c=11m/min，f=0.16mm/r 钻 ϕ4mm 孔：v_c=11m/min，f=0.057mm/r 斜油孔倒角：v_c=14m/min，f=0.138mm/r	八面组合机床
105	攻 4 个 M33×1.5 螺纹孔	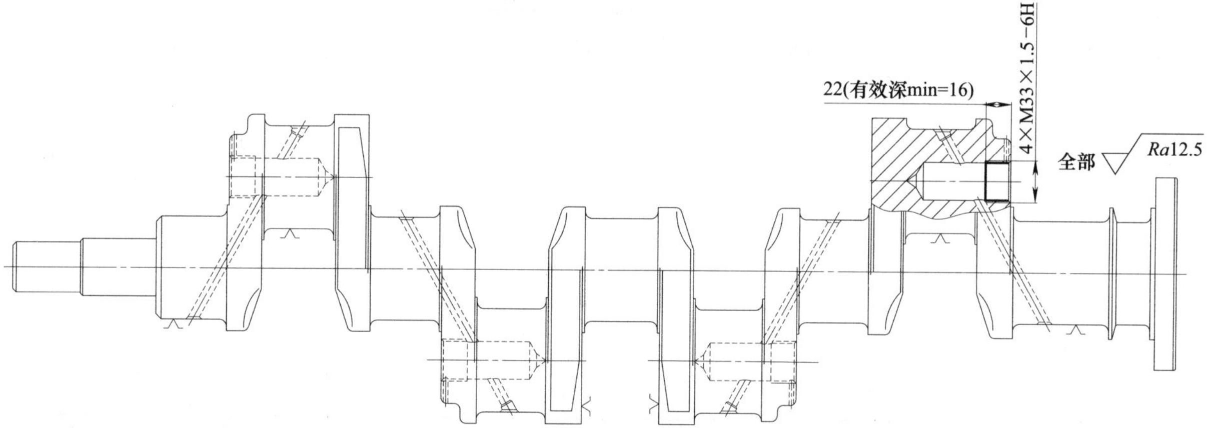 v_c=6.2m/min，f=1.5mm/r	双面攻螺纹组合机床

续表

工序号	工序名称	工序简图及说明	设备
110	铣回油螺纹	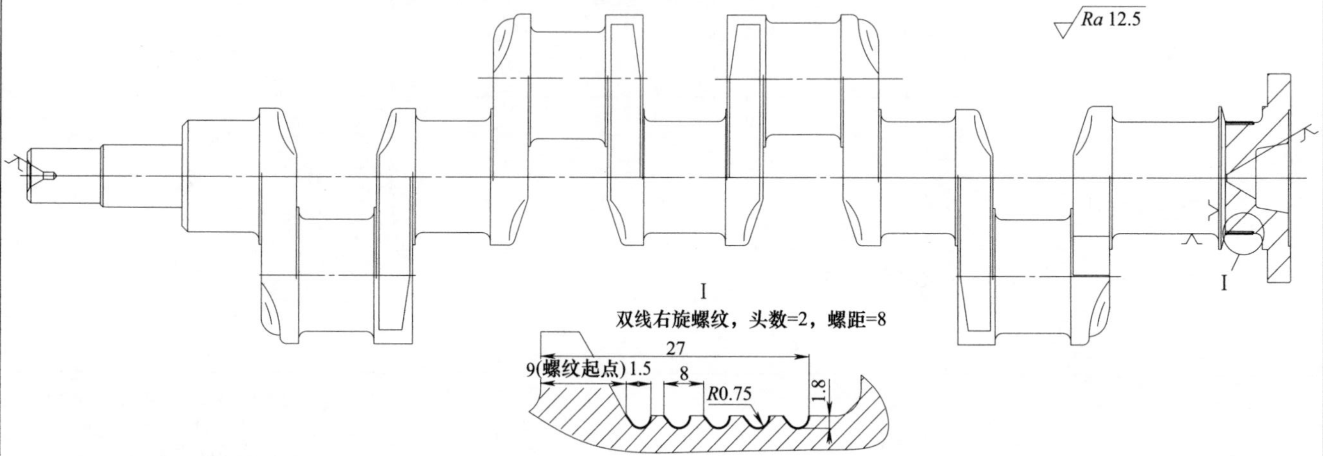 $\sqrt{Ra\ 12.5}$ I 双线右旋螺纹，头数=2，螺距=8 27 9(螺纹起点) 1.5　8　R0.75　1.8 v_c=14.8m/min，f=0.15mm/r	螺纹铣床
115	校直	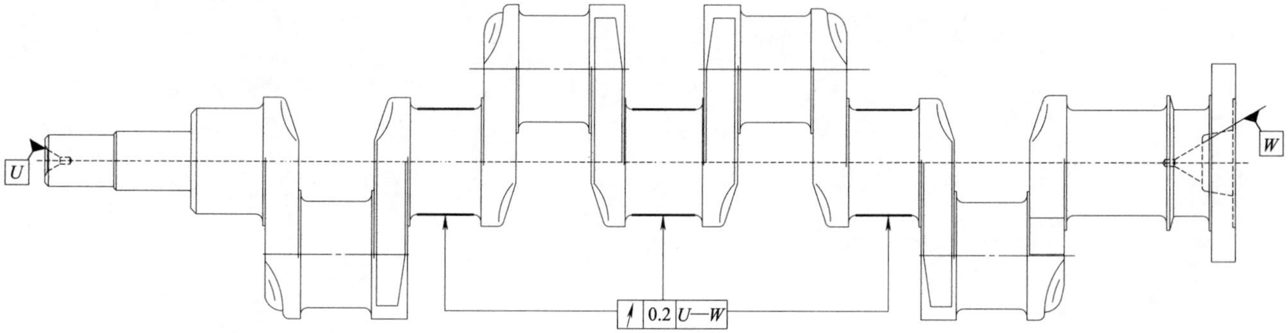 U　W　0.2 U—W 校直时，允许曲轴被压弯挠度不得大于 5mm	压床
120	去毛刺	在所有曲柄面去除机械加工留下的毛刺	在辊道上
125	清洗并吹净	在乳化液中清洗曲轴，重点清洗顶尖孔和滤油孔，保证没有铁屑、油污和其他脏物，清洗时间不得少于 3min，清洗的同时，通入压缩空气以提高清洗效果，清洗后用压缩空气吹净零件，并用擦布擦净中心孔表面	清洗机

续表

工序号	工序名称	工序简图及说明	设备
130	检验	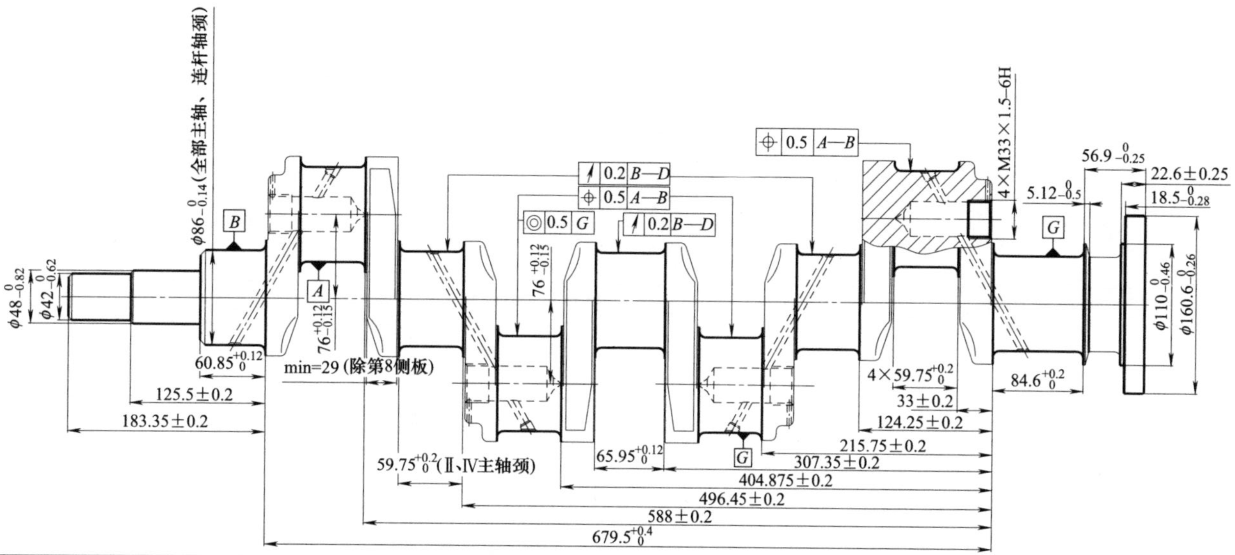	检验台
135	电热淬火	淬火前在斜油孔中打入铁塞，淬火后将铁塞取出	特种淬火机
140	校直	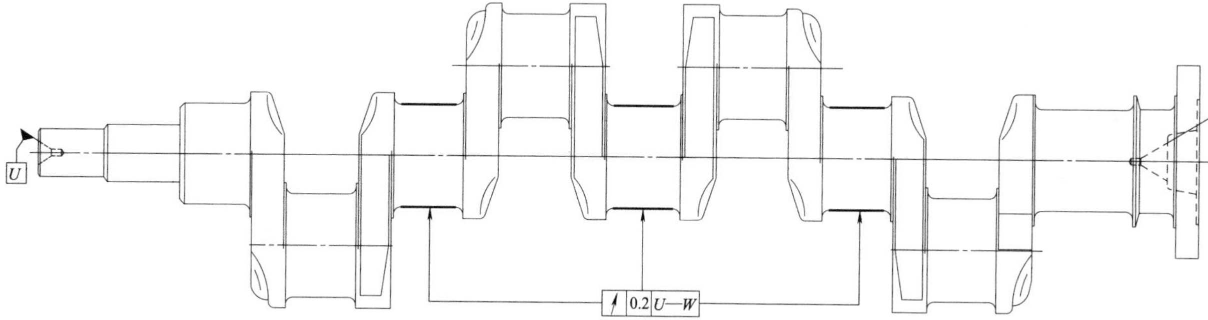 校直时，允许曲轴被压弯挠度不得大于5mm	液压压床

续表

工序号	工序名称	工序简图及说明	设备
145	精车曲轴前端	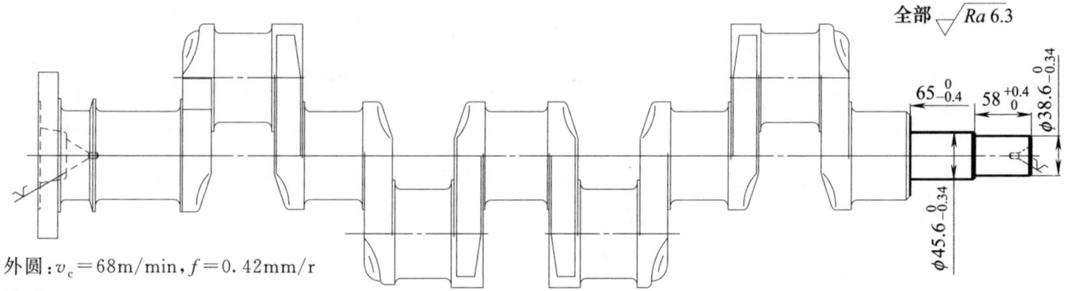 全部 $\sqrt{Ra\ 6.3}$；$65^{\ 0}_{-0.4}$；$58^{+0.4}_{\ 0}$；$\phi38.6^{\ 0}_{-0.34}$；$\phi45.6^{\ 0}_{-0.34}$ ϕ45.6mm 外圆：v_c=68m/min，f=0.42mm/r ϕ38.6mm 外圆：v_c=57.6m/min，f=0.42mm/r	车床
150	半精磨Ⅰ、Ⅴ主轴颈	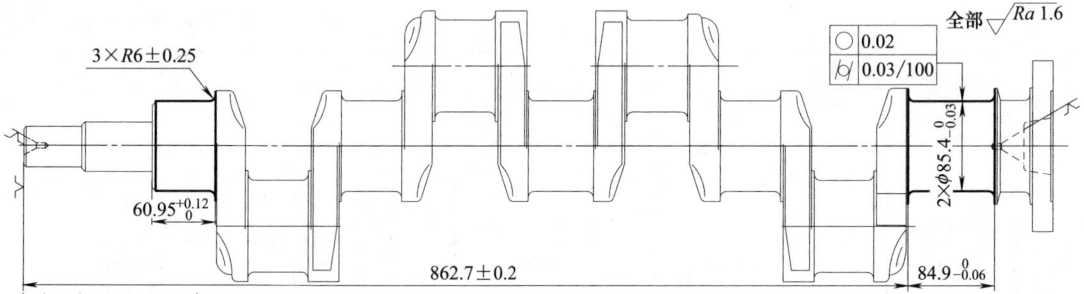 全部 $\sqrt{Ra\ 1.6}$；○ 0.02；⌭ 0.03/100；3×$R6\pm0.25$；$60.95^{+0.12}_{\ 0}$；$2\times\phi85.4^{\ 0}_{-0.03}$；$862.7\pm0.2$；$84.9^{\ 0}_{-0.06}$ v_c=24.1m/min，f=0.003mm/r	外圆磨床
155	精磨第Ⅲ主轴颈	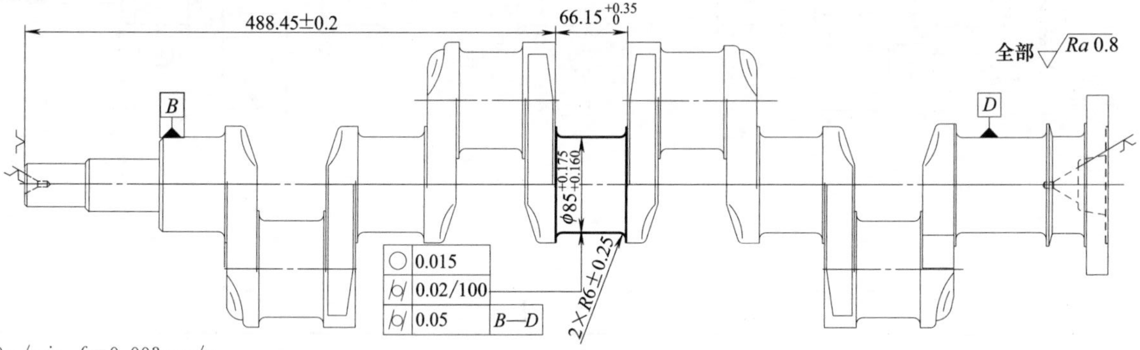 全部 $\sqrt{Ra\ 0.8}$；488.45 ± 0.2；$66.15^{+0.35}_{\ 0}$；$\phi85^{+0.175}_{+0.160}$；2×$R6\pm0.25$；B；D；○ 0.015；⌭ 0.02/100；⌭ 0.05 B—D v_c=20m/min，f=0.003mm/r	外圆磨床

续表

工序号	工序名称	工序简图及说明	设备
160	半精磨第Ⅱ、Ⅳ主轴颈	678.73±0.2　60±0.1　306.53±0.2　60±0.1　全部 Ra 3.2　$2\times\phi85.4_{-0.07}^{\ 0}$　$4\times R6\pm0.25$ $v_c=24.1\text{m/min}, f=0.003\text{mm/r}$	外圆磨床
165	精磨Ⅰ、Ⅴ主轴颈	862.5±0.2　全部 Ra 0.8　$61_{\ 0}^{+0.2}$　$85_{\ 0}^{+0.09}$　$3\times R6\pm0.25$　$2\times\phi85_{+0.160}^{+0.175}$　2处 ○ 0.015　⌭ 0.02/100 $v_c=20\text{m/min}, f=0.003\text{mm/r}$	外圆磨床
170	精磨Ⅱ、Ⅳ主轴颈	678.73±0.2　306.53±0.2　$2\times60_{\ 0}^{+0.2}$　全部 Ra 0.8　B　D　$4\times R6\pm0.25$　$4\times R6\pm0.25$　$2\times\phi85_{+0.160}^{+0.175}$　2处 ○ 0.015　⌭ 0.02/100　↗ 0.05 B—D $v_c=20\text{m/min}, f=0.003\text{mm/r}$	外圆磨床

续表

工序号	工序名称	工序简图及说明	设备
175	校直	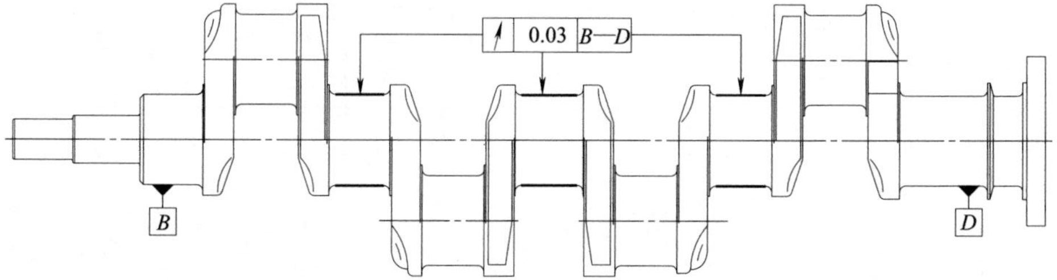 校直时，允许曲轴被压弯挠度不得大于 5mm	液压压床
180	精磨法兰外圆和油封轴颈	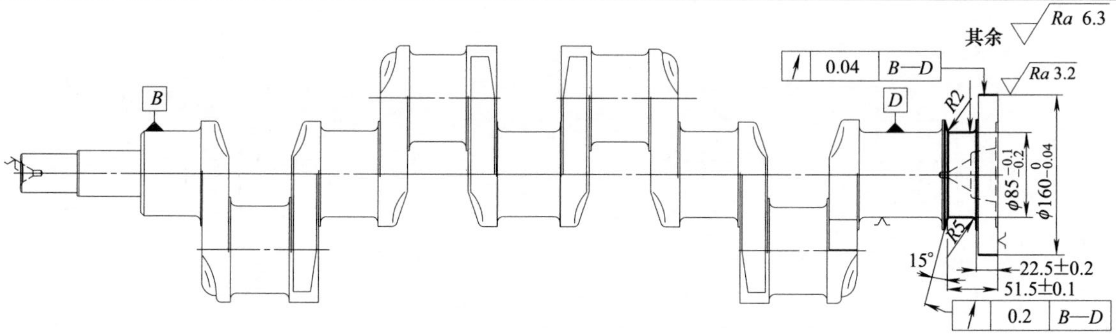 ϕ160mm 外圆：v_c=45.2m/min，f=0.003mm/r ϕ85mm 外圆：v_c=24m/min，f=0.003mm/r	外圆磨床
185	精磨齿轮轴颈与前端	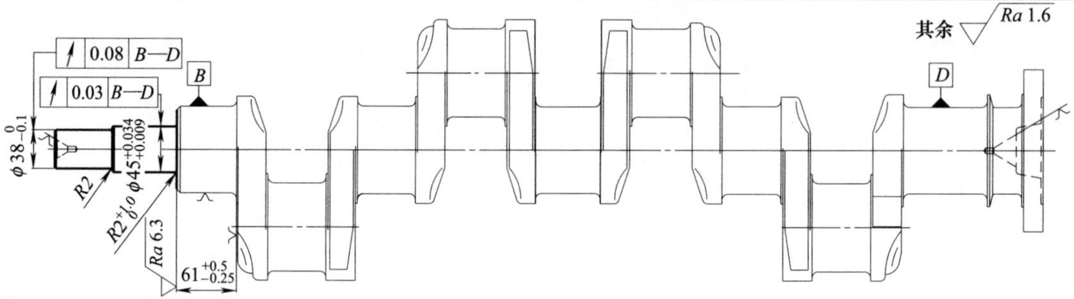 ϕ45mm 外圆：v_c=14.1m/min，f=0.003mm/r	外圆磨床

续表

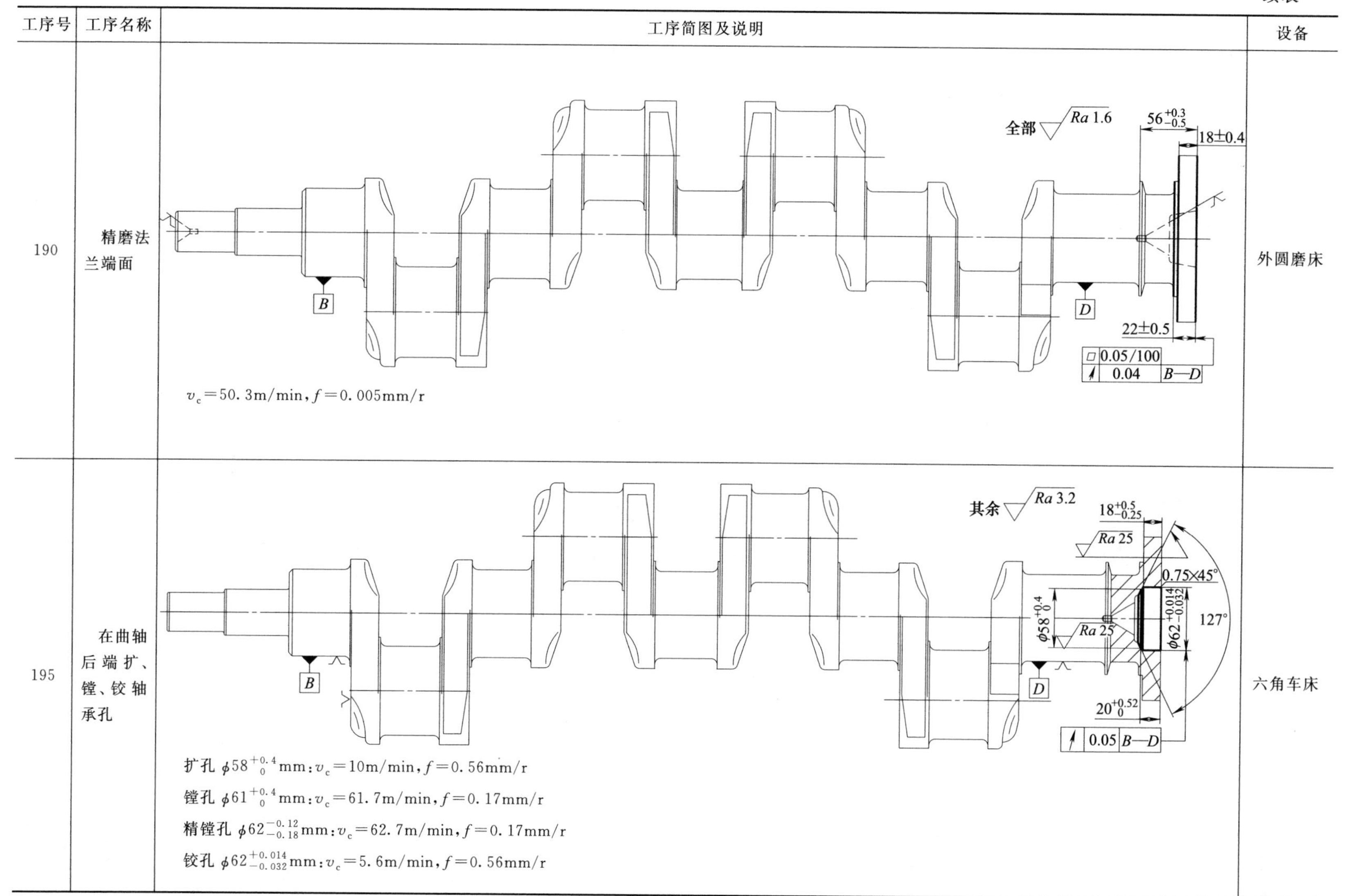

工序号	工序名称	工序简图及说明	设备
190	精磨法兰端面	v_c=50.3m/min, f=0.005mm/r	外圆磨床
195	在曲轴后端扩、镗、铰轴承孔	扩孔 $\phi 58^{+0.4}_{0}$mm：v_c=10m/min, f=0.56mm/r 镗孔 $\phi 61^{+0.4}_{0}$mm：v_c=61.7m/min, f=0.17mm/r 精镗孔 $\phi 62^{-0.12}_{-0.18}$mm：v_c=62.7m/min, f=0.17mm/r 铰孔 $\phi 62^{+0.014}_{-0.032}$mm：$v_c$=5.6m/min, f=0.56mm/r	六角车床

续表

<table>
<tr><th>工序号</th><th>工序名称</th><th>工序简图及说明</th><th>设备</th></tr>
<tr><td>200</td><td>精磨4个连杆轴颈</td><td>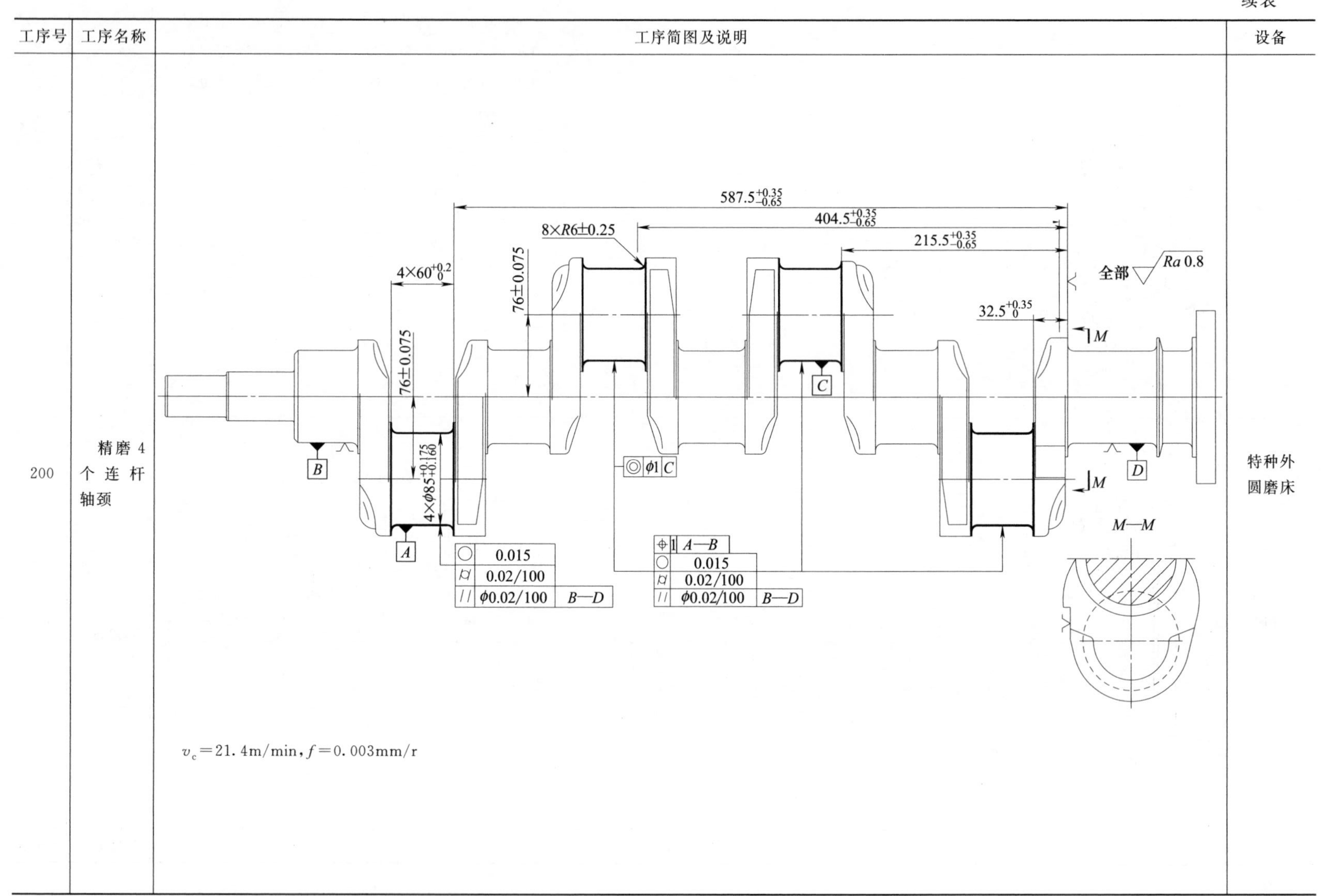

$v_c=21.4\text{m/min}, f=0.003\text{mm/r}$</td><td>特种外圆磨床</td></tr>
</table>

续表

工序号	工序名称	工序简图及说明	设备
205	在法兰上钻、扩、铰一个定位孔和5个螺栓孔	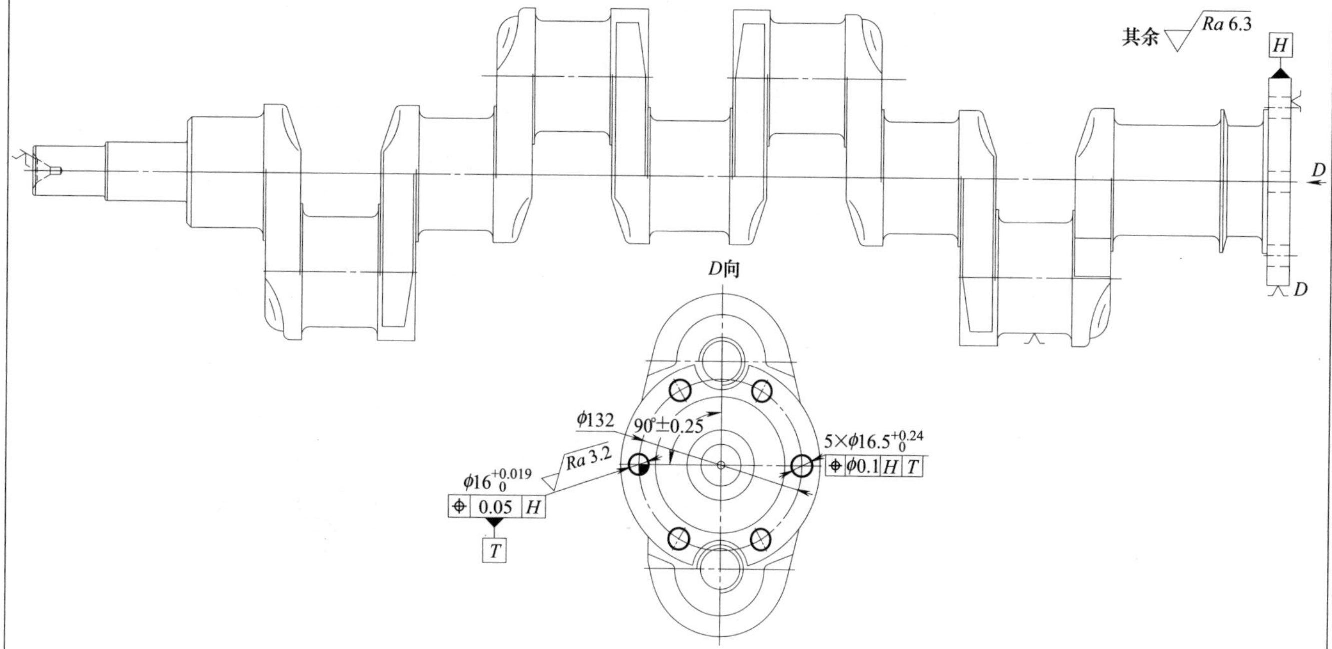 其余 Ra 6.3；D向；$\phi132$；$90^\circ\pm0.25$；Ra 3.2；$\phi16^{+0.019}_{0}$ ⌖ 0.05 H；T；$5\times\phi16.5^{+0.24}_{0}$ ⌖ ϕ0.1 H T 钻 ϕ15mm 孔：v_c=10.8m/min，f=0.15mm/r 钻 5×ϕ15.5mm 孔：v_c=11.2m/min，f=0.15mm/r 铰 $\phi16^{+0.019}_{0}$mm 孔：v_c=4m/min，f=0.43mm/r 扩 5×$\phi16.5^{+0.24}_{0}$mm 孔：v_c=4.1m/min，f=0.43mm/r	单面卧式双工位12轴组合机床

续表

工序号	工序名称	工序简图及说明	设备
210	在曲轴前端铣键槽、钻孔并攻螺纹	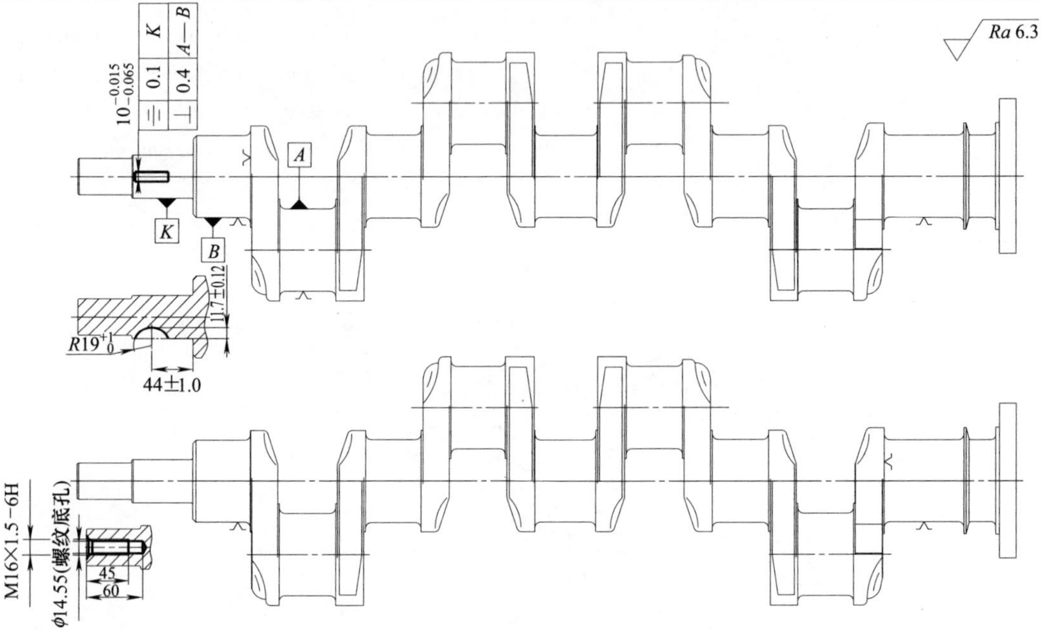 铣键槽：$v_c=22.7$m/min，$f=0.158$mm/r 钻 $\phi14.55$mm 孔：$v_c=21.4$m/min，$f=0.04$mm/r 攻 M16 螺纹：$v_c=23.6$m/min，$f=1.5$mm/r	卧式铣床
215	装管子	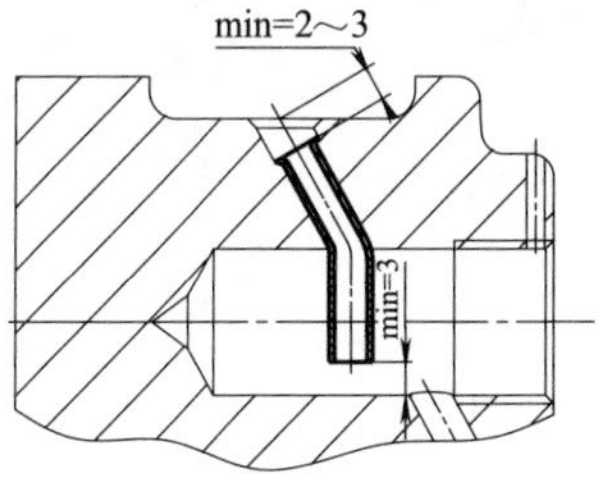 杂质分离管必须清洁，其内壁不得有铁屑、氧化皮和其他脏物	在辊道上

续表

工序号	工序名称	工序简图及说明	设备
220	去毛刺、吹净	在所有油道孔口处抛光棱边；在曲柄面、法兰、主轴颈和连杆轴颈上去毛刺；仔细吹净曲轴油孔中的切屑和污物	在辊道上
225	检验	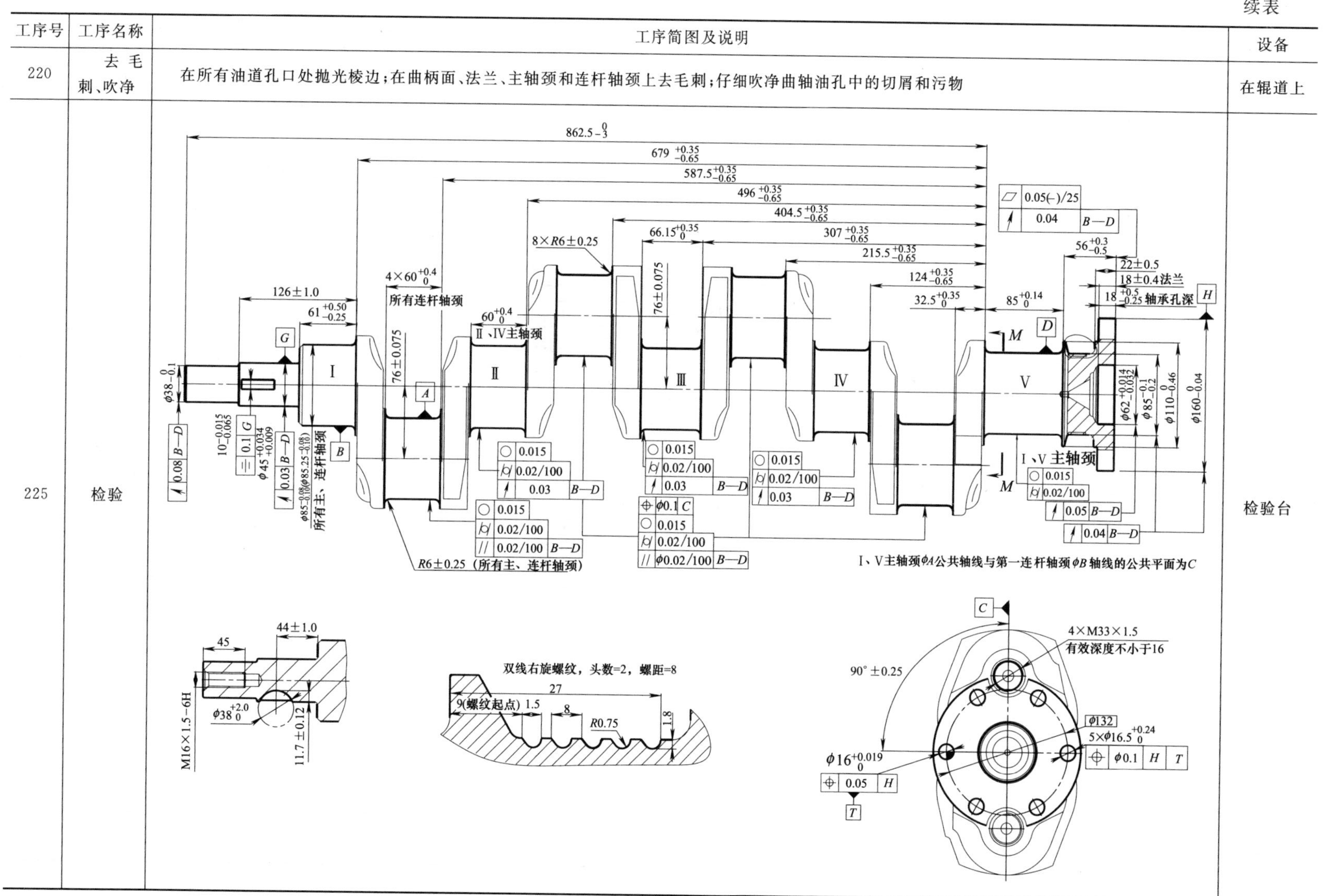	检验台

续表

工序号	工序名称	工序简图及说明	设备
230	动平衡	曲轴的动不平衡量每端不大于 120g·cm。转速 n=600r/min	动平衡机
235	去除不平衡重	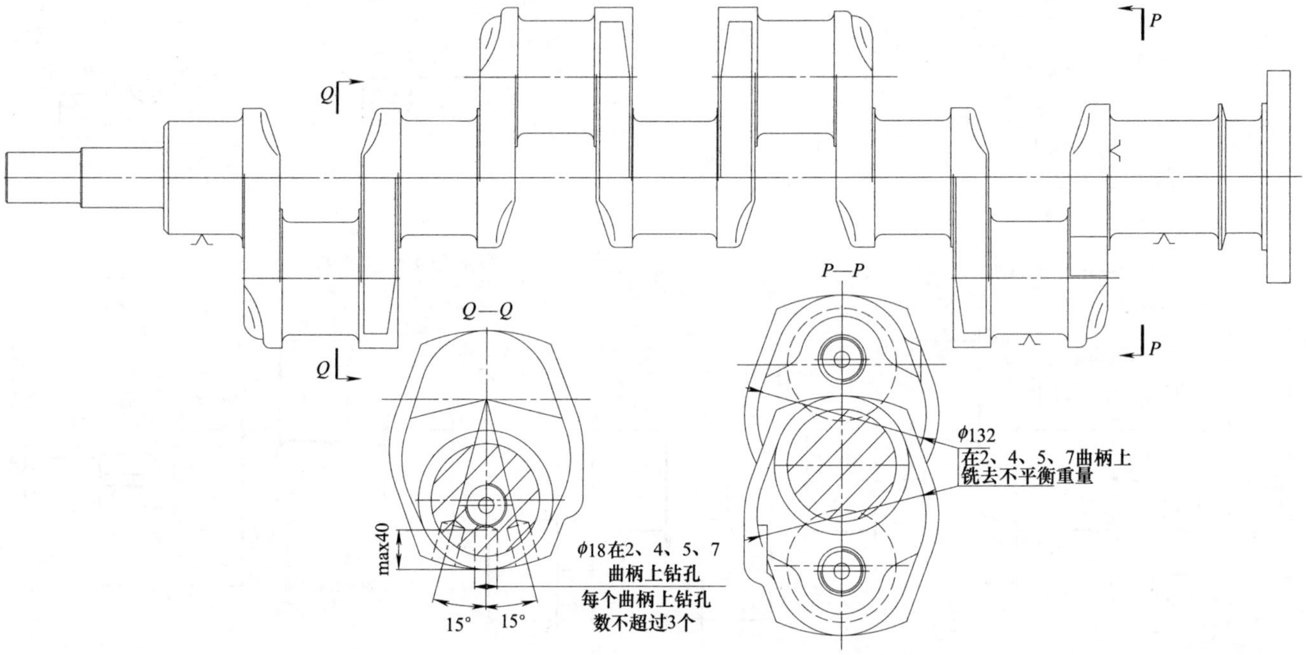 Q—Q　P—P max40　15°　15° φ18在2、4、5、7曲柄上钻孔 每个曲柄上钻孔数不超过3个 φ132 在2、4、5、7曲柄上铣去不平衡重量 钻削：v_c=15.3m/min，f=0.25mm/r 铣削：v_c=282.6m/min，f=0.33mm/r	立式钻床 立式铣床
240	准备交验	①在曲柄表面去除所有的尖角和毛刺 ②仔细地擦净所有轴颈，并用压缩空气吹净 ③在曲轴前端用丝锥修整螺纹孔 M16×1.5 ④根据需要用丝锥修整螺纹孔 M33×1.5	钳工台

续表

工序号	工序名称	工序简图及说明	设备
245	校直	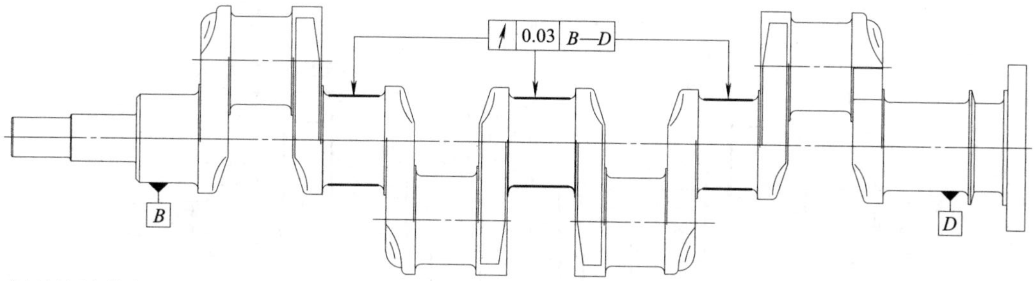 0.03 B—D B D 校直时，允许曲轴被压弯挠度不得大于 5mm	液压压床
250	超级精磨所有主轴颈和连杆轴颈	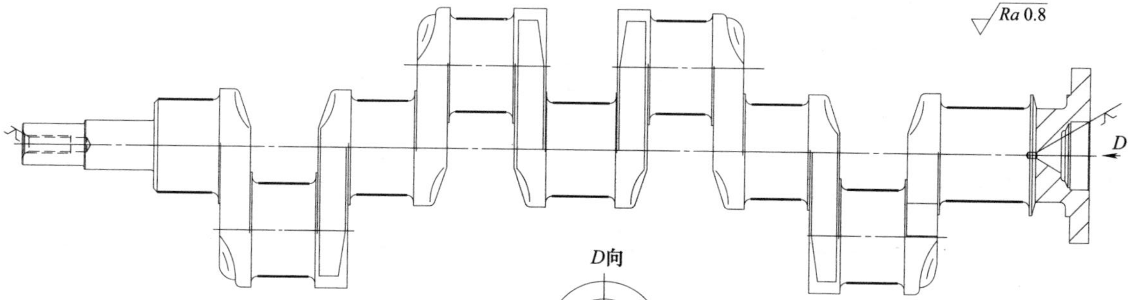 Ra 0.8 D 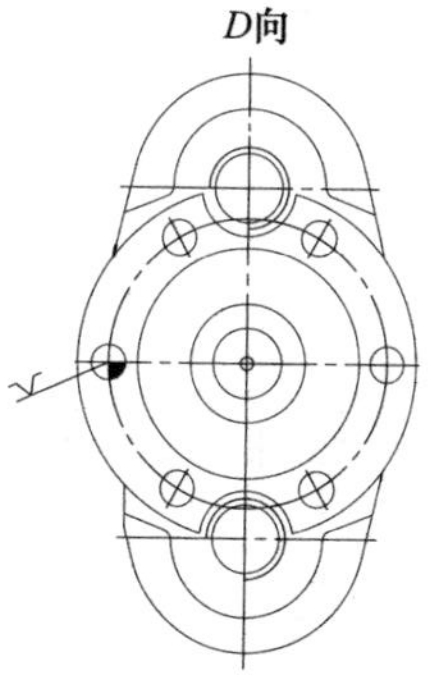 D向 （见下表） 低速：$n=43$r/min 高速：$n=130$r/min	超级精磨机

组号	直径/mm		标记
	主轴颈	连杆轴颈	
1	$85.25_{-0.10}^{-0.08}$	$85.25_{-0.10}^{-0.08}$	00
2	$85_{-0.10}^{-0.08}$	$85_{-0.10}^{-0.08}$	
3	$85_{-0.10}^{-0.08}$	$85.25_{-0.10}^{-0.08}$	10
4	$85.25_{-0.10}^{-0.08}$	$85_{-0.10}^{-0.08}$	01

续表

工序号	工序名称	工序简图及说明	设备
255	抛光所有主轴颈和连杆轴颈	转速：$n=60\sim80$r/min	凸轮车床
260	清洗、吹净零件，并在*E*面上打字印		清洗机
265	检验		检验台

3.2.3　曲轴加工的典型工艺装备

(1) 锪曲轴前端面、钻中心孔夹具

图3-25所示是用于工序5钻中心孔的夹具。该夹具采用V形块6和10，以相向等量位移的方式对曲轴第Ⅴ主轴颈进行定心定位，采用另一对V形块（未标出）对曲轴第Ⅰ主轴颈定位，它们共同形成长V形块定位，限制工件4个自由度；采用浮动套7限制工件沿轴线的移动自由度，同时利用曲轴分型面两侧的落料斜度，浮动套7配合两对V形块可以限制工件绕定位轴线的转动自由度，从而实现对曲轴的完全定位。

该夹具采用等量位移定心夹紧机构，空套在轴2上的齿轮4同时与齿条3、5啮合，齿条3、5分别位于齿轮4的两侧，当齿轮4旋转时，齿条3和5将会进行相向等量移动。在该夹具中，齿条3、5分别安装在滑动座9、11上，当气缸的活塞杆13推动滑动座11向左移动时，相连的齿条5将会推动齿轮4逆时针旋转，使齿条3带动滑动座9向右做等量移动，从而实现V形块6、10对工件的定心夹紧。

在该夹具中，需要保证两个同轴度要求：两对V形块的定心轴线同轴度要求；工件定位几何轴线与机床主轴轴线同轴度要求。第一个同轴度要求，只需对其中一对V形块的定心轴线位置加以调整即可，如调整左端V形块6、10的定心轴线位置，可以通过调整螺钉8、12，调整滑动板1在水平面的位置，从而实现定心轴线在水平面的位置调整。第二个同轴度要求则需要对两对V形块的定心轴线位置分别加以调整。一旦V形块定心轴线位置调整完成，需要将调整螺钉8、12拧紧锁死。

在轴类工件的加工中，第一道工序多为钻中心孔，为保证后续采用中心孔定位加工轴颈时余量均匀，钻中心孔时需要采用定心夹紧机构。所谓定心，是指当工件的几何尺寸发生变化时，定心夹紧机构总能保证工件的中心位置不发生变化。这里说的中心位置又有两种：一种是工件的几何中心；另一种是工件的质量中心。当单一轴线的工件或余量控制要求不高时，一般可以采用几何定心；当多轴线工件或余量控制要求很高时，需要对工件的质量中心进行定心，才能保证加工时不同轴线的轴颈或单一轴线的轴颈在轴线方向上余量一致。

在夹具设计中，几何定心一般采用等量位移和等量变形两种原理实现定心夹紧。等量位移定心夹紧时，对工件定位面没有精度要求，定位精度相对较低，定位夹紧行程距离大，具体夹紧行程可视情况进行设计。当对定心精度要求很高时，一般采用等量变形定心夹紧机构，它是依靠材料的等量弹性变形实现定心夹紧，其定心夹紧行程有限，定位面的精度一般需要达到IT7～IT9级精度。

质量定心夹具非常复杂，它需要在几何定心的基础上，引入工件质量中心检测系统。质量定心夹紧系统需要对工件先进行动平衡，以找到质量中心，然后控制几何定心夹紧机构或工件进行位置姿态调整，最终完成对工件质量中心的定位和夹紧。

(2) 铣曲柄的侧定位面 *E* 夹具

在加工曲轴的连杆轴颈时，需要限制曲轴绕主轴颈轴线的转动自由度，为使该定位基准能够统一，所以在曲轴加工的第50工序安排了铣曲柄侧定位面 *E*。该工序采用的夹具如图3-26所示。

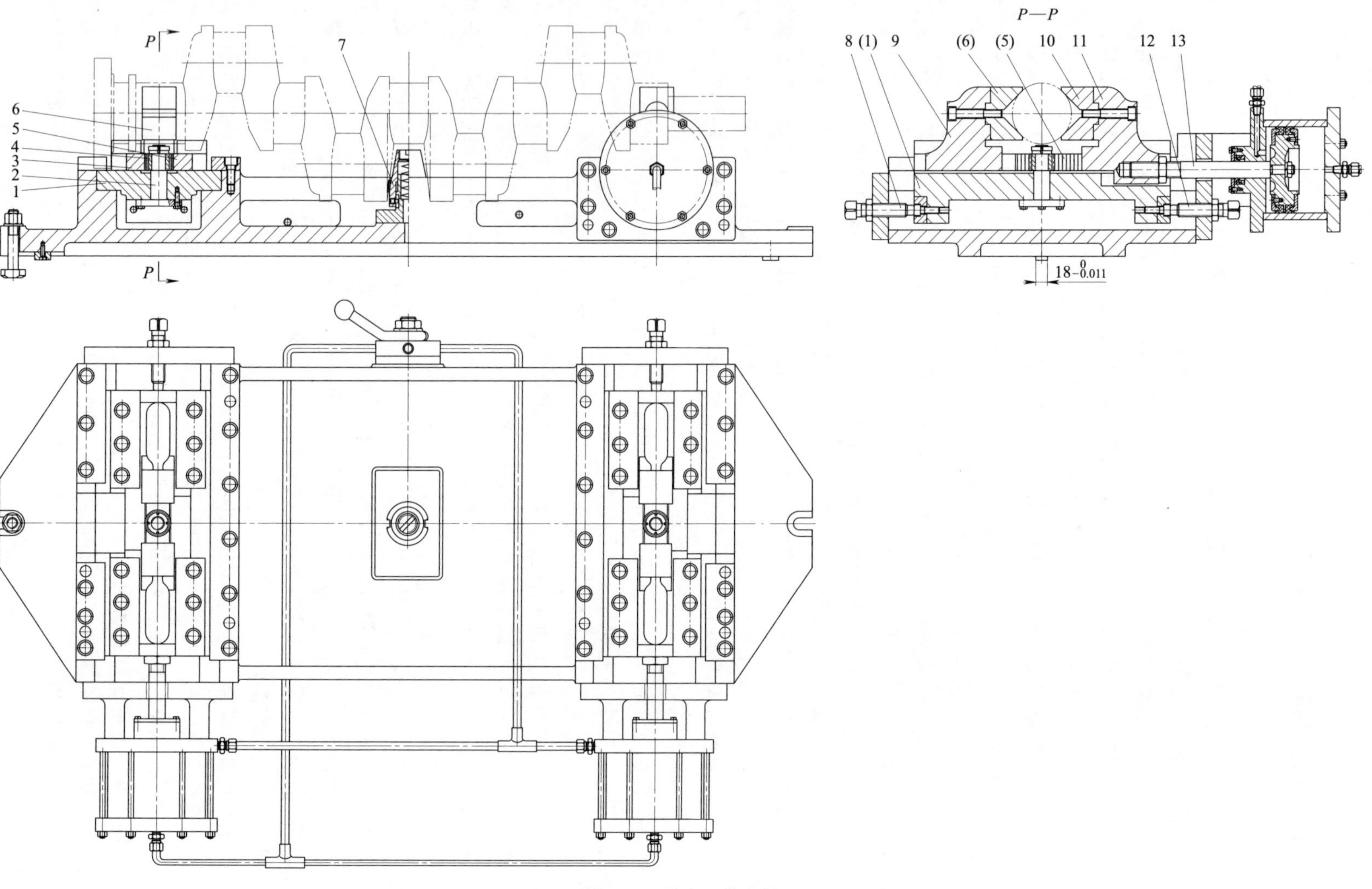

图 3-25 钻中心孔夹具

1—滑动板；2—轴；3,5—齿条；4—齿轮；6,10—V 形块；7—浮动套；8,12—调整螺钉；9,11—滑动座；13—活塞杆

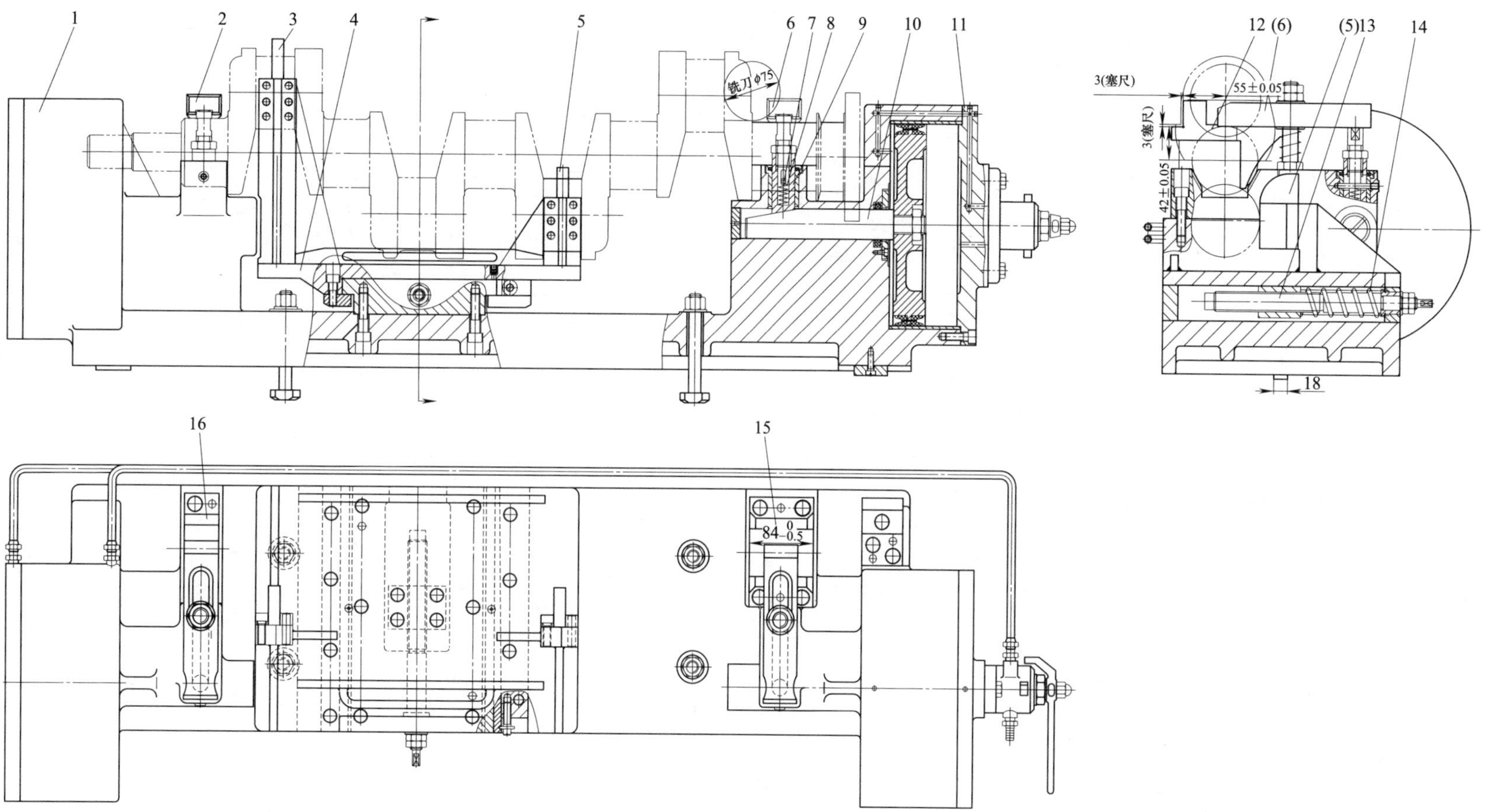

图 3-26　铣曲柄侧定位面夹具

1,11—气缸；2,6—压板；3,5—挡铁；4—滑动支架；7—螺钉销；8,14—弹簧；9—斜楔；10—活塞杆；12—对刀块；13—螺柱；15,16—V 形块

夹具以 V 形块 15、16 分别对曲轴的第Ⅰ、Ⅴ主轴颈定位，限制工件 4 个自由度，同时 V 形块 15 的长度尺寸 $84_{-0.5}^{\ 0}$mm，与曲轴第Ⅴ主轴颈长度尺寸 $84.6_{\ 0}^{+0.2}$mm 形成“间隙配合”，限制曲轴一个轴向移动的第二类自由度；曲轴绕定位轴线的转动自由度，由安装在滑动支架 4 上的挡铁 3 和 5，并配合 V 形块 15、16 共同限制。滑动支架 4 在弹簧 14 的作用下可以浮动，以保证挡铁 3 和 5 能够同时分别与曲轴第一、三连杆轴颈紧靠，从而形成相对定位轴线的两个反方向转动力矩，以达到限制曲轴绕定位轴线转动的目的。这种限制转动自由度的方法，可以有效避免工件定位面尺寸误差对定位精度的影响。滑动支架 4 的初始位置可由螺柱 13 进行调整。

工件的夹紧动力由气缸 1 和 11 提供。夹紧时，通过活塞杆上的斜面将斜楔上抬，从而使杠杆式压板 2 和 6 分别实现对第Ⅰ、Ⅴ主轴颈的夹紧。在该夹具的夹紧机构中，斜楔 9 的限位和限转都由螺钉销 7 实现，同时螺钉销 7 还是弹簧 8 的一端支点，固定的螺钉销 7，使弹簧 8 的弹力作用于上下移动的斜楔 9 上，使斜楔 9 的斜楔面紧靠在活塞杆 10 的斜面上，以保证夹紧松开时，斜楔 9 下移复位。

为保证工件的工序加工精度要求，需要保证 3 个位置关系：一是夹具与刀具的位置关系。采用直角对刀块 12 确定刀具与夹具的相对位置关系。具体精度要求见图 3-26 尺寸标注。二是工件与夹具的位置关系。需要采用合理的定位方案，以保证工件在夹具上的定位精度，同时要求挡铁 3 和 5 的定位面要平行于 V 形块 15、16 的公共定位轴线，其平行度误差不得大于 0.03mm/400mm。三是夹具与机床的位置关系。在 V 形块 15、16 的定位长度上，其公共定位轴线要平行于夹具的安装基面，平行度误差不得大于 0.1mm，其对定向键定位面的平行度误差不得大于 0.05mm；挡铁 3 和 5 的定位面需垂直于夹具的安装基面，其不垂直度误差不得大于 0.03mm/200mm。

（3）车第二、三连杆轴颈夹具

曲轴加工第 60 工序为粗车第二、三连杆轴颈，为降低加工时曲轴的扭转变形，该工序采用两头同时驱动的专用车床，夹具亦分为左右两部分，如图 3-27 所示。

夹具以半圆形定位套 6、8、9、11 分别对曲轴第Ⅰ、Ⅱ、Ⅳ、Ⅴ主轴颈进行定位，约束工件 4 个自由度，该定位属于过定位；在弹簧 3 的弹力作用下，弹性板推动曲轴向右移动，使第 8 曲柄右端面靠在定位套 11 的左端面上，限制曲轴的轴向移动自由度；在夹具上安放工件时，应使第 8 曲柄上的侧定位面靠在支承板 12 上，以约束曲轴绕定位轴线的转动自由度。在该夹具中，曲轴的 6 个自由度全部被限制。

该夹具的左右两部分夹紧原理完全相同，均采用旋转气缸作为夹紧动力源，旋转气缸安装于机床主轴后端（旋转气缸为通用部件，此处未画），其活塞杆与推杆 1（或 15）相连。左边部分的夹紧原理说明如下：推杆 1 与杠杆 5 通过铰链轴 4 连接在一起，杠杆 5 的一端卡在固定轴 26 的 U 形槽中，另一端卡在滑柱 25 的 U 形槽中。夹紧时，气缸推动推杆 1 向右移动，杠杆 5 将以固定轴 26 的 U 形槽为转轴转动，推动滑柱 25 向右移动，通过斜楔 21 使活节螺栓 23 向下移动，从而使半圆形铰链压板绕销轴 27 逆时针转动，完成对工件的夹紧。

装卸工件时，需要铰链压板 7 绕销轴 27 能够转动，活节螺栓 23 也需绕滑柱 25 的轴线转动。因此铰链压板 7 与活节螺栓 23 的结合部位应为开口的 U 形槽；由于夹具需要高速回转，为防止在离心力作用下活节螺栓发生转动，导致夹紧失效，螺母 22 最好选用带有轴肩的球面夹紧螺母，铰链压板 7 与螺母的结合面加工出球面凹坑，而该夹具只是采用了具有止

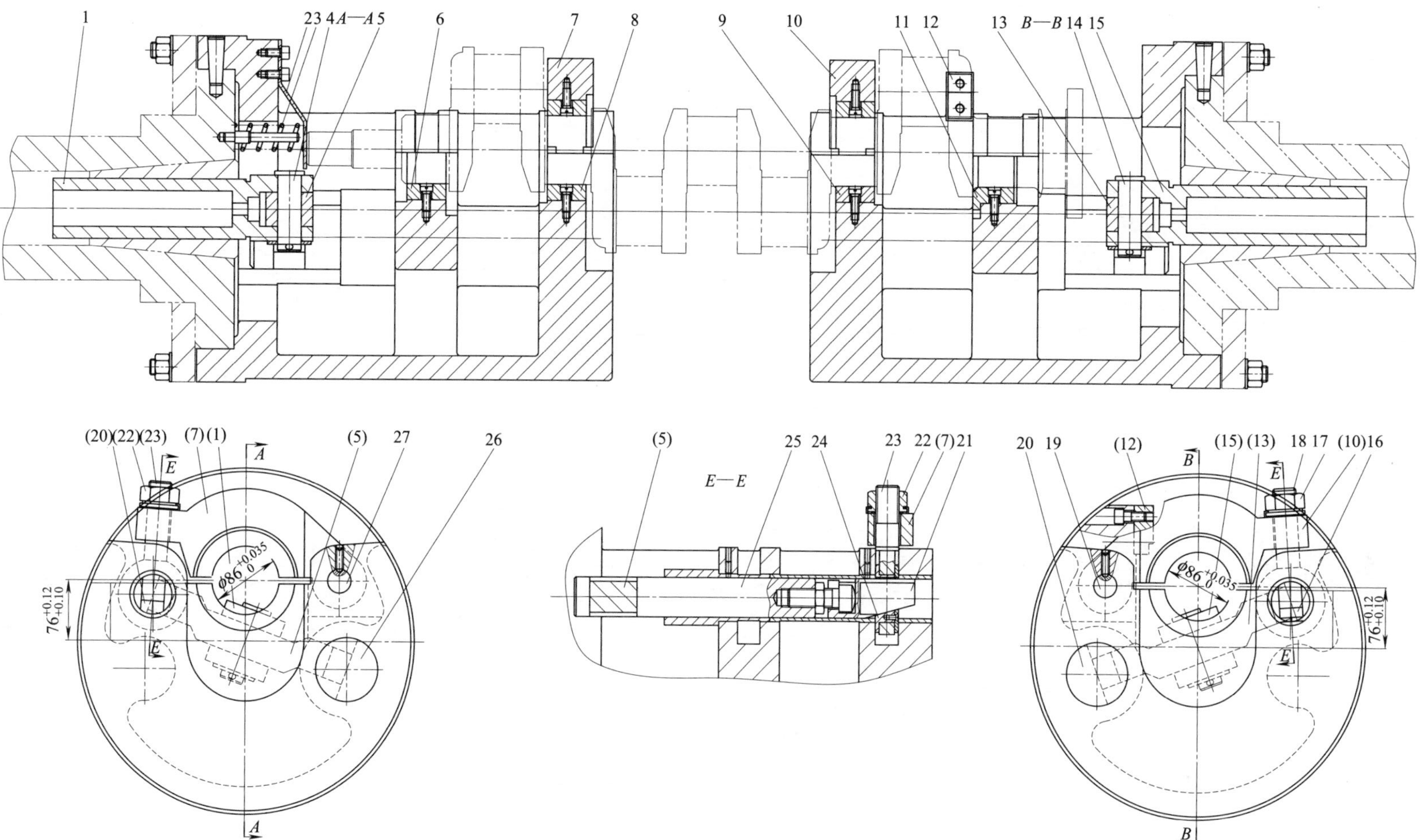

图 3-27　车第二、三连杆轴颈夹具

1,15—推杆；2—弹性板；3—弹簧；4,14—铰链轴；5,13—杠杆；6,8,9,11—定位套；7,10—铰链压板；12—支承板；16,21—斜楔；17,22—螺母；18,23—活节螺栓；19,27—销轴；20,26—轴；24—斜楔套；25—滑柱

动作用的带耳平垫圈。由于斜楔 21 不能转动，为使活节螺栓 23 能够转动，结构中引入了斜楔套 24，斜楔套 24 与斜楔 21 以斜楔面配合，不能转动，而斜楔套 24 以外圆柱面与活节螺栓的孔相配合，因此活节螺栓 23 可以转动。

(4) 粗磨连杆轴颈夹具

曲轴加工第 75 工序是粗磨连杆轴颈，该工序所用夹具分左、右两部分，左边部分夹具实现对曲轴第Ⅰ主轴颈的定位和夹紧，右边部分夹具除实现对曲轴第Ⅴ主轴颈的定位和夹紧，还需要限制曲轴沿轴向的移动自由度和绕轴线的转动自由度。图 3-28 所示为右边部分夹具的结构原理。

曲轴第Ⅴ主轴颈在半圆形定位套 4 中定位，配合第Ⅰ主轴颈的定位，限制工件 4 个自由度。工件安装时第 8 曲柄右端面紧靠在定位套 4 的左端面上，以限制工件轴向移动自由度。曲轴绕定位轴线的转动自由度，由第 8 曲柄侧定位面紧靠支承钉 1 或 6 进行限制。支承钉 1、6 分别用于工件两次安装时的定位，当曲柄侧定位面紧靠支承钉 1 时，用于粗磨第二、三连杆轴颈；当曲柄侧定位面紧靠支承钉 6 时，用于粗磨第一、四连杆轴颈。

左、右部分夹具均以单作用气缸作为夹紧动力源，夹紧原理完全相同。夹紧时，铰链活塞杆推动铰链压板 2，铰链压板 2 绕销轴 3 顺时针转动，即可实现对第Ⅴ主轴颈的夹紧。压板的松开和让位，由弹簧推动活塞向右移动实现。

(5) 铣法兰盘工艺缺口夹具

由于法兰盘直径尺寸较大，阻挡了对 ϕ31.4mm 过滤油孔的钻削加工，因此在曲轴加工的第 90 工序，安排了在法兰盘上铣出两个 R22mm 的工艺缺口，图 3-29 是该工序所采用的夹具。

夹具对工件第一类自由度限制情况：曲轴第一、五主轴颈分别在 V 形块 1 和 2 上定位，1 和 2 两个 V 形块共同限制工件 4 个自由度；可调支承钉 13 顶在第二连杆轴颈上，它与 V 形块 1、2 相配合，限制工件绕主轴颈轴线的转动自由度，为保证该定位的可靠性，气缸 14 通过压钉 15 使第二连杆轴颈紧靠在可调支承钉 13 上。气缸 14 夹紧的作用属于辅助工件定位，从逻辑上讲，该夹紧动作应先于主要夹紧力的动作；该夹紧力的大小和作用点，应以不影响主夹紧力的动作需要为依据。该夹具共限制工件 5 个自由度，属于不完全定位。

该夹具采用气动夹紧，以两个气缸同时对第一、五主轴颈进行夹紧。该夹具采用斜楔与铰链杠杆式压板组成的复合夹紧机构，实现对夹紧力方向的改变和对夹紧力大小的二次扩力。夹紧时，对同一轴颈进行夹紧的两个压板需要联动，因此，斜楔 8 与气缸活塞杆采用铰链销连接，可保证斜楔 8 的左右浮动，以满足压板 7、10 同时对工件夹紧的联动需要。由于该斜楔夹紧行程较小，为尽量避免无效夹紧行程的增加，夹具中设计了调整螺钉 4、12，以调整铰链式压板 7 和 10 的合适位置。

在该夹具中，刀具相对工件位置的确定，是用 ϕ3mm 圆柱形塞尺在对刀块 3 中通过对刀实现。在沿工件轴线方向上，刀具在进刀行程的终点与 V 形块 2 的安装基座比较接近，为保证刀具在行程终点不与其发生干涉且能保证法兰盘工艺缺口的完整加工，安装工件时需要保证曲轴第五主轴颈处的曲柄面与 V 形块端面贴合。在该夹具设计中，没有这样的强制性保障措施，需要操作人员人工完成。

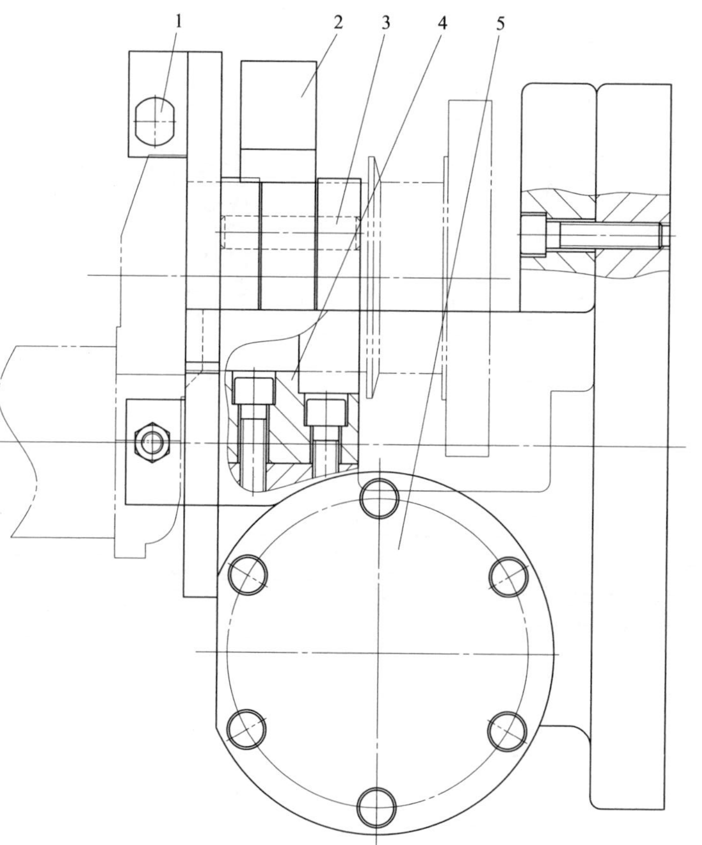

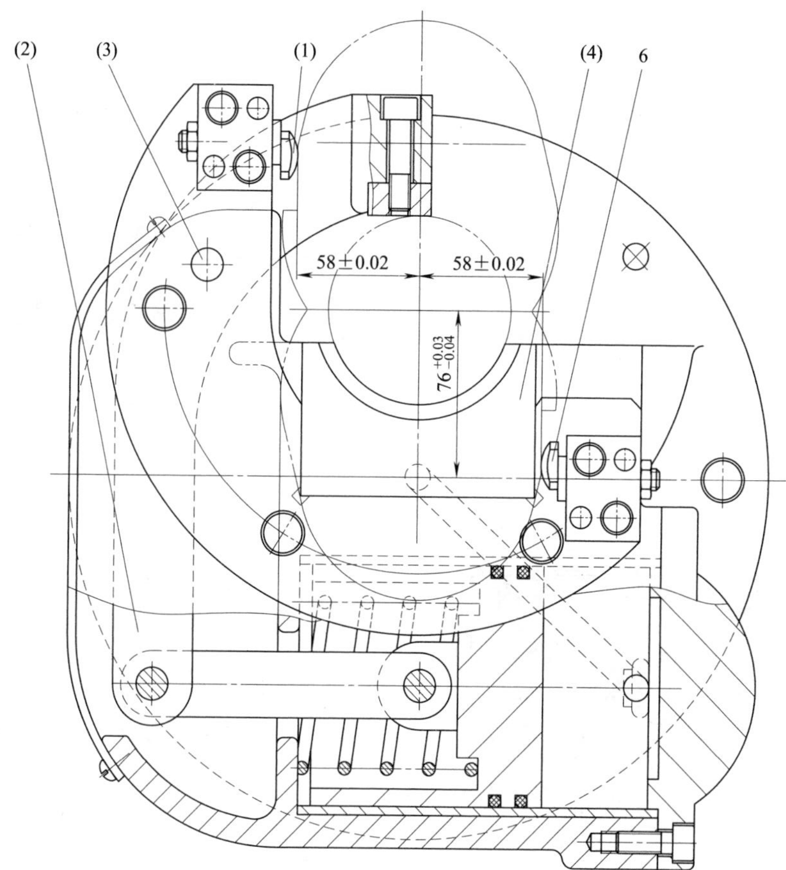

图 3-28　粗磨连杆轴颈夹具

1,6—支承钉；2—铰链压板；3—销轴；4—定位套；5—气缸

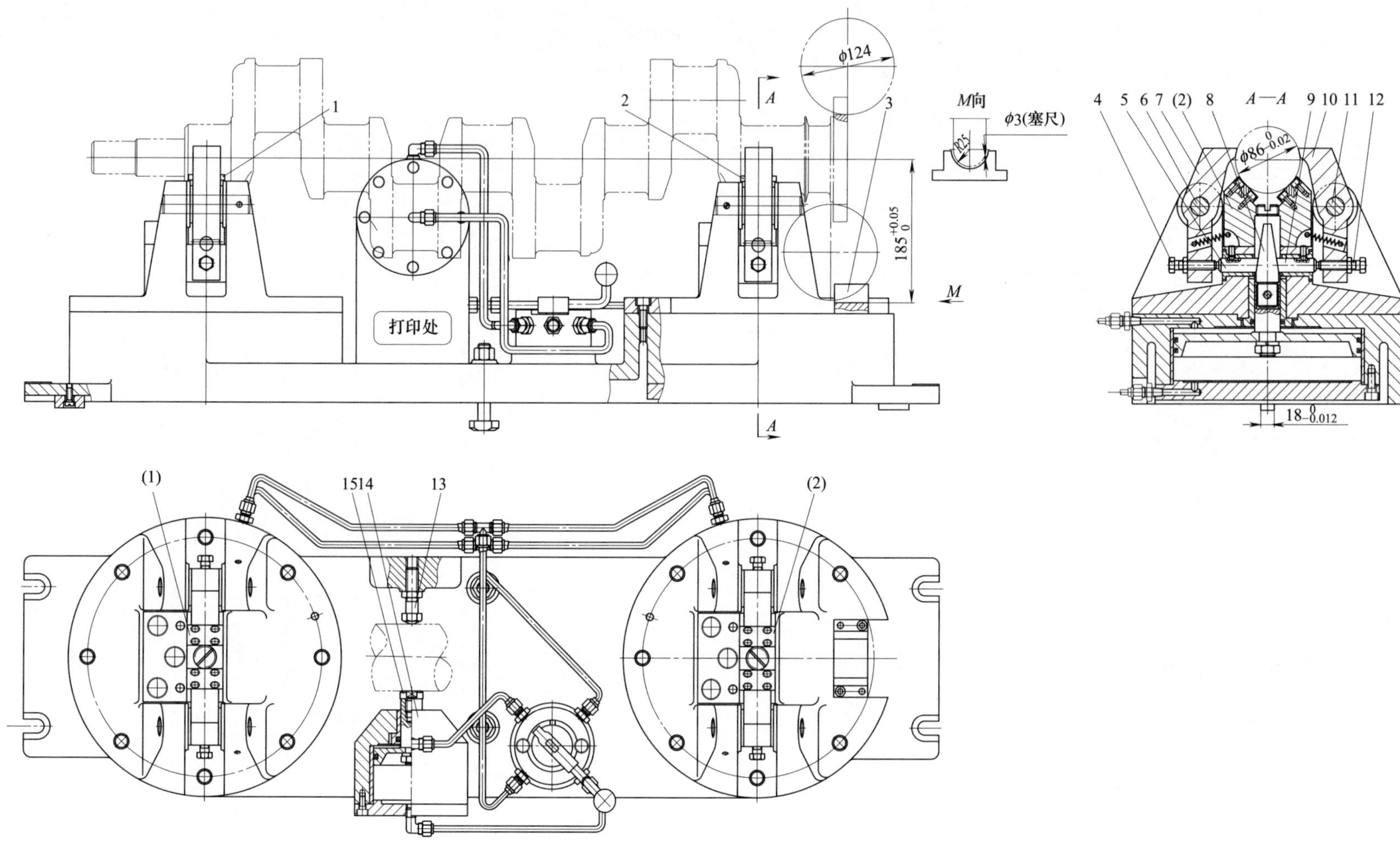

图 3-29 铣法兰盘工艺缺口夹具

1,2—V形块；3—对刀块；4,12—调整螺钉；5,9—推杆；6,11—销轴 7,10—压板；8—斜楔；13—可调支承钉；14—气缸；15—压钉

3.3　缸体零件加工工艺过程及典型工艺装备

3.3.1　缸体的工艺特点及毛坯

(1) 缸体的功用和结构特点

缸体是发动机的基础零件，发动机各机构和系统的零、部件都安装在它的内部或外部。图 3-30 所示为某拖拉机发动机的缸体零件，缸体顶平面用于安装缸盖，其上有 4 个直线排列的缸套安装孔 11，21 个缸盖连接螺栓孔 13，垂直油孔 12 向缸盖输送润滑油，8 个挺杆导管安装孔 14，通往缸盖的冷却水孔 15。缸体的左侧面上有工艺孔 16，加油管法兰安装面 17，减压轴孔 18，机油滤清器安装面 19，机油标尺安装孔 23 等。缸体前端部有水泵安装平面 8 和正时齿轮室安装平面 7。水泵流出的水经铸成的分水孔 9 分流到各缸套，对缸套进行冷却。缸体后端面有飞轮壳安装面和起动机进水法兰安装面。缸体下平面安装油底壳，用于储放润滑机油，由机油泵经过出油孔 21 的垂直油孔进入主油道 4，再经润滑油孔分流到需要润滑的各部位。

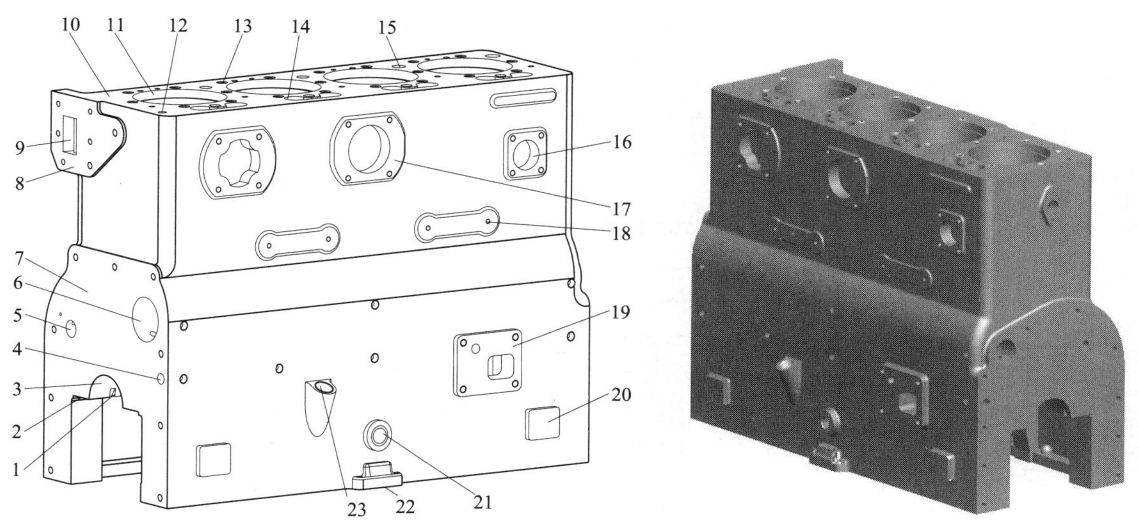

图 3-30　缸体主要功能面介绍

1—轴瓦定位槽；2—轴承座；3—主轴承孔；4—主油道；5—惰轮轴孔；6—凸轮轴孔；7—正时齿轮室安装平面；8—水泵安装平面；9—分水孔；10—气缸盖安装平面；11—缸套安装孔；12—油孔；13—缸盖安装螺栓孔；14—挺杆孔；15—水孔；16—工艺孔；17—加油管安装面；18—减压轴孔；19—滤清器安装面；20—工艺凸台；21—机油出油孔；22—机油泵安装面；23—机油标尺安装孔

缸体内部由水平隔板将缸体内腔分成上下两部分。上部又分成挺杆室和缸套冷却水套，下部为曲轴箱。为防止水套中的冷却水流入下部，在中间隔板的缸套安装孔中加工有环形阻水密封槽。

曲轴箱中分布有 5 个安装曲轴的轴承座 2，5 个主轴承孔 3 中分别加工有轴瓦定位槽 1，用于对轴瓦定位，由轴瓦与曲轴的主轴颈进行配合，用轴承盖将轴瓦固定在主轴承孔 3 中。

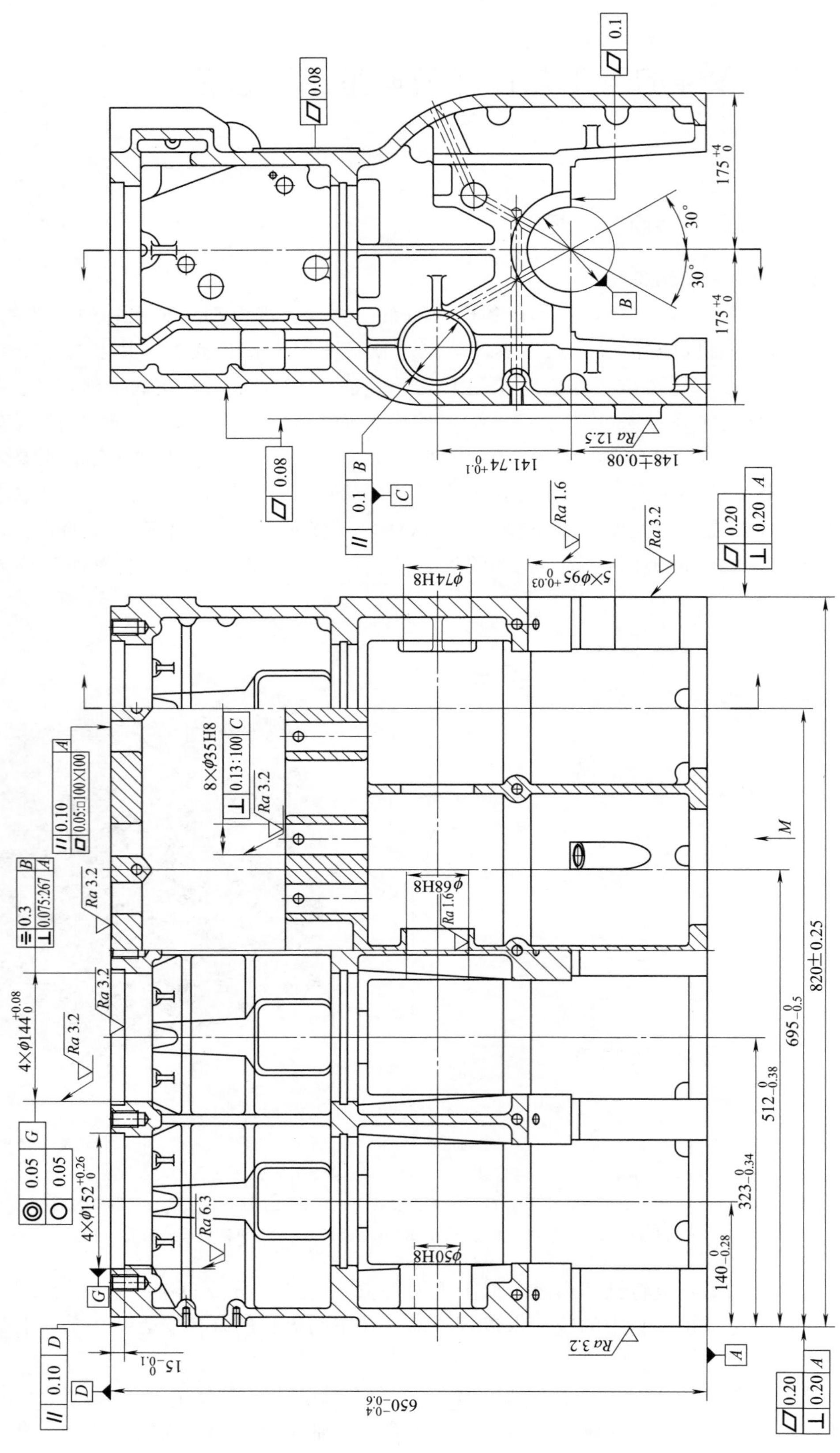

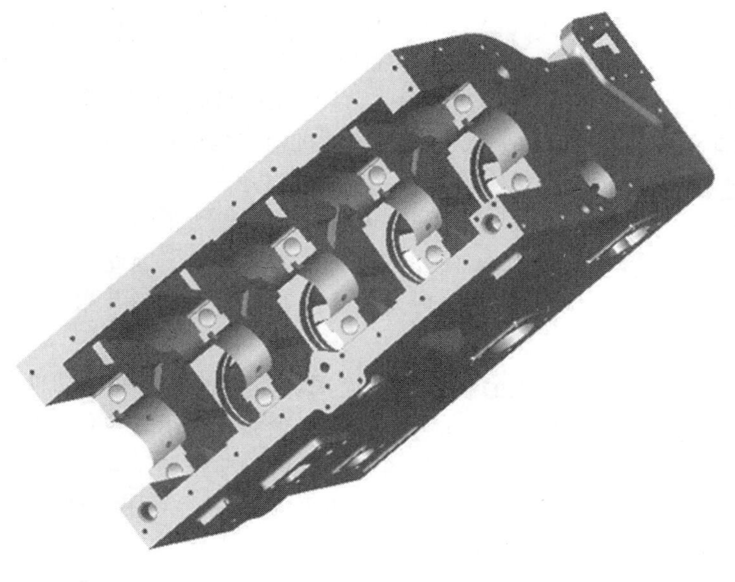

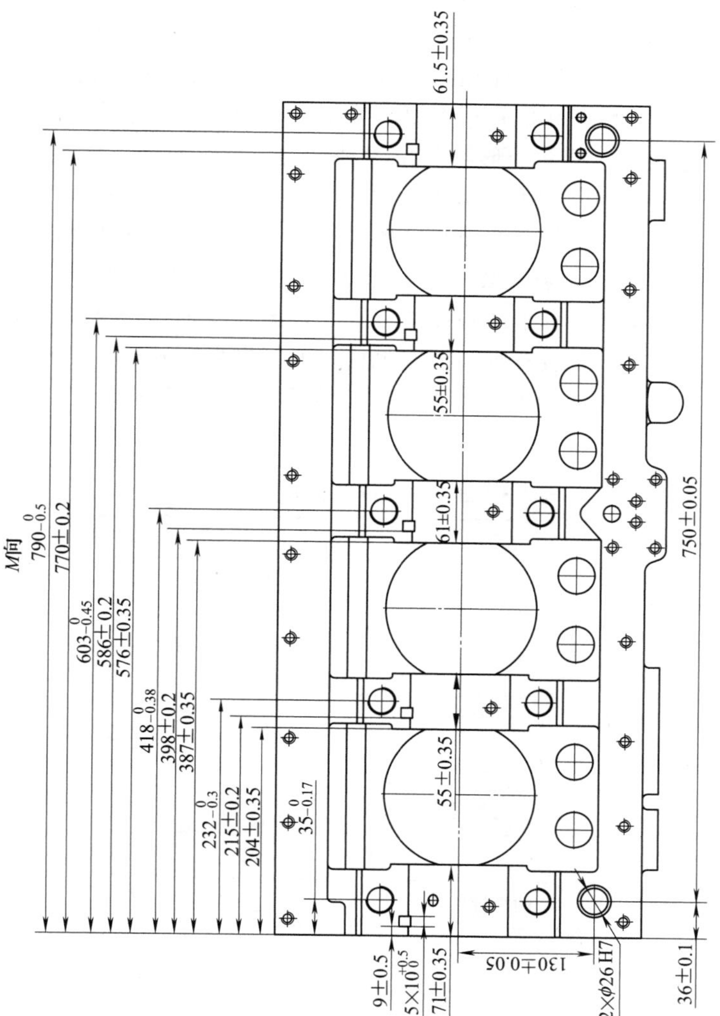
61.5±0.35
55±0.35
61±0.35
55±0.35
750±0.05
M面
770±0.2
586±0.2
576±0.35
398±0.2
387±0.35
215±0.2
204±0.35
9±0.5
71±0.35
130±0.05
2×φ26 H7
36±0.1

图 3-31　缸体零件简图

由缸体前端到后端，在第Ⅰ、Ⅲ、Ⅴ主轴承座对应部位分别有凸轮轴孔6。在凸轮轴孔6下方加工有贯通缸体前后端的主油道4，从主油道4到主轴承孔3、凸轮轴安装孔6和惰轮轴孔5都有油道相通，油孔12连通凸轮轴孔6，润滑凸轮轴孔6的部分润滑油，经油孔12及缸盖上的相应油道，实现对缸盖上部安装的运动机构和挺杆进行润滑。

(2) 缸体的主要设计技术要求

缸体是发动机装配时的基准零件，即发动机中各零、部件的正确位置基本是通过缸体上的安装面来保证。由于大批量生产主要采用互换法保证装配精度，因此缸体的加工精度将会直接影响发动机的装配精度和工作性能，所以对缸体的各主要加工面及相互位置规定了严格的技术要求。

图3-31所示是某拖拉机用发动机的缸体零件简图。由于各加工面的功能不同，其技术要求亦有所不同。对连接重要不动件的加工面，如缸体顶面、轴承盖定位面等，除规定位置要求外，还规定有形状精度要求。供安装各种盖板、管道等非重要不动件的表面，仅对本身精度和表面粗糙度有一定技术要求，对位置精度要求并不严格。对用于动连接的装配表面，即使不直接与运动件配合，对其位置精度和本身精度一般要求较严。

用于装配同一个零件或部件的一组孔称为孔系。当有相互位置精度要求的多个零部件被装配时，这些不同零部件的孔系之间又形成关联孔系。对孔系技术要求的制定有以下几种情况：用于螺钉或螺栓的紧固孔系，如缸体顶面紧固缸盖的21个螺纹孔，缸体底面用于连接油底壳的螺纹孔系等，其尺寸精度和位置精度要求均不高。对机器工作性能有影响的孔系和关联孔系，一般均需制定严格的尺寸、形状和位置精度要求，如缸体5个主轴承孔需要同轴；3个凸轮轴孔也需同轴；由于曲轴与凸轮轴之间存在间接齿轮啮合关系，因此两者的轴线需要平行；为保证缸套压入后，其上端面与缸体顶面平齐，对缸套安装孔的止口平面与缸体顶平面也提出了平行度要求；缸套安装孔与主轴承孔之间为关联孔系，它们之间需要垂直，且要保证各缸套孔轴线相对主轴承孔轴线的位置度；挺杆孔轴线相对凸轮轴孔轴线要垂直；缸体顶面安装缸盖，缸盖上安装有气门控制机构，通过挺杆对其进行控制，因此缸体顶平面与挺杆孔需垂直等。关于缸体的形位精度要求，在图3-31中有所标注，其主要的技术要求如表3-3所示。

表3-3 缸体主要技术要求

序号	项目	质量要求	
		精度要求/mm	粗糙度 Ra/μm
1	主轴承孔尺寸	$\phi95^{+0.03}_{0}$	1.6
2	主轴承孔圆度	0.02	
3	缸套安装孔尺寸	$\phi144^{+0.08}_{0}$	3.2
4	缸套安装孔轴线对主轴承孔轴线的对称度	0.05	
5	第2、3、4主轴承孔对1、5主轴承孔的同轴度	0.02	
6	各凸轮轴轴承孔同轴度	0.03	
7	曲轴中心线对凸轮轴中心的平行度	0.10	
8	顶平面平面度	$\frac{0.10}{0.05/\square100\times100}$	3.2

(3) 缸体的材料和毛坯

发动机工作时，缸体承受有燃油燃烧的周期性爆炸冲击力，以及曲轴回转不平衡带来的振动等，因此需要缸体有一定的强度、刚度和抗振性。缸体的结构形状复杂，毛坯需采用铸造获得，图3-31所示某拖拉机发动机的气缸体零件采用牌号为HT150的灰铸铁。

缸体的结构形状复杂，它有很多形状复杂的内腔，壁厚较薄，为提高强度和刚性，设置有很多加强肋，因此其造型相当复杂。大批量生产多采用金属模机器造型，小批量生产则用木模手工造型。造型位置分为立式和卧式两种：卧式仅需上下两个沙箱，但型芯容易偏移；立式的铸型位置较为合理，型芯定位较简单，但沙箱较多。大批量生产一般采用卧式造型。

毛坯制造方法不同，余量也就不同，受企业工艺水平的影响，各厂均有自己的标准。图3-32为某拖拉机发动机气缸体的毛坯简图，采用卧式位置造型，仅需上下两箱，采用金属模机器造型，分型面选用过主轴承孔轴线的对称面$O—O$，由于卧式造型时型芯容易偏移，因此孔的余量较大，其主要加工面的余量用网格线画出，具体余量大小如图3-32所示。

(4) 缸体的工艺特点

缸体是一个结构复杂的箱体类零件，孔系众多，某些孔系精度要求高，且孔系之间又相互关联，相互之间要求有严格的位置关系。例如：主轴承孔系与缸套安装孔系；挺杆孔系与凸轮轴安装孔系。这些重要孔系又与一些重要平面有严格位置关系，如轴承座安装平面与主轴承孔系；顶平面与挺杆孔系；前后端面与主轴承孔系和凸轮轴孔系等。部分润滑油道孔属于深孔，需要钻削加工，加工中需要解决刀具刚性不足、排屑困难、钻头冷却困难的工艺问题。主轴承孔、凸轮轴孔精度要求高、长径比大，采用镗削加工时，需采用前、中、后多重导引以提高刀杆刚性，并需采用多组刀具分别加工不同部位的孔，以缩短机动时间，提高生产率。缸套孔长径比虽然不大，但由于精度要求高，也需考虑增加导引以提高刚性，且缸套安装孔的阻水密封槽和轴向定位止孔加工，均需采用专门辅具进行加工，以解决工序基准与定位基准不重合对加工精度的影响。

总之，缸体零件的加工面众多，主要由孔系和平面组成，重要孔系和平面的精度要求高，又相互关联，因此加工工艺路线长，工艺过程安排必须认真考虑工序组合问题，以减少设备台套数；认真划分加工阶段，以避免粗加工对精加工的影响；认真分析基准重合和基准统一的利弊，以获得质量与效益的最佳化。对深孔加工，需采取相应措施解决排屑难、冷却难和刀具刚性不足的问题，以保证生产顺利进行。对精度要求高，且工序基准与定位基准无法重合的加工，如缸套安装止孔端面加工，需采用专门辅具以保证加工精度。对精度要求高，且余量很小的表面加工，如主轴承孔珩磨加工，则需采用自定位加工等。

3.3.2 缸体的机械加工工艺过程

图3-31所示缸体，其重要的功能面有主轴承孔，缸套安装孔，凸轮轴孔，挺杆孔，惰轮轴孔，顶平面，轴承座安装定位面，前、后端平面等。为服务于基准统一，采用底平面和两个工艺定位孔作为主要定位基准。除上述重要加工表面之外，还有分布于各处的众多连接孔系。依据大批量生产类型的特点，其工艺过程安排如表3-4所示。

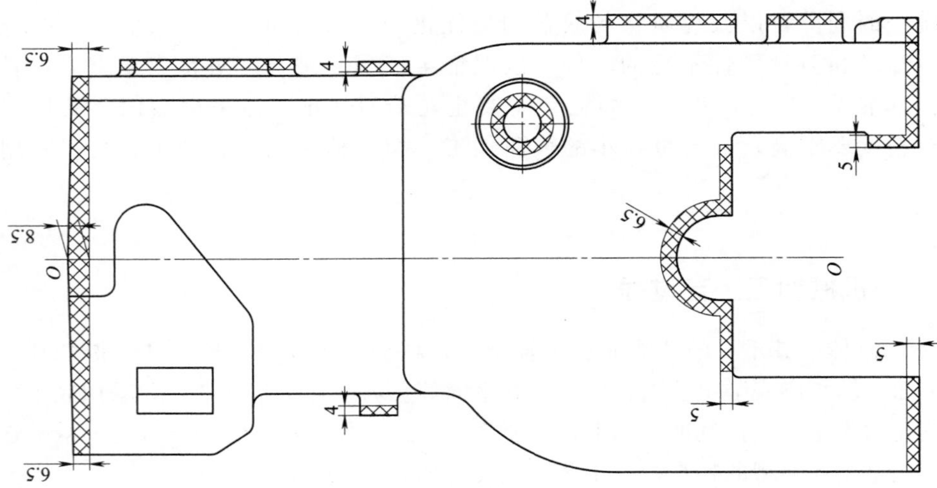

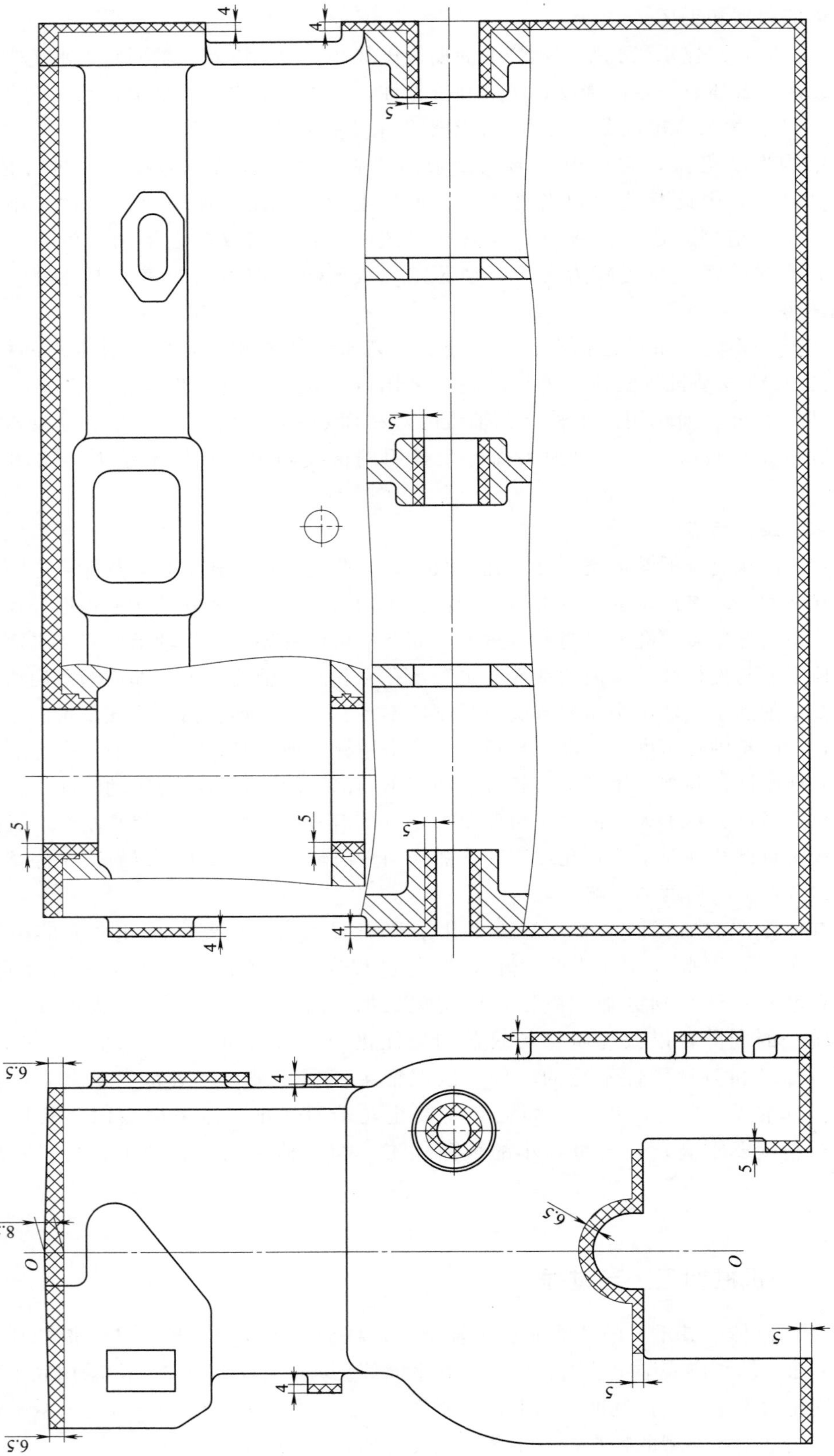

图 3-32　气缸体毛坯简图

表 3-4　发动机缸体机械加工工艺过程

工序号	工序名称	工序简图及说明	设备
5	铣左侧面 4 块基平面和 3 个凸台面	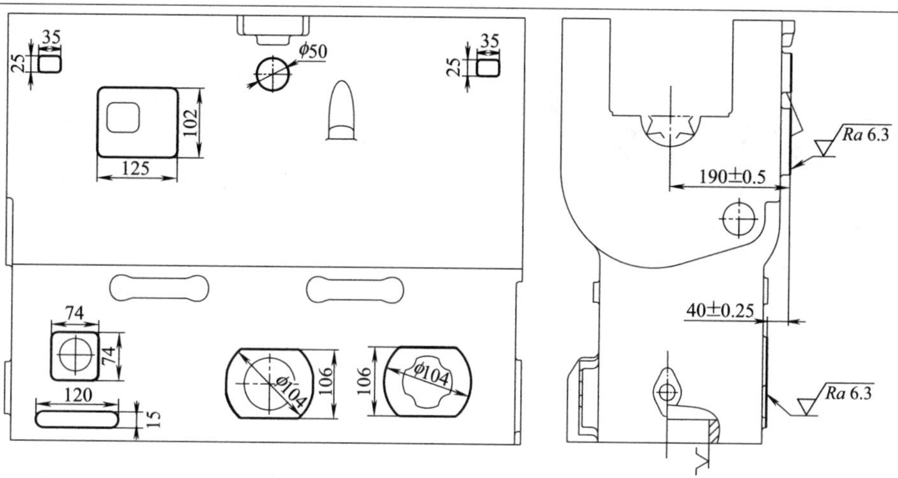 $v_c=59.7\mathrm{m/min}, v_f=300\mathrm{mm/min}$	双轴卧式铣床
10	粗铣顶面、底面和右侧放水阀安装凸台平面	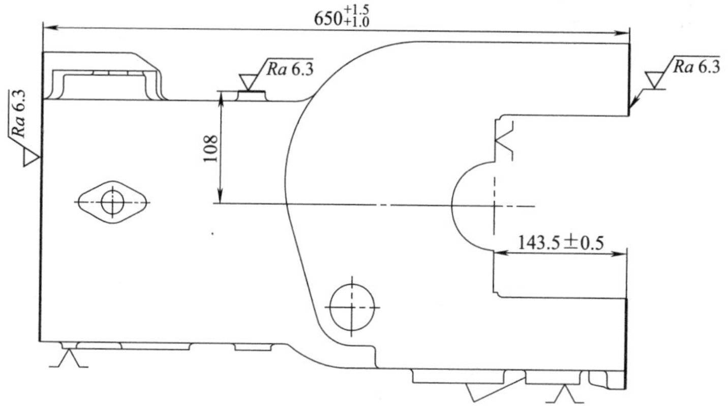 顶面和底面：$v_c=85\mathrm{m/min}, v_f=300\mathrm{mm/min}$ 凸台：$v_c=61\mathrm{m/min}, v_f=300\mathrm{mm/min}$	三轴龙门铣床

续表

工序号	工序名称	工序简图及说明	设备
15	在底面钻、铰两个定位孔	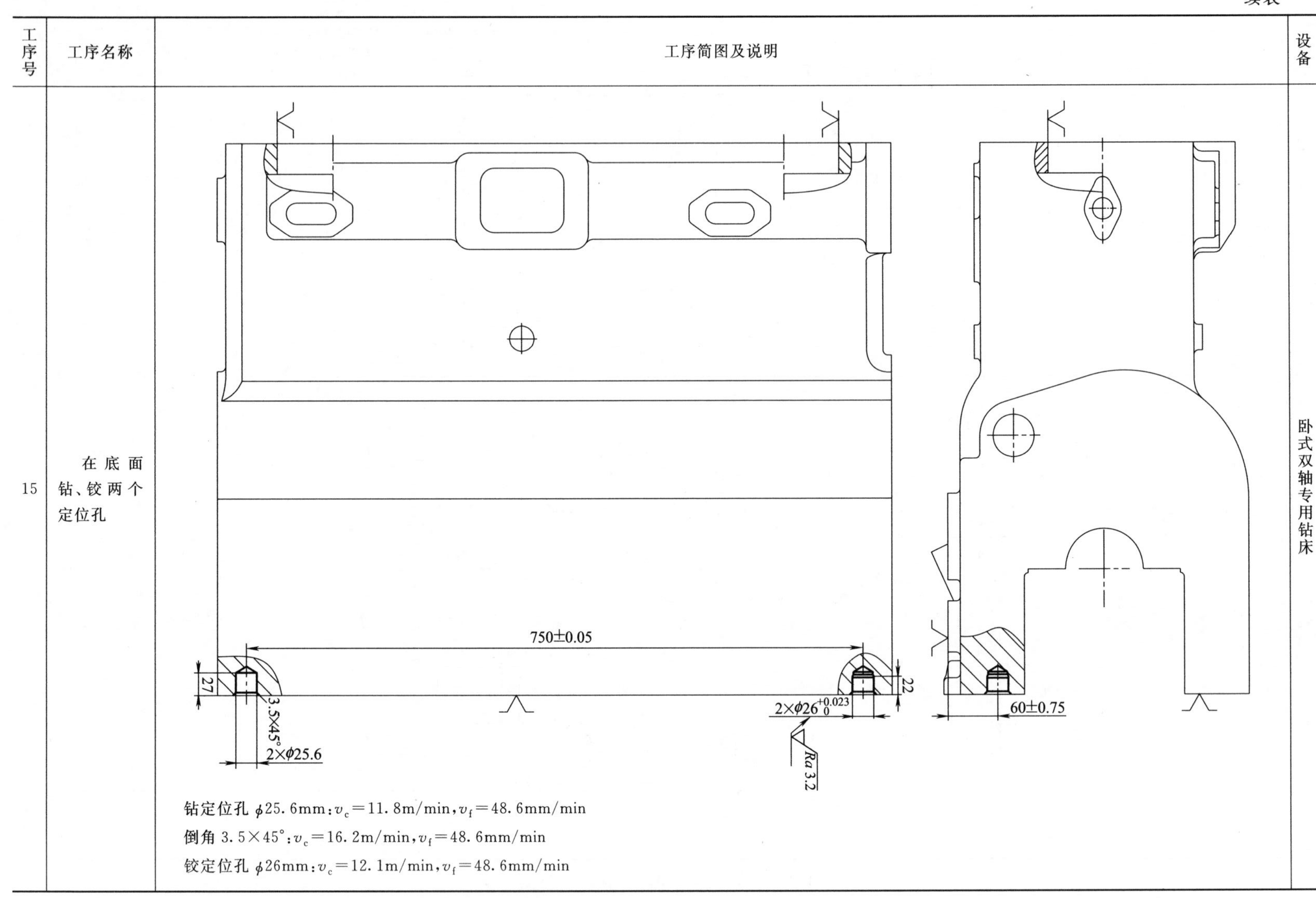 钻定位孔 ϕ25.6mm：v_c=11.8m/min，v_f=48.6mm/min 倒角 3.5×45°：v_c=16.2m/min，v_f=48.6mm/min 铰定位孔 ϕ26mm：v_c=12.1m/min，v_f=48.6mm/min	卧式双轴专用钻床

续表

工序号	工序名称	工序简图及说明	设备
20	精铣底面	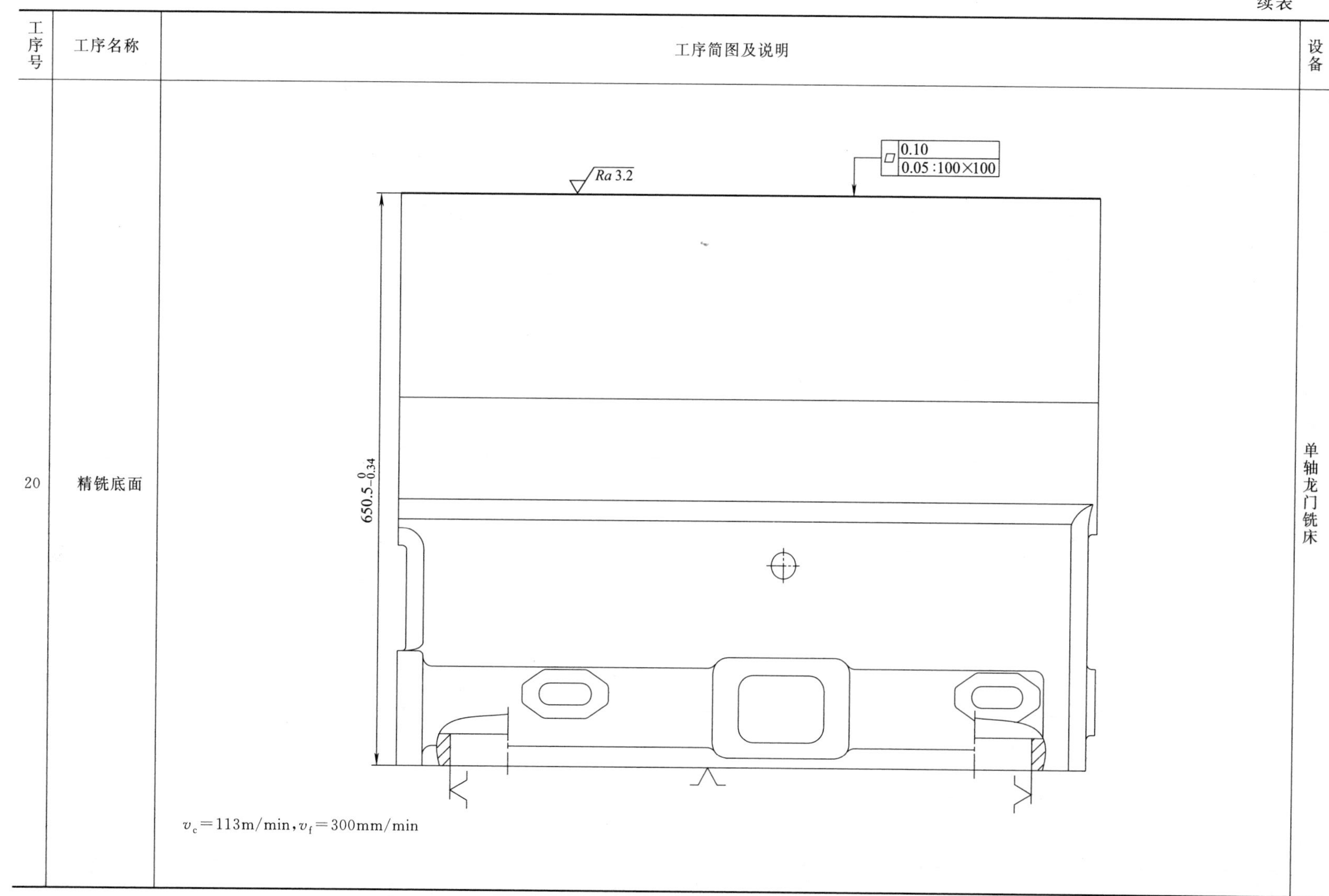 $v_c=113\text{m/min}, v_f=300\text{mm/min}$	单轴龙门铣床

续表

工序号	工序名称	工序简图及说明	设备
25	粗、精铣前后端面，固定水泵法兰和起动机进水法兰	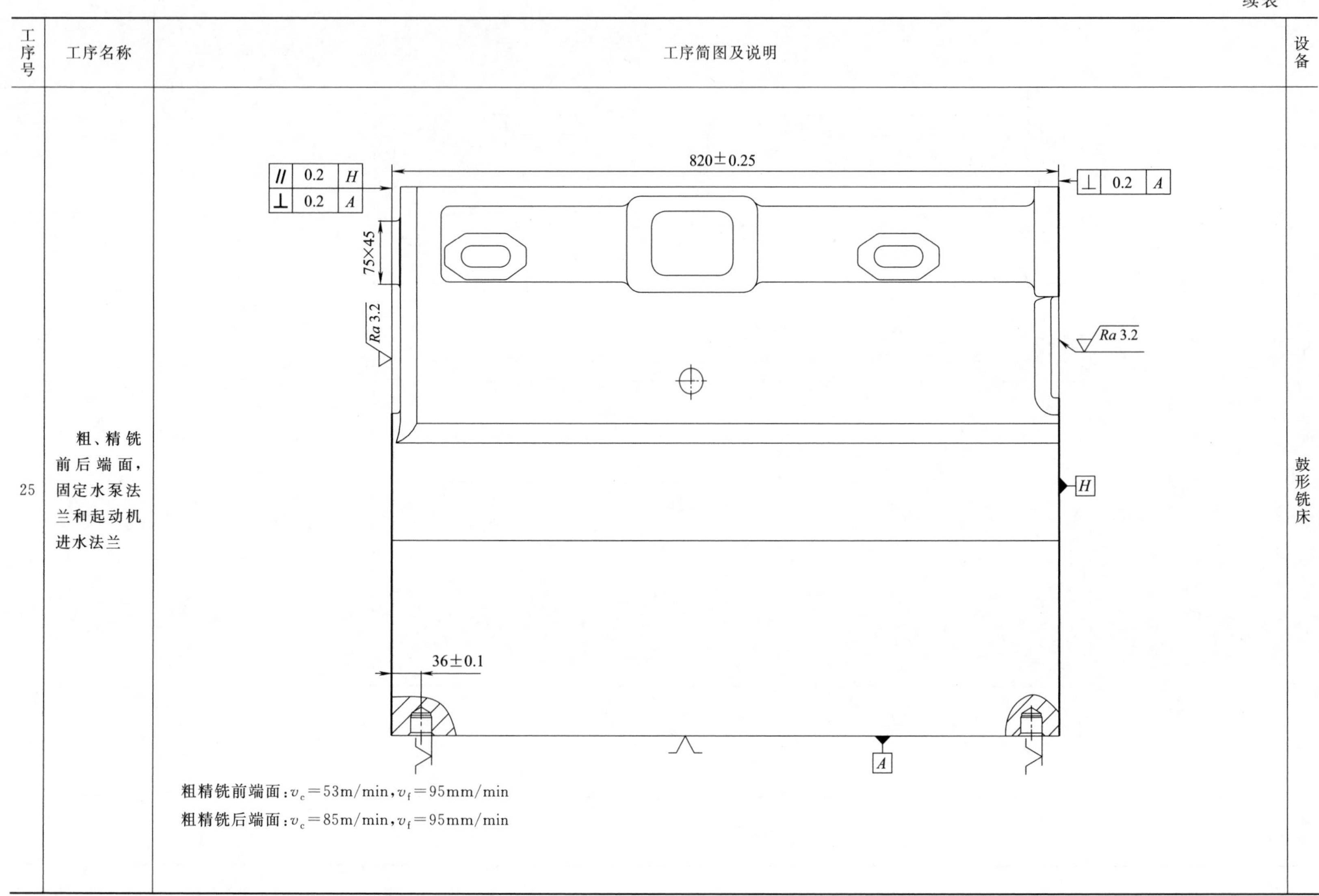 粗精铣前端面：$v_c=53m/min$，$v_f=95mm/min$ 粗精铣后端面：$v_c=85m/min$，$v_f=95mm/min$	鼓形铣床

续表

工序号	工序名称	工序简图及说明	设备
30	粗镗 5 个半圆主轴承孔，3 个凸轮轴孔，钻惰轮轴孔	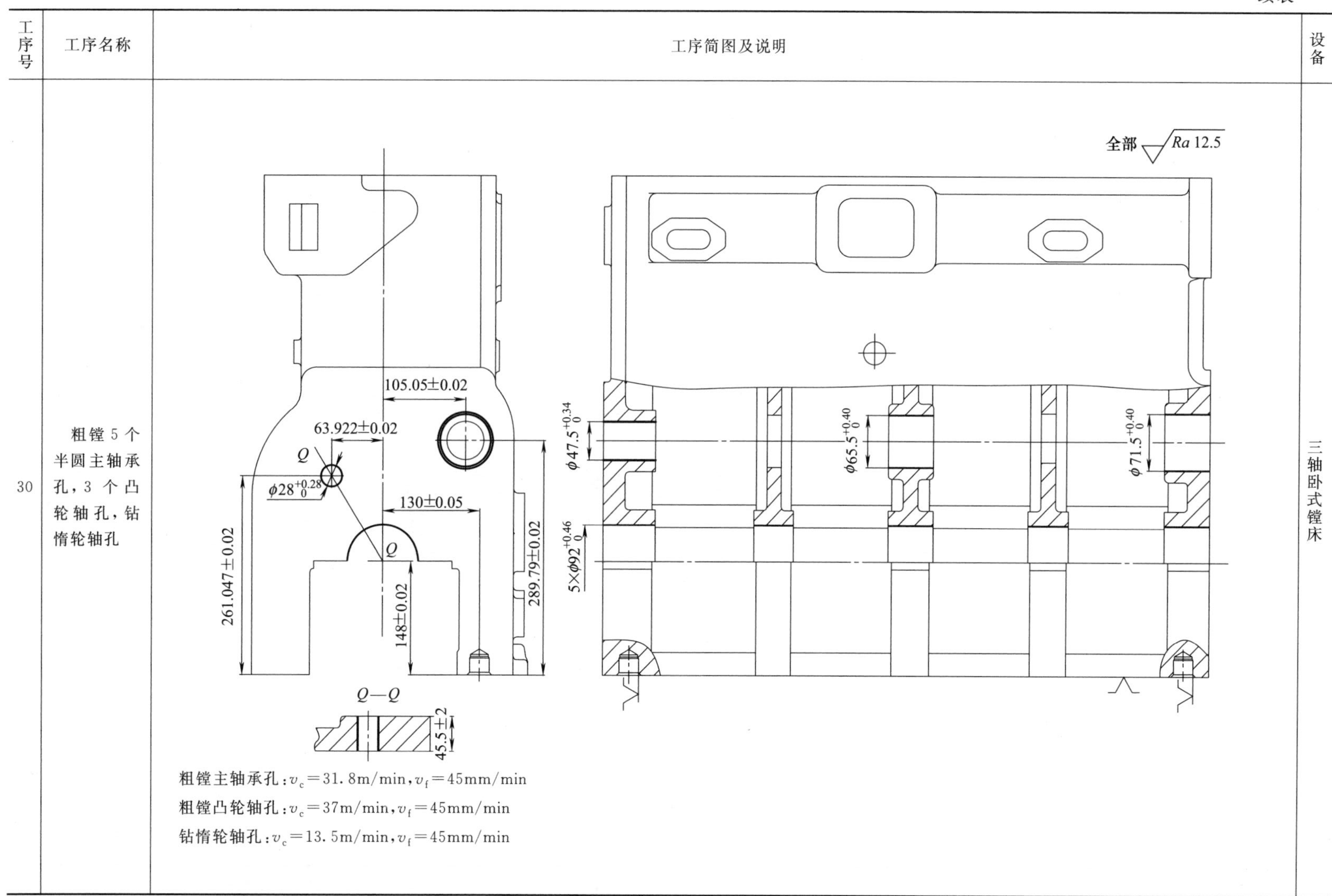 粗镗主轴承孔：v_c=31.8m/min，v_f=45mm/min 粗镗凸轮轴孔：v_c=37m/min，v_f=45mm/min 钻惰轮轴孔：v_c=13.5m/min，v_f=45mm/min	三轴卧式镗床

续表

工序号	工序名称	工序简图及说明	设备
35	粗镗4个缸套孔	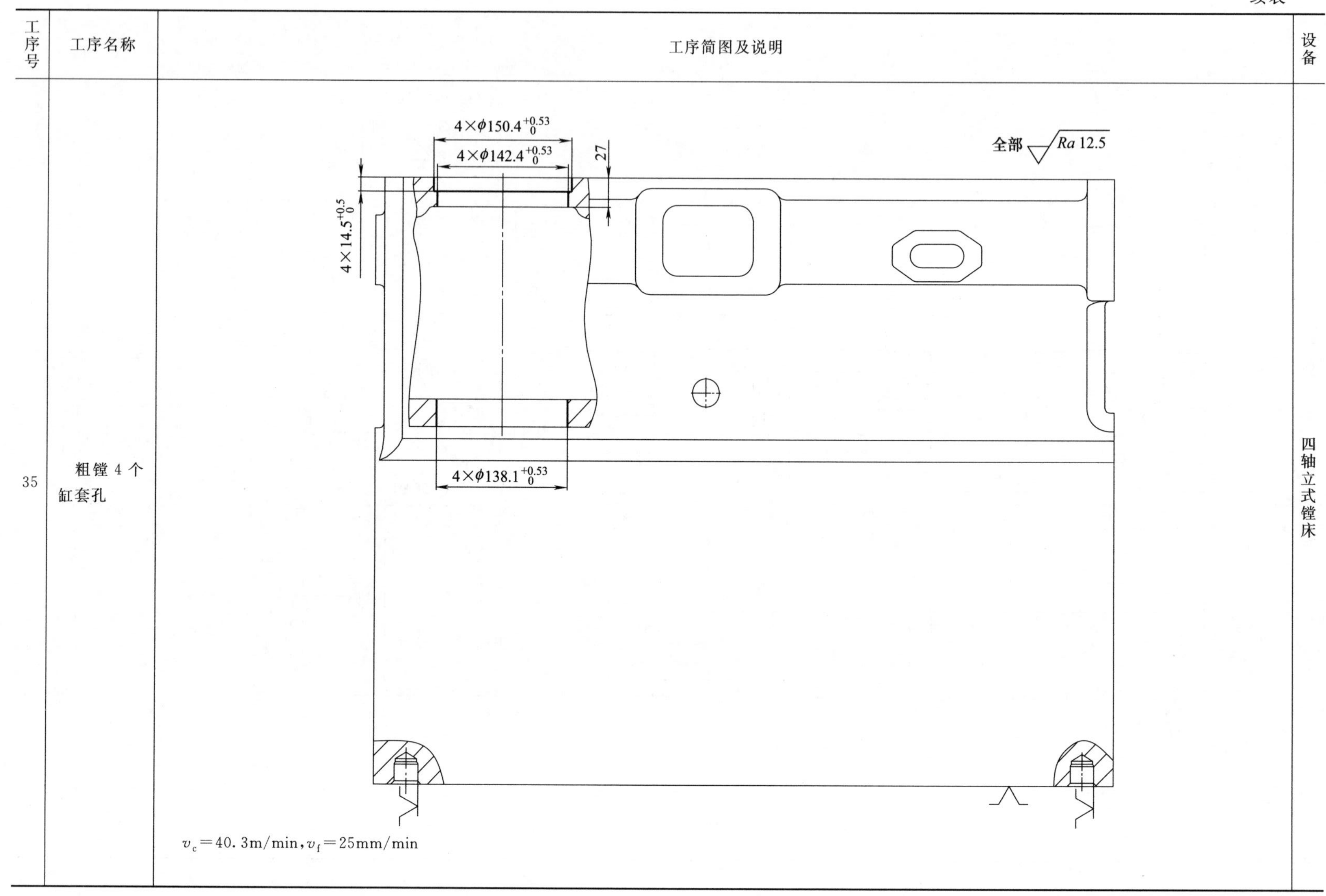 v_c=40.3m/min，v_f=25mm/min	四轴立式镗床

续表

工序号	工序名称	工序简图及说明	设备
40	铣右侧燃油精滤器安装面和两个水管安装平面	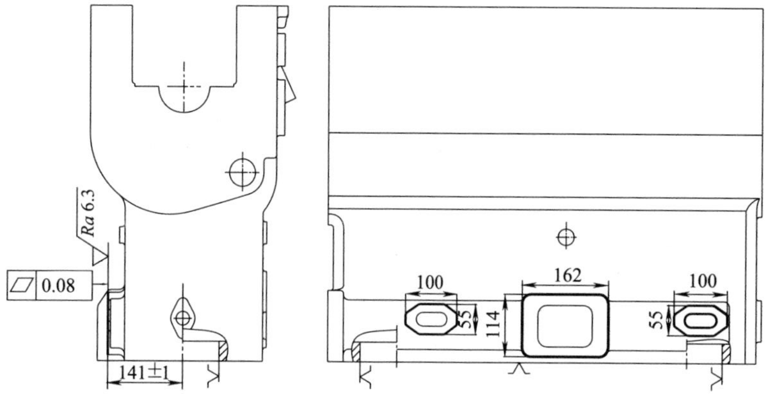 Ra 6.3; ▱ 0.08; 141±1; 100; 162; 100; 55; 114; 55 $v_c=82.5\text{m/min}, v_f=150\text{mm/min}$	卧式铣床
45	铣轴承座分开面和第1轴承突起部分	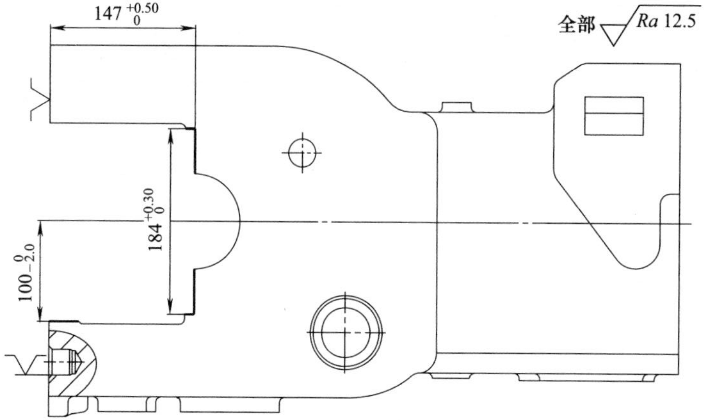 $147^{+0.50}_{0}$; 全部 Ra 12.5; $184^{+0.30}_{0}$; $100^{0}_{-2.0}$ 铣分开面：$v_c=46\text{m/min}, v_f=300\text{mm/min}$ 铣突起部分：$v_c=50\text{m/min}, v_f=300\text{mm/min}$	特种铣床

续表

工序号	工序名称	工序简图及说明	设备
50	铣轴承座端面和轴瓦固定槽	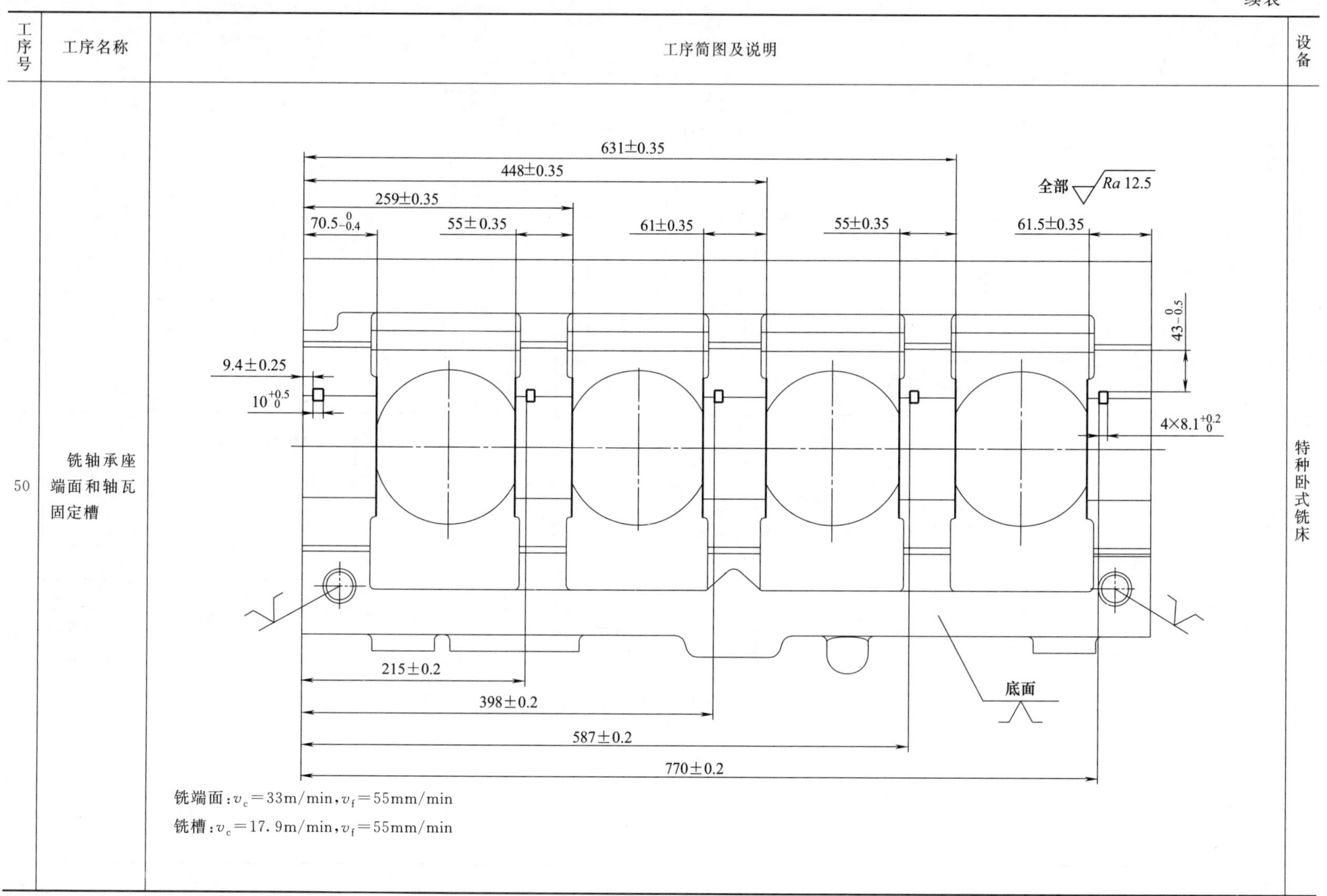 铣端面：$v_c=33\text{m/min}, v_f=55\text{mm/min}$ 铣槽：$v_c=17.9\text{m/min}, v_f=55\text{mm/min}$	特种卧式铣床

续表

工序号	工序名称	工序简图及说明	设备
55	拉轴承座分开面	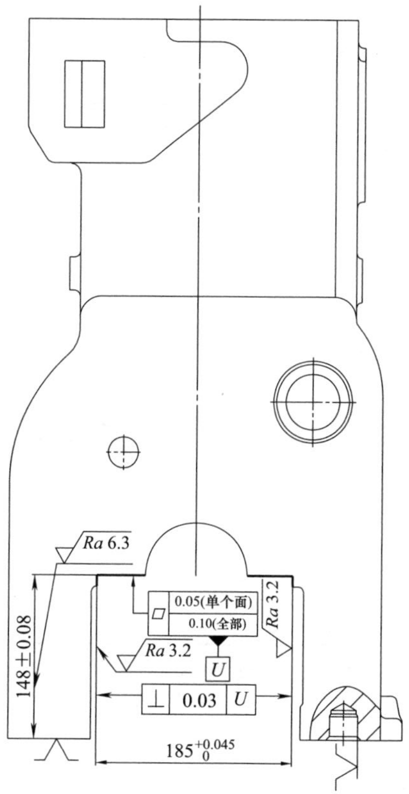 $v_f=2\sim4$m/min	卧式拉床

续表

工序号	工序名称	工序简图及说明	设备
60	精铣顶面和左侧面两个长方块	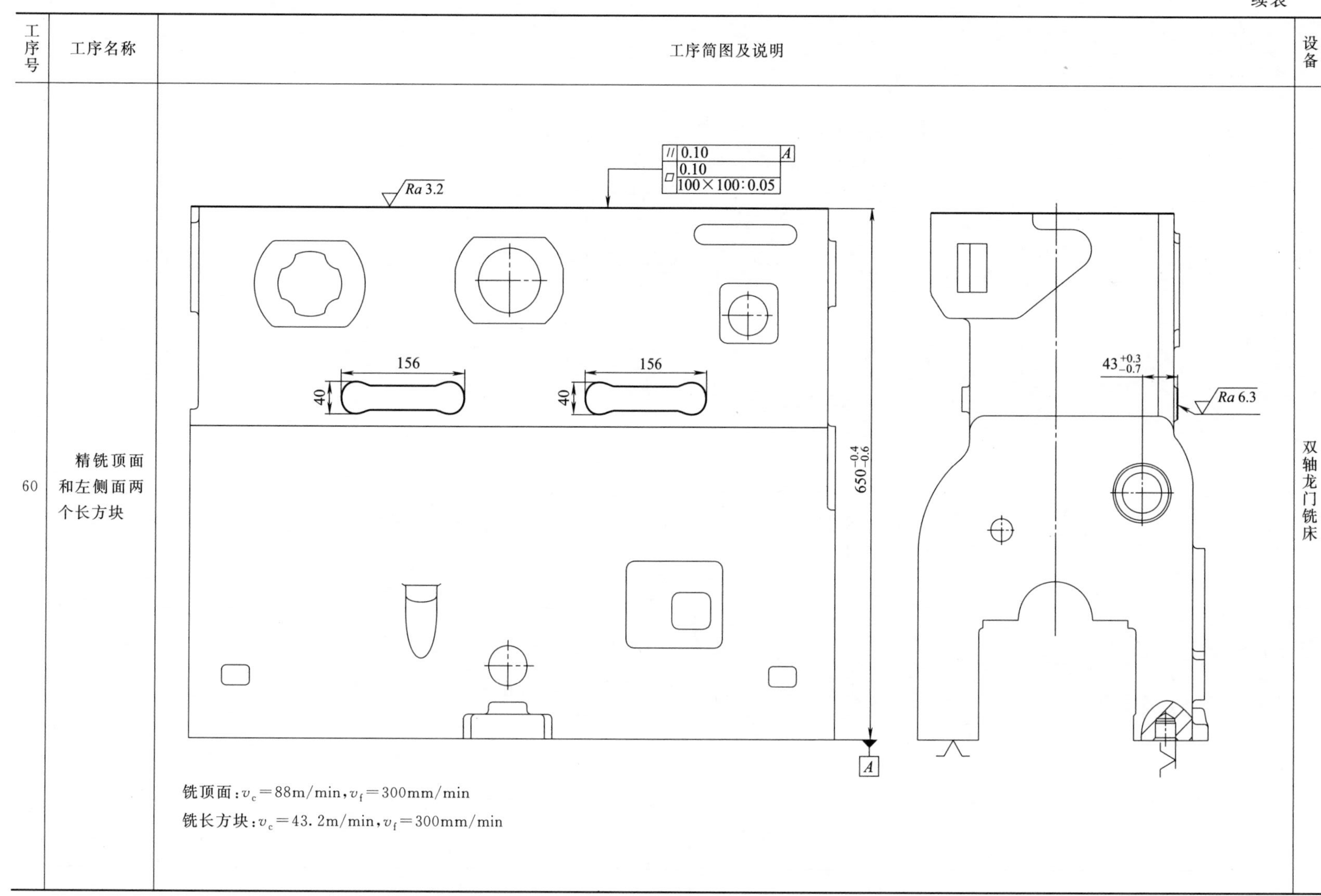 铣顶面：v_c=88m/min，v_f=300mm/min 铣长方块：v_c=43.2m/min，v_f=300mm/min	双轴龙门铣床

续表

工序号	工序名称	工序简图及说明	设备
65	在顶面和前、后端面上钻孔和倒角	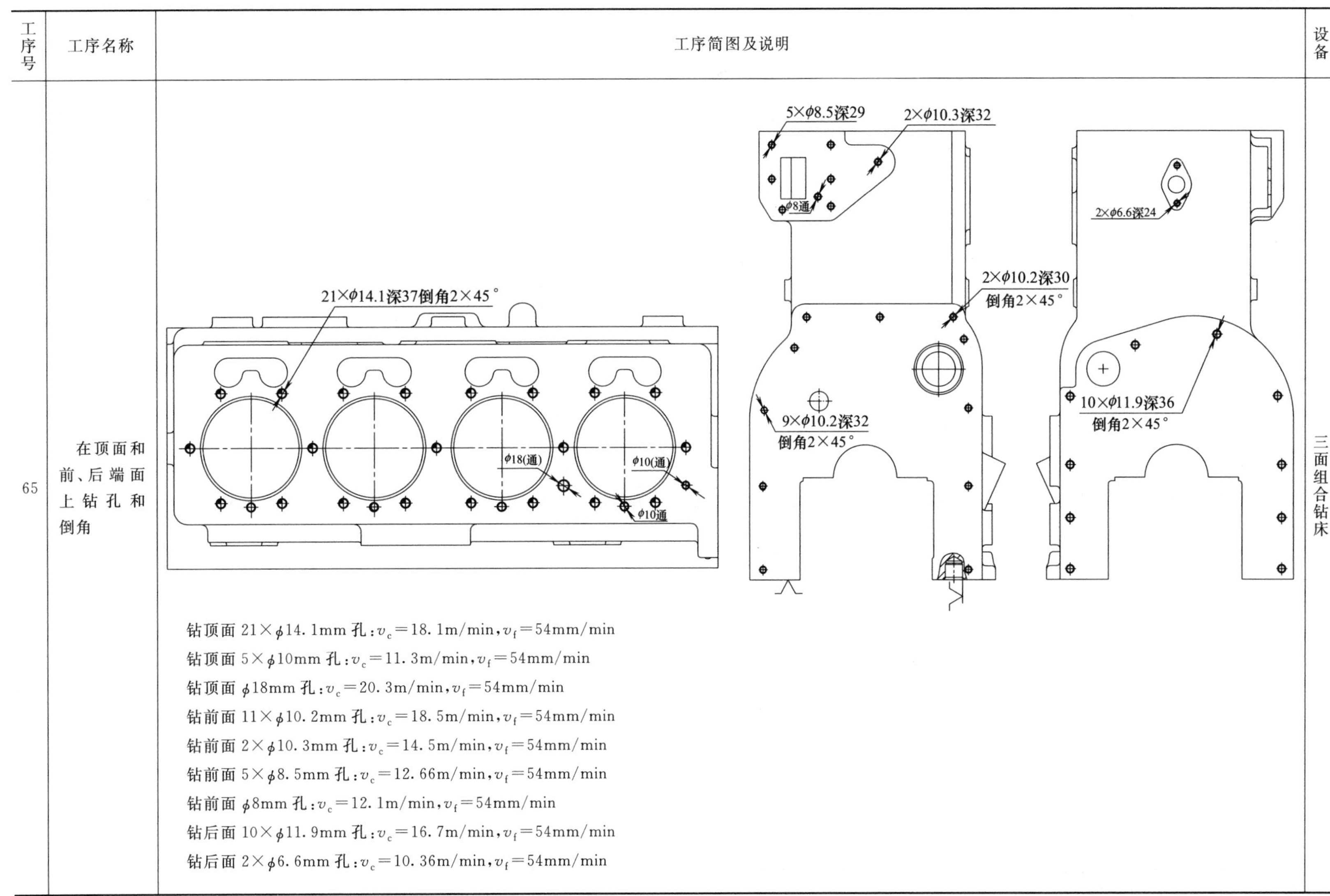 钻顶面 21×ϕ14.1mm 孔：v_c=18.1m/min，v_f=54mm/min 钻顶面 5×ϕ10mm 孔：v_c=11.3m/min，v_f=54mm/min 钻顶面 ϕ18mm 孔：v_c=20.3m/min，v_f=54mm/min 钻前面 11×ϕ10.2mm 孔：v_c=18.5m/min，v_f=54mm/min 钻前面 2×ϕ10.3mm 孔：v_c=14.5m/min，v_f=54mm/min 钻前面 5×ϕ8.5mm 孔：v_c=12.66m/min，v_f=54mm/min 钻前面 ϕ8mm 孔：v_c=12.1m/min，v_f=54mm/min 钻后面 10×ϕ11.9mm 孔：v_c=16.7m/min，v_f=54mm/min 钻后面 2×ϕ6.6mm 孔：v_c=10.36m/min，v_f=54mm/min	三面组合钻床

续表

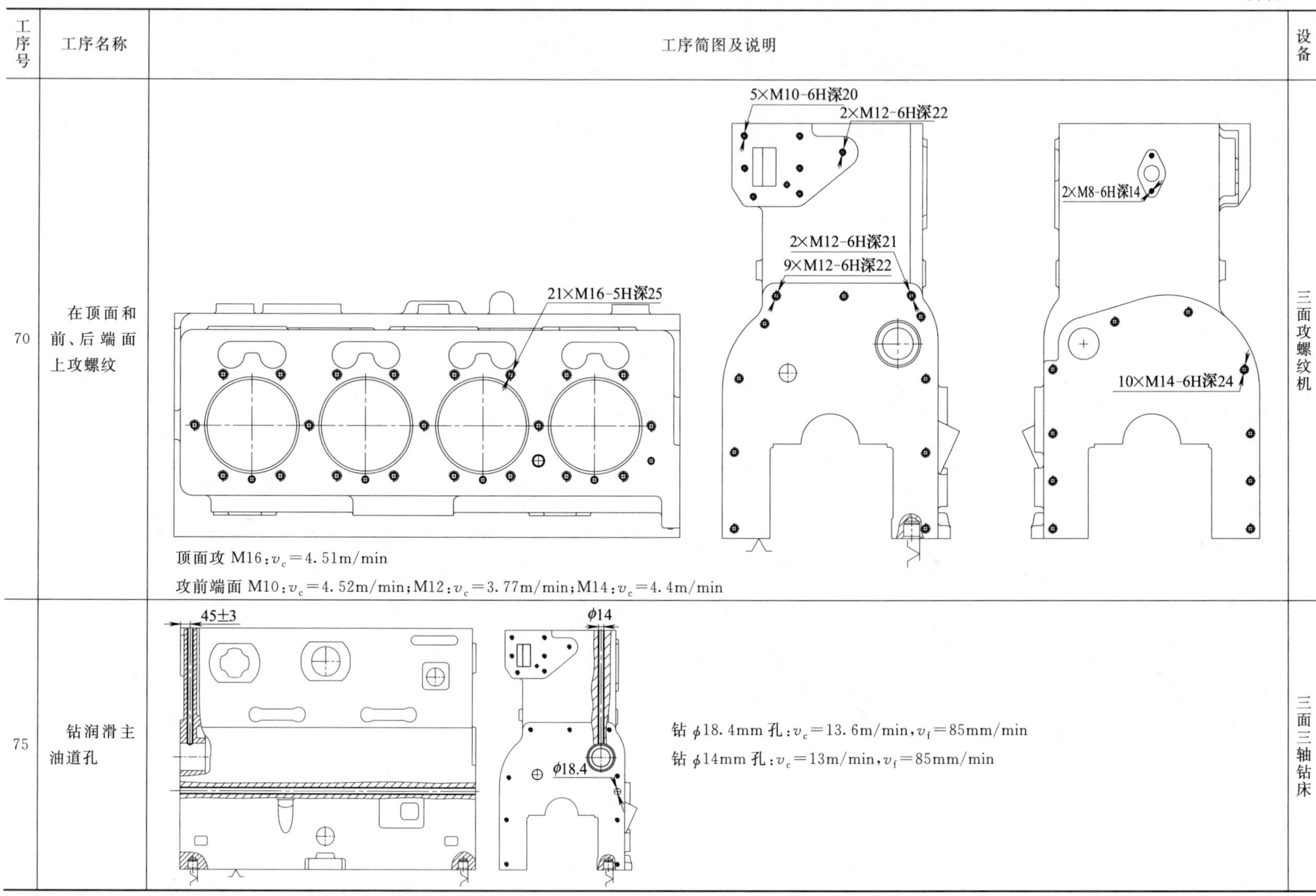

工序号	工序名称	工序简图及说明	设备
70	在顶面和前、后端面上攻螺纹	顶面攻 M16：$v_c=4.51$m/min 攻前端面 M10：$v_c=4.52$m/min；M12：$v_c=3.77$m/min；M14：$v_c=4.4$m/min	三面攻螺纹机
75	钻润滑主油道孔	钻 ϕ18.4mm 孔：$v_c=13.6$m/min，$v_f=85$mm/min 钻 ϕ14mm 孔：$v_c=13$m/min，$v_f=85$mm/min	三面三轴钻床

续表

工序号	工序名称	工序简图及说明	设备
80	在顶面和右侧面上钻孔	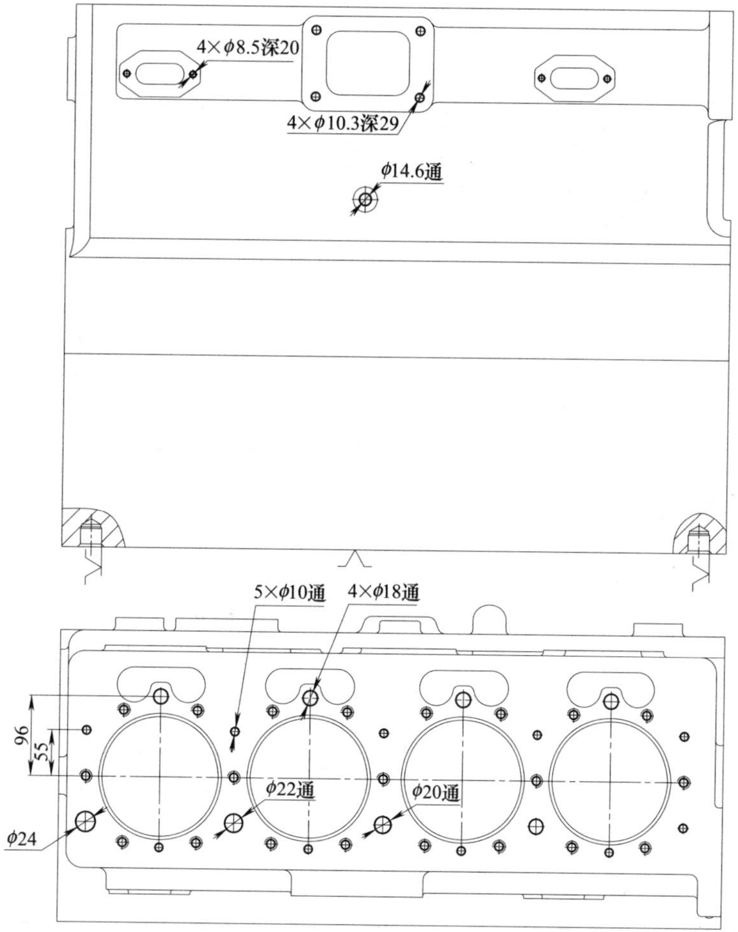 4×ϕ8.5深20 4×ϕ10.3深29 ϕ14.6通 5×ϕ10通 4×ϕ18通 96 55 ϕ22通 ϕ20通 ϕ24 顶面钻 4×ϕ18mm 孔：v_c=15.3m/min，v_f=35mm/min 顶面钻 5×ϕ10mm 孔：v_c=13.5m/min，v_f=35mm/min 顶面钻 ϕ20mm 孔：v_c=14.5m/min，v_f=35mm/min 顶面钻 ϕ22mm 孔：v_c=15.9m/min，v_f=35mm/min 顶面钻 ϕ24mm 孔：v_c=14.1m/min，v_f=35mm/min 右侧面钻 4×ϕ10.3mm 孔：v_c=13.36m/min，v_f=45mm/min 右侧面钻 4×ϕ8.5mm 孔：v_c=11.24m/min，v_f=45mm/min 右侧面钻 ϕ14.6mm 孔：v_c=17.78m/min，v_f=45mm/min	两面组合钻床

续表

工序号	工序名称	工序简图及说明	设备
85	在底面和左侧面上钻孔	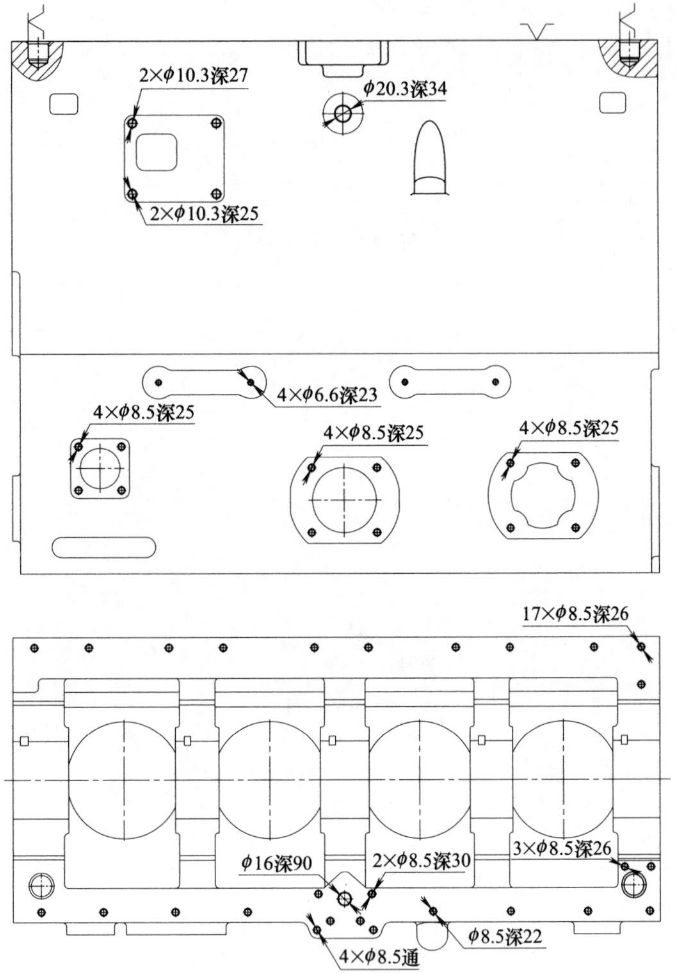 底面钻 27×ϕ8.5mm 孔：v_c=13m/min，v_f=45mm/min 底面钻 ϕ16mm 孔：v_c=15.1m/min，v_f=45mm/min 左侧面钻 12×ϕ8.5mm 孔：v_c=13m/min，v_f=45mm/min 左侧面钻 4×ϕ10.3mm 孔：v_c=13.3m/min，v_f=45mm/min 左侧面钻 4×ϕ6.6mm 孔：v_c=10.4m/min，v_f=45mm/min 左侧面钻 ϕ20.3mm 孔：v_c=15.2m/min，v_f=45mm/min	双面组合钻床

续表

工序号	工序名称	工序简图及说明	设备
90	钻 10 个润滑支油道孔	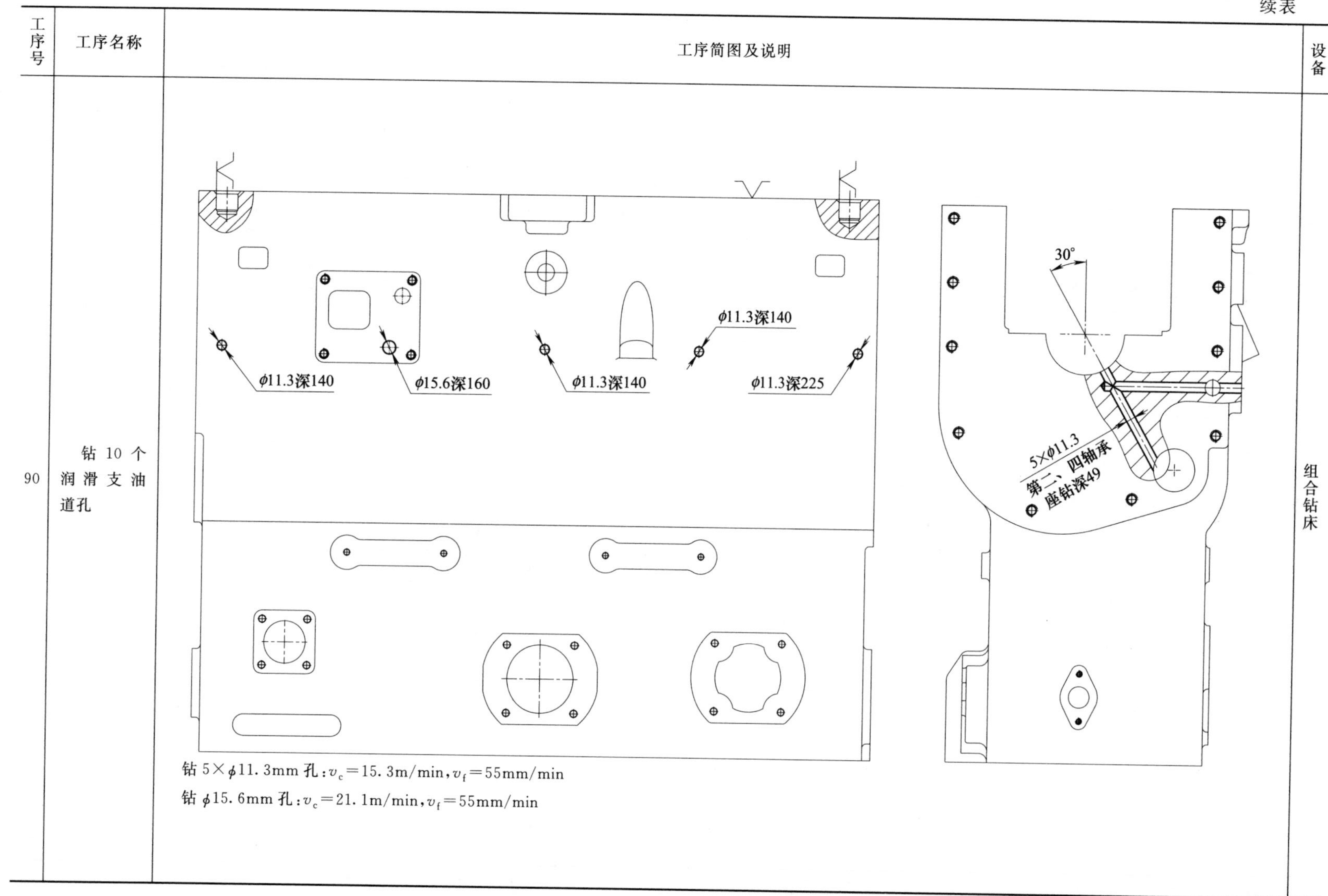 钻 5×ϕ11.3mm 孔：v_c=15.3m/min，v_f=55mm/min 钻 ϕ15.6mm 孔：v_c=21.1m/min，v_f=55mm/min	组合钻床

续表

工序号	工序名称	工序简图及说明	设备
95	钻10个固定主轴承盖的螺栓孔和一个油孔，并在左侧面钻油标尺孔	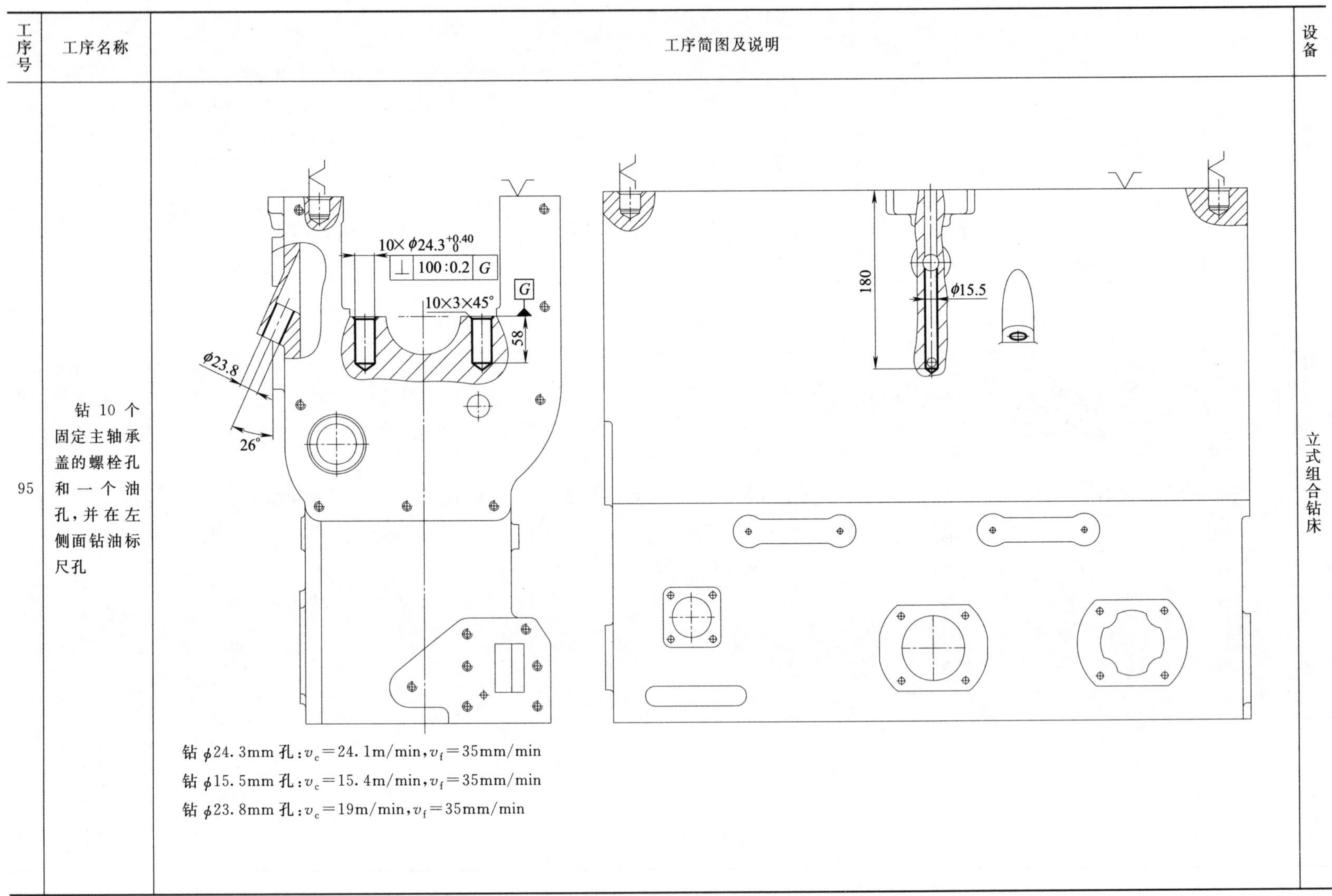 钻 ϕ24.3mm 孔：v_c=24.1m/min，v_f=35mm/min 钻 ϕ15.5mm 孔：v_c=15.4m/min，v_f=35mm/min 钻 ϕ23.8mm 孔：v_c=19m/min，v_f=35mm/min	立式组合钻床

续表

工序号	工序名称	工序简图及说明	设备
100	在第一主轴承座上钻斜油孔	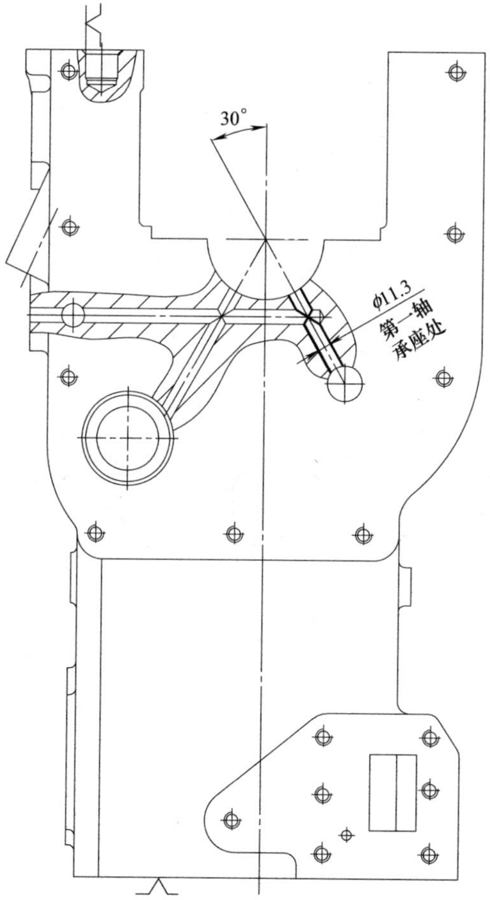 30° ϕ11.3 第一轴承座处 v_c=17.8m/min,v_f=80mm/min	单轴通用机械头

续表

工序号	工序名称	工序简图及说明	设备
105	攻固定曲轴轴承盖的10个螺栓孔和一个油标尺	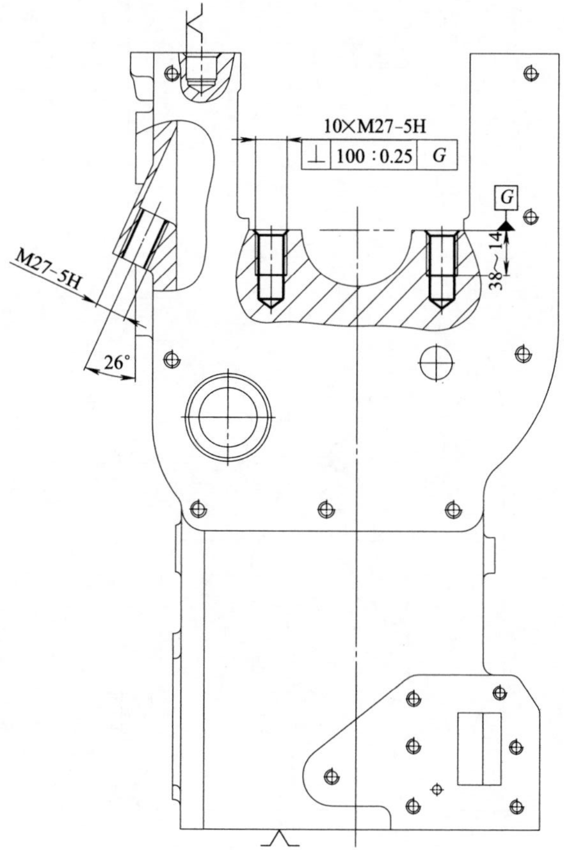 攻 M27：v_c=4.2m/min，v_f=150mm/min 攻油标尺孔：v_c=7.25m/min，v_f=256.5mm/min	专用攻螺纹机

续表

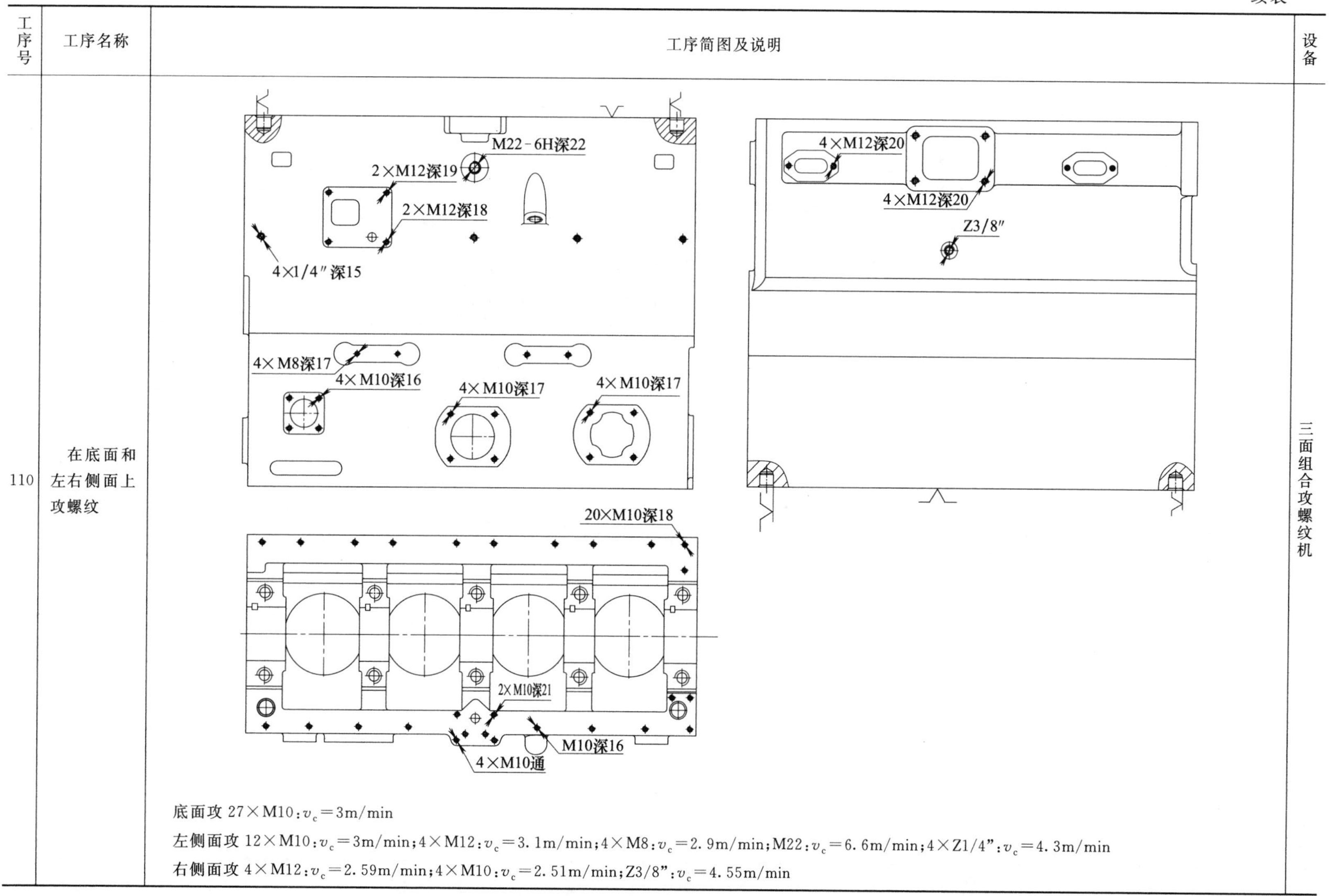

工序号	工序名称	工序简图及说明	设备
110	在底面和左右侧面上攻螺纹	底面攻 27×M10：v_c=3m/min 左侧面攻 12×M10：v_c=3m/min；4×M12：v_c=3.1m/min；4×M8：v_c=2.9m/min；M22：v_c=6.6m/min；4×Z1/4"：v_c=4.3m/min 右侧面攻 4×M12：v_c=2.59m/min；4×M10：v_c=2.51m/min；Z3/8"：v_c=4.55m/min	三面组合攻螺纹机

续表

工序号	工序名称	工序简图及说明	设备
115	钻8个挺杆导管孔	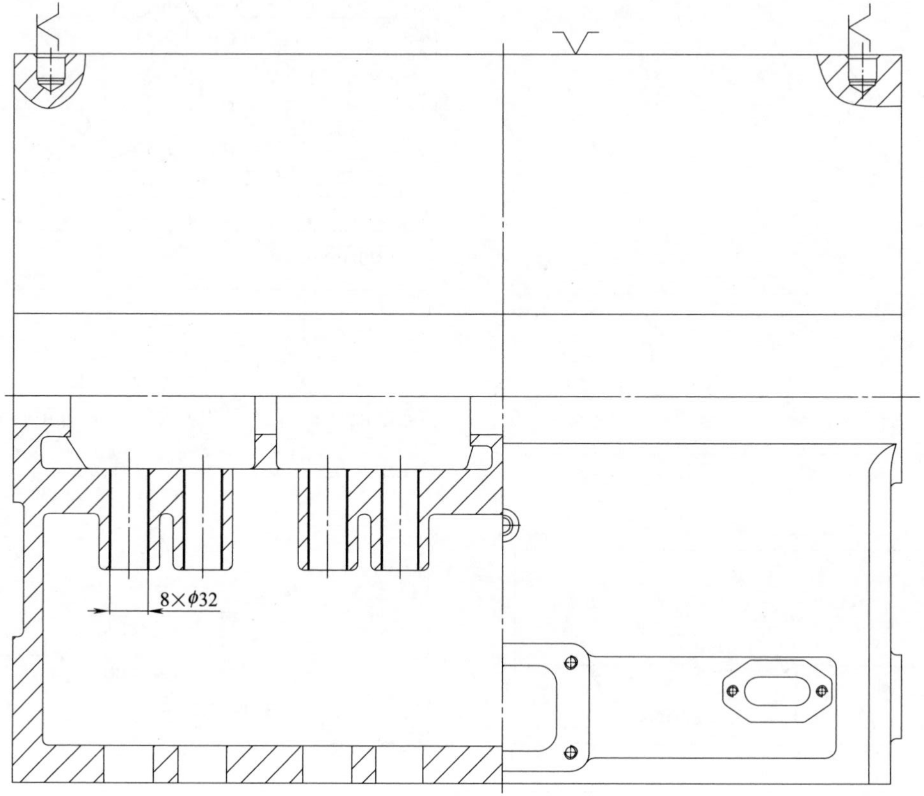 8×ϕ32 v_c=18m/min，v_f=32mm/min	八轴立式钻床

续表

工序号	工序名称	工序简图及说明	设备
120	扩铰 8 个挺杆导管孔	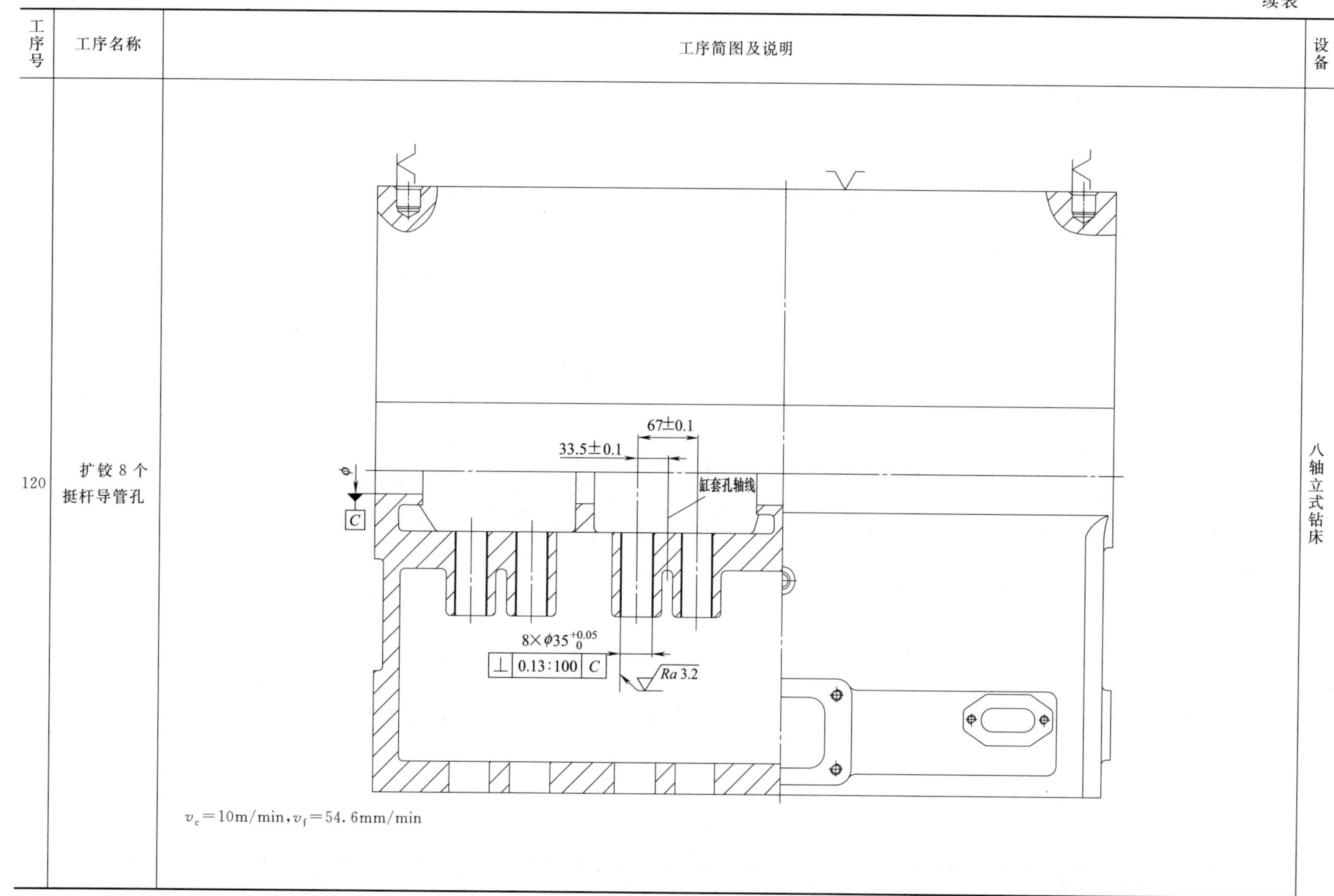 $v_c=10\text{m/min}, v_f=54.6\text{mm/min}$	八轴立式钻床

续表

工序号	工序名称	工序简图及说明	设备
125	精镗 4 个缸套孔	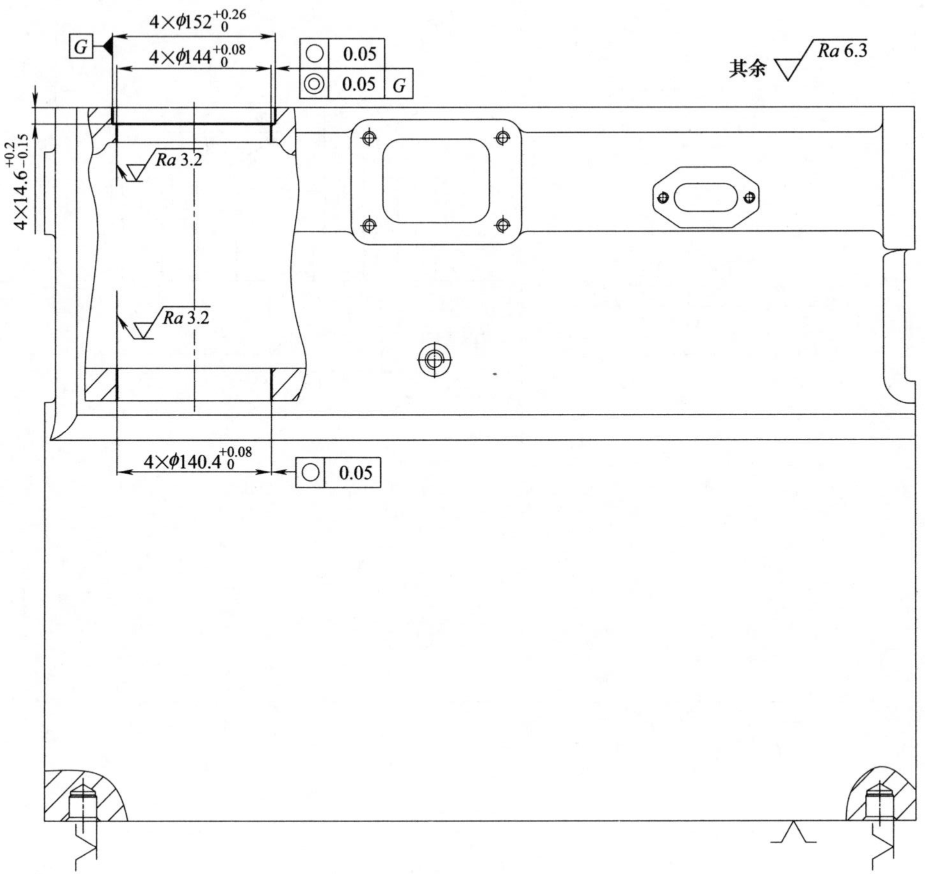 $4\times\phi152^{+0.26}_{0}$ $4\times\phi144^{+0.08}_{0}$ G ○ 0.05 ◎ 0.05 G 其余 Ra 6.3 $4\times14.6^{+0.2}_{-0.15}$ Ra 3.2 Ra 3.2 $4\times\phi140.4^{+0.08}_{0}$ ○ 0.05 $\phi144$mm:$v_c=50$m/min,$v_f=30$mm/min	立式四轴镗床

续表

工序号	工序名称	工序简图及说明	设备
130	精镗 4 个气缸套安装止孔端面	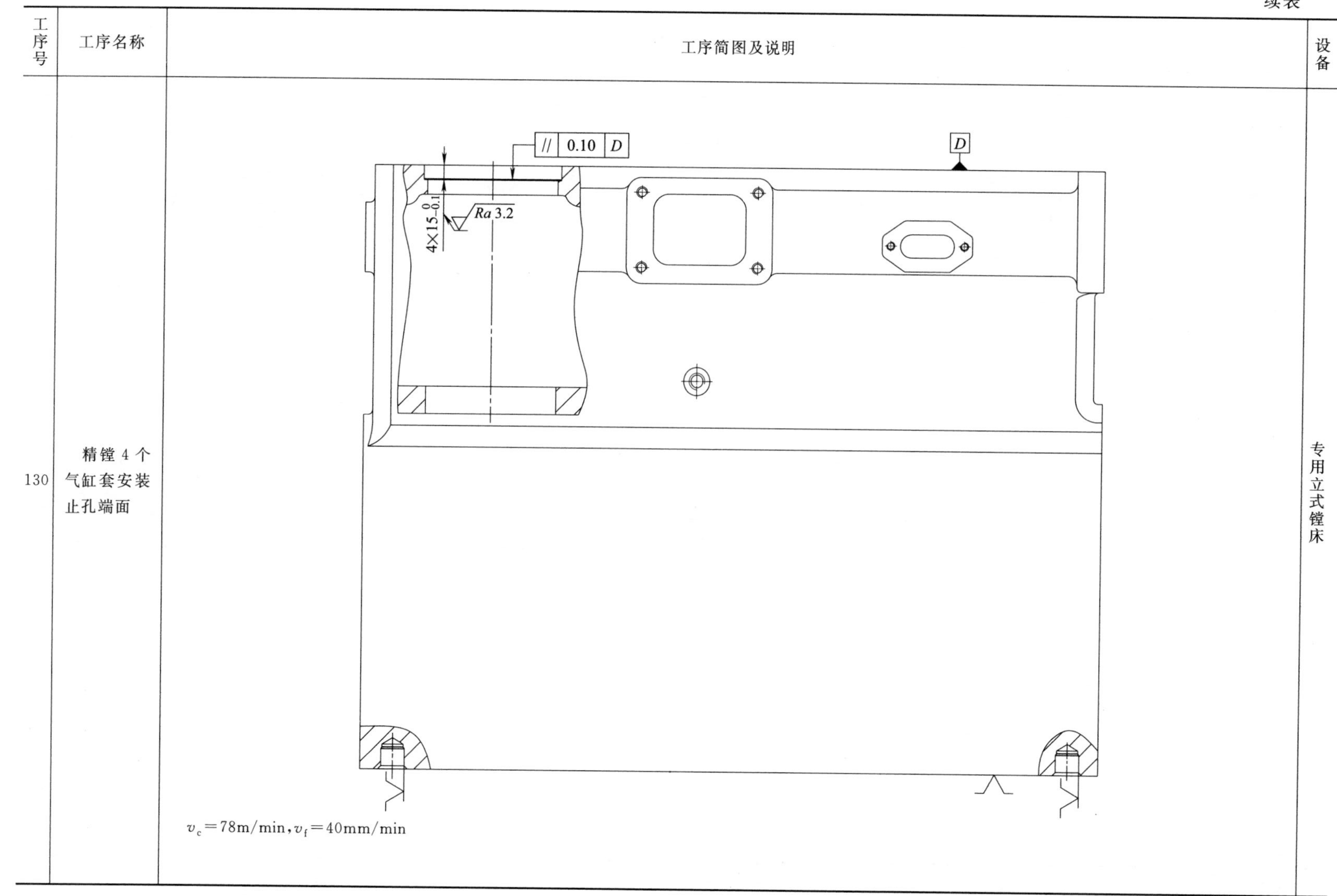 v_c=78m/min，v_f=40mm/min	专用立式镗床

续表

工序号	工序名称	工序简图及说明	设备
135	在4个缸套孔内镗阻水槽	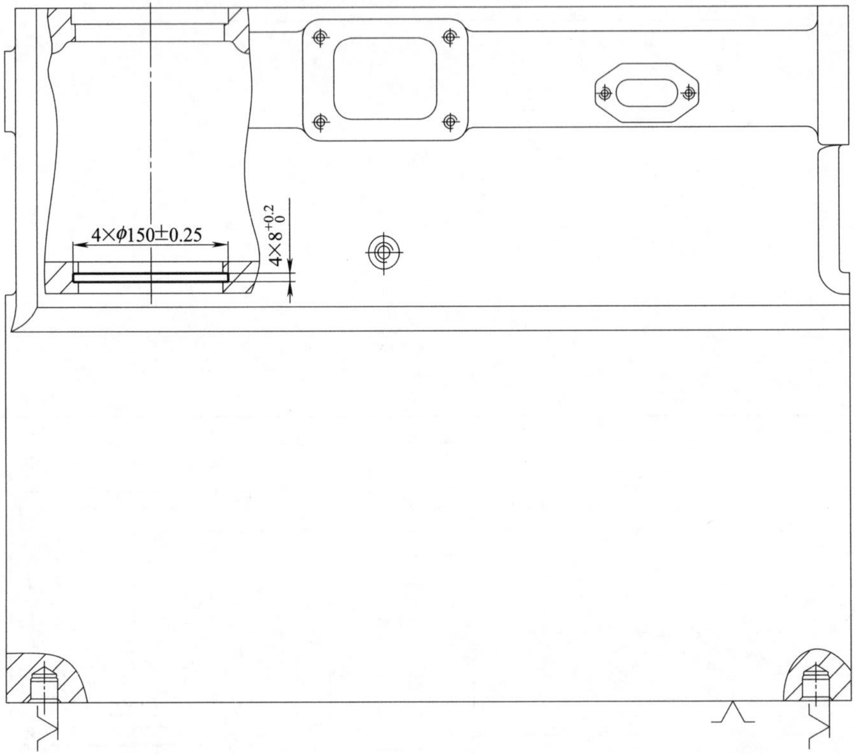 4×ϕ150±0.25 4×$8^{+0.2}_{0}$ v_c=27m/min，v_f=11mm/min	单轴立式镗床
140	清洗和吹净零件	在热水中清洗零件3～4min，水温不低于80℃；用压缩空气吹净零件	清洗机
145	准备移交检验	在缸体底面和分开面上去毛刺；捅掉主润滑油道内铁屑，并用压缩空气吹净；用抹布擦净缸体底面和分开面；检查裂纹；检查底面、两侧面、前后端面螺孔的深度和松紧	在辊道上

续表

工序号	工序名称	工序简图及说明	设备
150	检验	检查铸造缺陷，检查机械加工缺陷，并做出标记	在辊道上
155	在缸体上安装 10 个双头螺栓	螺栓和螺孔分组装配，保证中径过盈量在 0.03～0.14mm 范围内	摇臂钻床
160	安装曲轴轴承盖	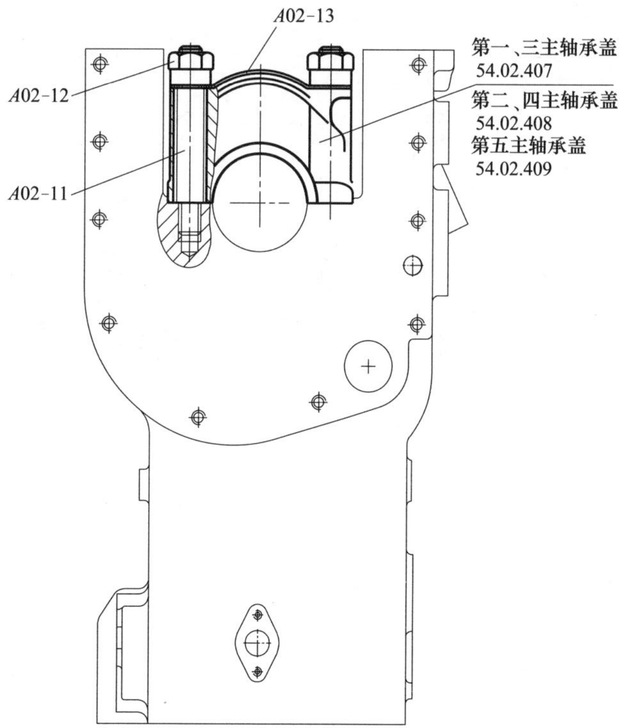 按已选好的轴承盖打上标记号并进行安装 旋紧 10 个螺母，其力矩应保持在 40±5kgf・m	拧螺母机

续表

工序号	工序名称	工序简图及说明	设备
165	在前、后端面主油道孔上扩孔、攻螺纹，并在前端面钻孔	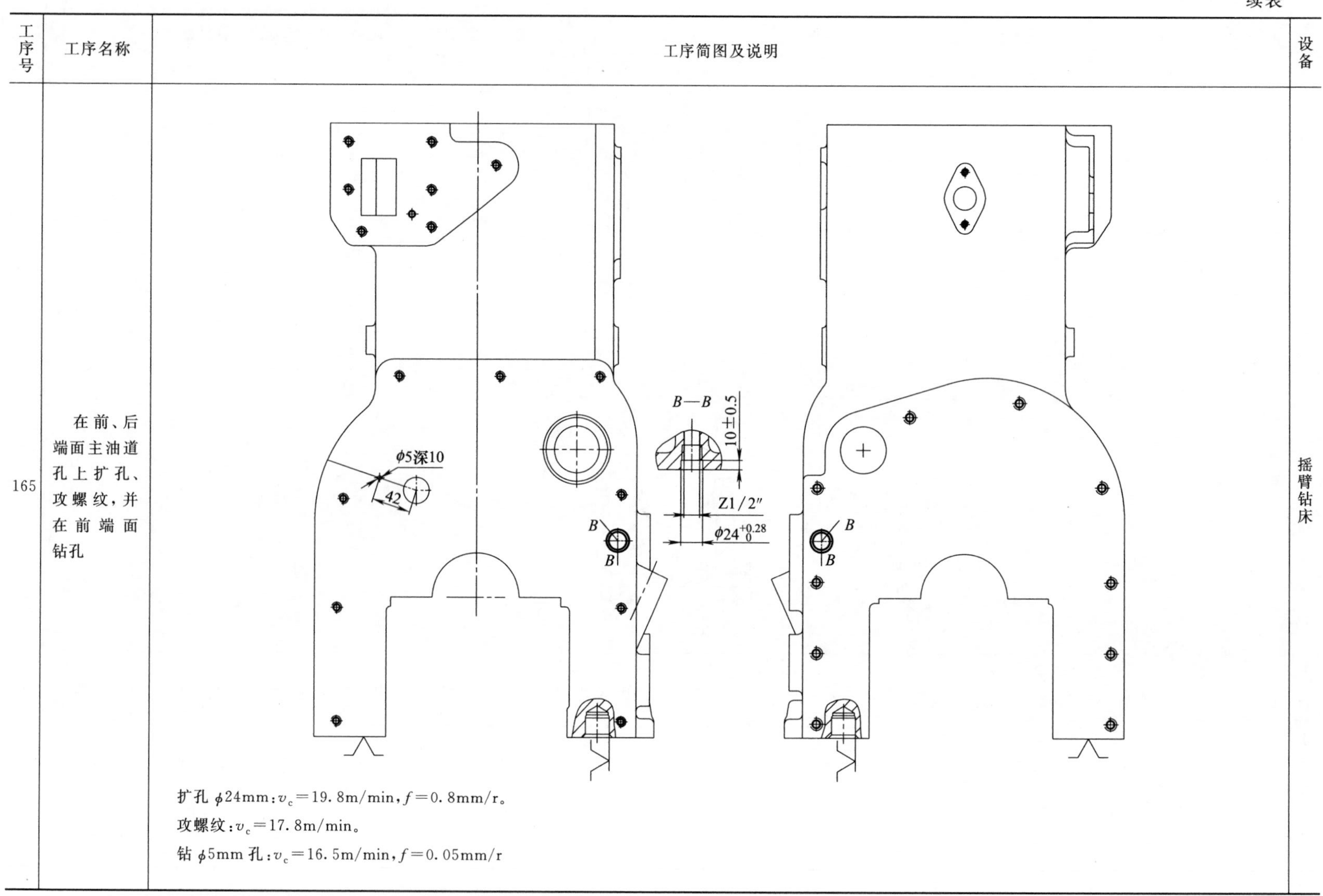 扩孔 ϕ24mm：v_c=19.8m/min，f=0.8mm/r。 攻螺纹：v_c=17.8m/min。 钻 ϕ5mm 孔：v_c=16.5m/min，f=0.05mm/r	摇臂钻床

续表

工序号	工序名称	工序简图及说明	设备
170	半精镗 5 个曲轴孔、3 个凸轮轴孔和一个惰轮轴孔	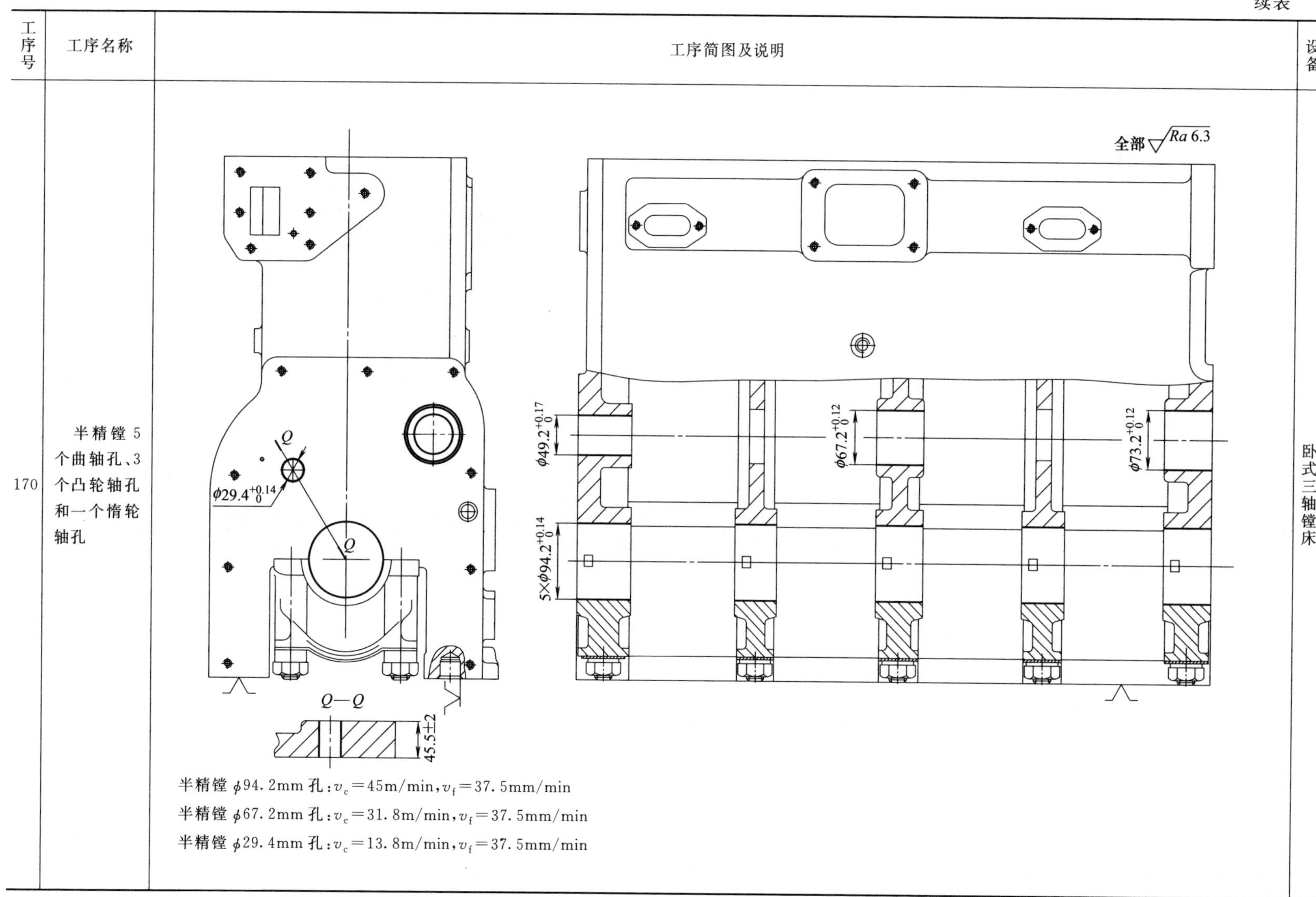 半精镗 ϕ94.2mm 孔：v_c=45m/min，v_f=37.5mm/min 半精镗 ϕ67.2mm 孔：v_c=31.8m/min，v_f=37.5mm/min 半精镗 ϕ29.4mm 孔：v_c=13.8m/min，v_f=37.5mm/min	卧式三轴镗床

续表

工序号	工序名称	工序简图及说明	设备
175	镗第5曲轴承座的两端面	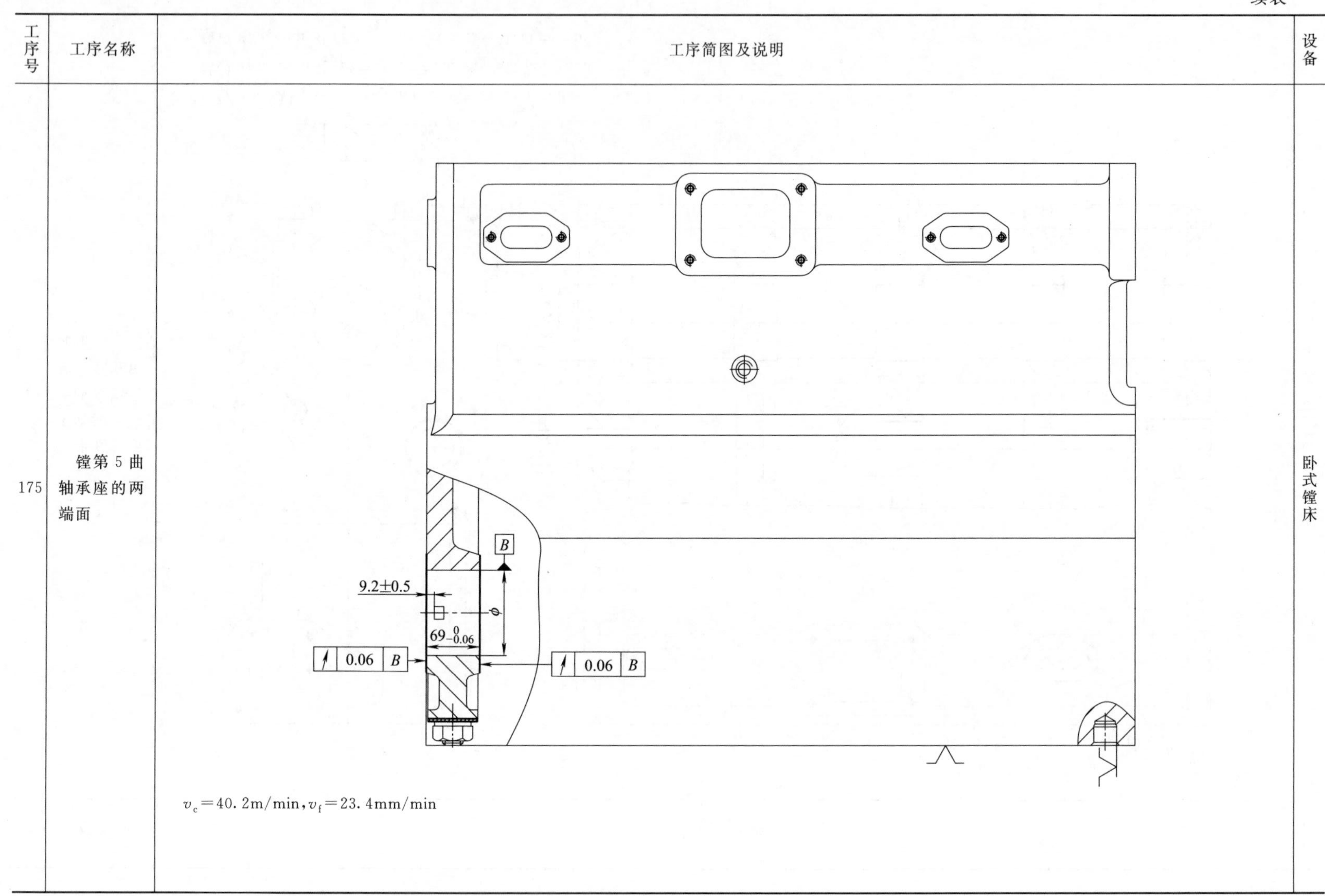 $v_c=40.2\mathrm{m/min}, v_f=23.4\mathrm{mm/min}$	卧式镗床

续表

工序号	工序名称	工序简图及说明	设备
180	精镗 5 个曲轴孔，3 个凸轮轴孔和一个惰轮轴孔	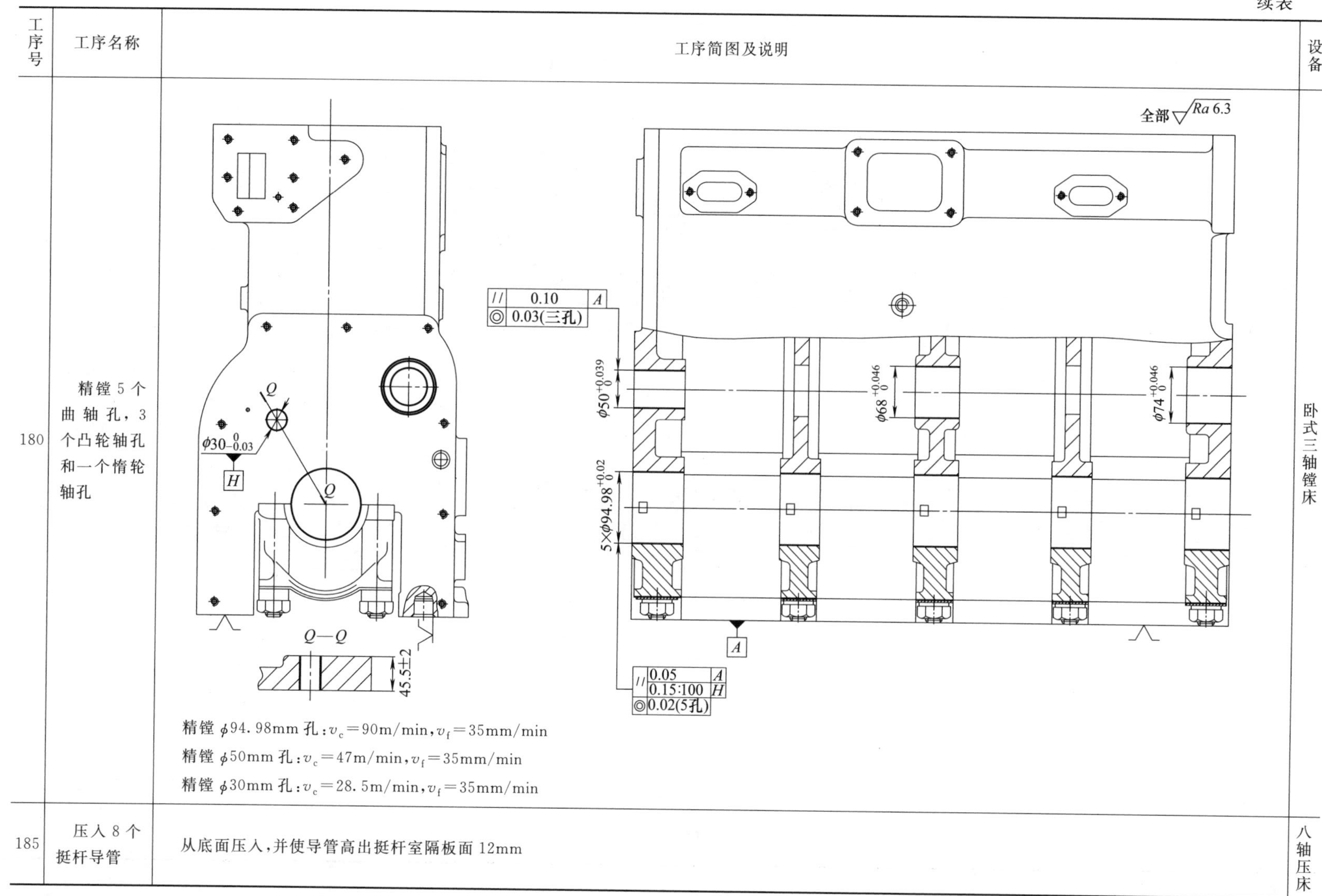 精镗 ϕ94.98mm 孔：v_c=90m/min，v_f=35mm/min 精镗 ϕ50mm 孔：v_c=47m/min，v_f=35mm/min 精镗 ϕ30mm 孔：v_c=28.5m/min，v_f=35mm/min	卧式三轴镗床
185	压入 8 个挺杆导管	从底面压入，并使导管高出挺杆室隔板面 12mm	八轴压床

续表

工序号	工序名称	工序简图及说明	设备
190	在底面、后端面和左右侧面上钻孔	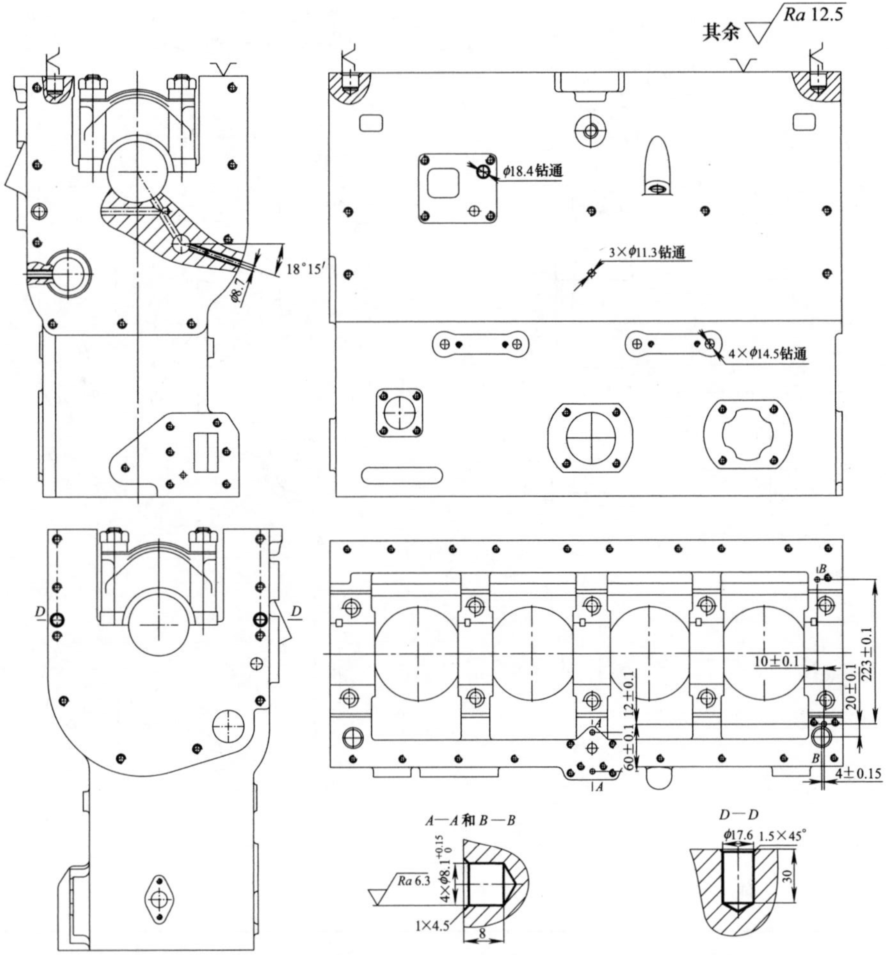 底面钻 4×ϕ8.1mm 孔：v_c=16.1m/min，v_f=40mm/min 后端面钻 2×ϕ17.6mm 孔：v_c=18.5m/min，v_f=40mm/min 左侧面钻 4×ϕ14.5mm 孔：v_c=18.2m/min，v_f=40mm/min 右侧面钻 ϕ8.7mm、ϕ18.4mm 孔：v_c=20m/min，v_f=40mm/min	四面组合钻床

续表

工序号	工序名称	工序简图及说明	设备
195	在后端面和左右侧面上铰孔和攻螺纹，并铰8个挺杆导管孔	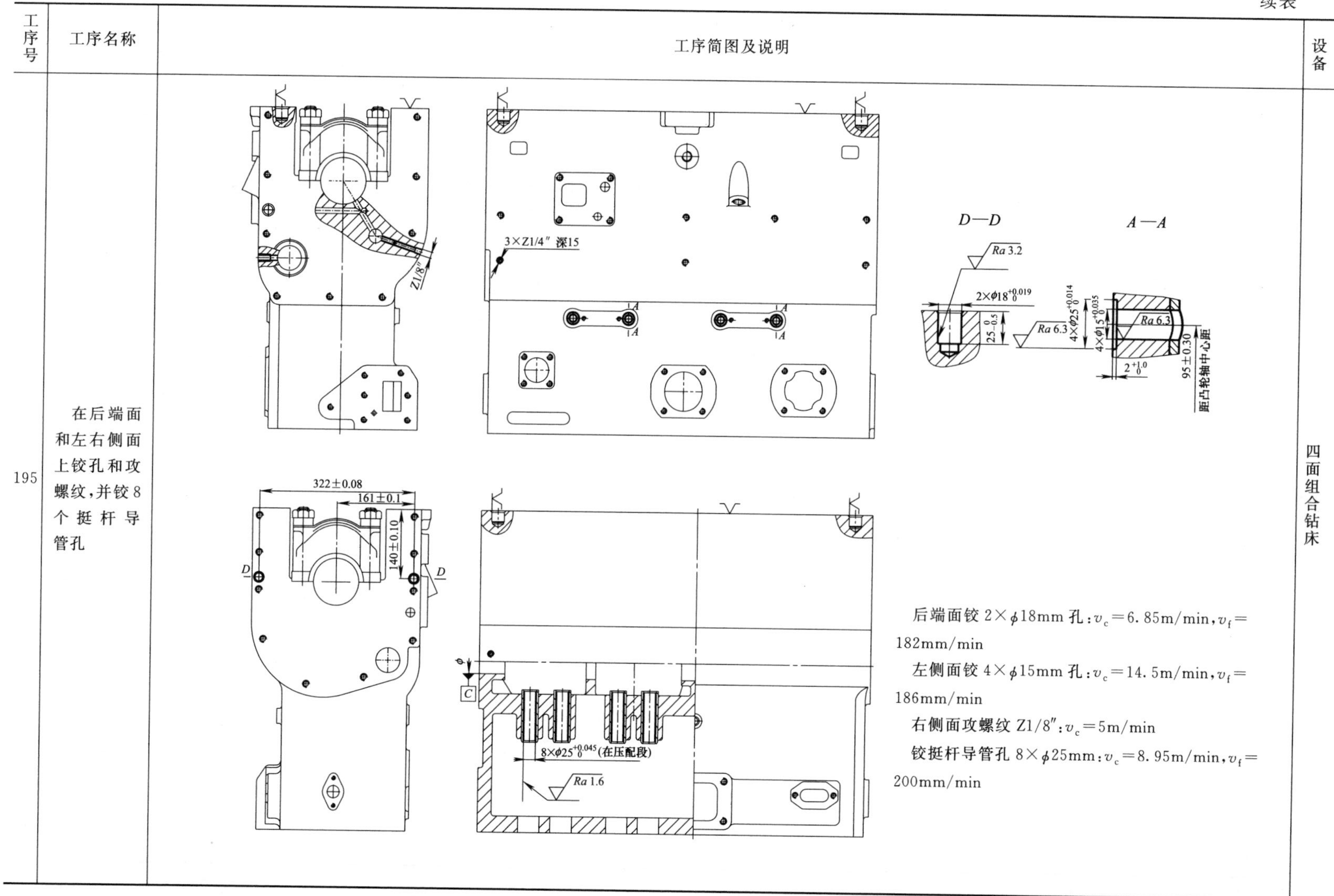 后端面铰 2×ϕ18mm 孔：v_c=6.85m/min，v_f=182mm/min 左侧面铰 4×ϕ15mm 孔：v_c=14.5m/min，v_f=186mm/min 右侧面攻螺纹 Z1/8″：v_c=5m/min 铰挺杆导管孔 8×ϕ25mm：v_c=8.95m/min，v_f=200mm/min	四面组合钻床

续表

工序号	工序名称	工序简图及说明	设备
200	珩磨 5 个曲轴孔	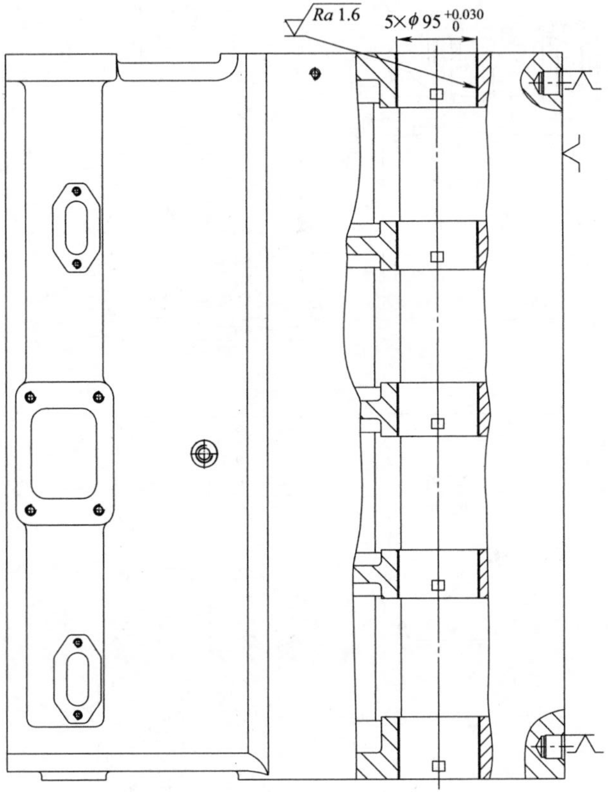 Ra 1.6；$5\times\phi 95^{+0.030}_{0}$ $v_c=85\text{m/min}, v_f=1200\text{mm/min}$	立式珩磨机
205	清洗并吹净零件		清洗机

续表

工序号	工序名称	工序简图及说明	设备
210	清洗全部油道孔		清洗机
215	在 3 个凸轮轴孔压装衬套		压床
220	铰凸轮轴衬套孔和惰轮轴孔	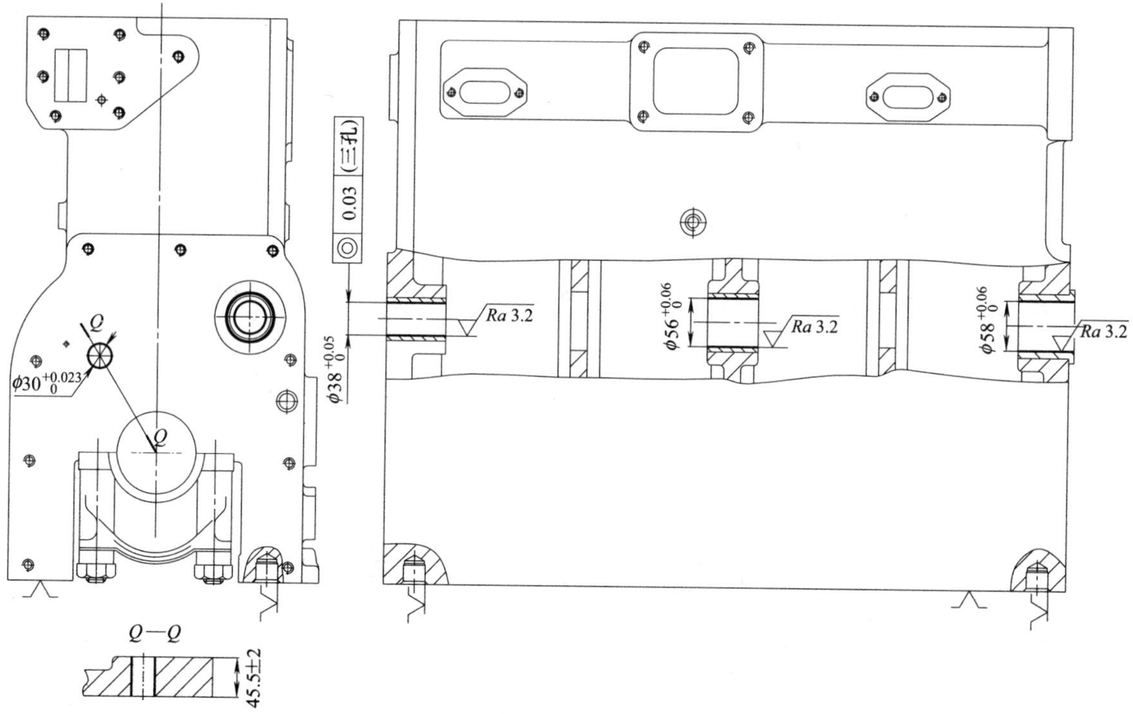Q $\phi30^{+0.023}_{0}$ Q Q—Q 45.5±2 0.03 (三孔) $\phi38^{+0.05}_{0}$ Ra 3.2 $\phi56^{+0.06}_{0}$ Ra 3.2 $\phi58^{+0.06}_{0}$ Ra 3.2 $v_c=13.6\text{m/min}, v_f=150\text{mm/min}$	卧式镗床

续表

工序号	工序名称	工序简图及说明	设备
225	钻标牌孔	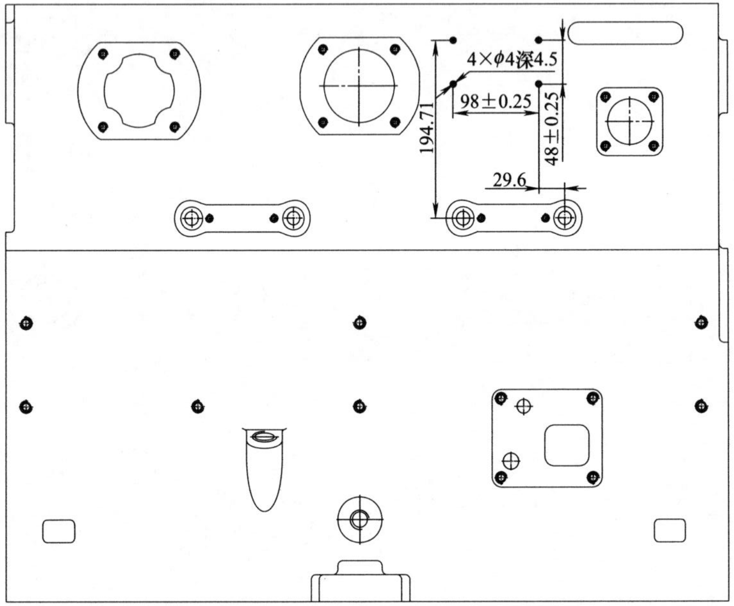 4×ϕ4深4.5 98±0.25 48±0.25 194.71 29.6	手电钻
230	移交检验准备	清除铸件内切屑，按轴承座顺序在螺栓和螺母上打刻线和号码	在辊道上
235	检验	检验各主要孔的尺寸、形状和位置精度	在辊道上
240	清洗并吹净气缸体合件	在热水中清洗零件，清洗机水温应控制在 75～85℃	清洗机

3.3.3　缸体加工的典型工艺装备

(1) 铣左侧面夹具

图 3-33 所示是用于工序 5 铣缸体左侧面的夹具。工件安装时，使夹具的两个导柱 10 分别插入缸体第一、四缸套孔，两个缸套孔的孔缘分别在两个削边圆锥销 15 上定位，共限制工件 5 个自由度；再由铰链压板上对称安装的两个夹紧支承钉 12、13 夹紧曲轴轴承孔，以限制工件的 1 个转动自由度，从而工件的 6 个自由度被完全限制。

夹具采用原理相同的两套夹紧机构对工件实现四点夹紧，夹紧机构主要由气缸、连杆、铰链压板等构成。夹紧时，气缸活塞杆 1 上移，连杆 6 会推动铰链压板 9 绕销轴 8 顺时针旋转，铰链压板上对称安装的两个夹紧支承钉 12、13 实现对工件的两点夹紧。挡铁 2 用于平衡连杆 6 的水平反作用力，以避免活塞杆 1 的受力变形，滚动轴承 5 用于避免连杆 6 与挡铁 2 之间的滑动摩擦。夹紧支承钉 12、13 兼有夹紧和定位双重功能，当两套夹紧机构同时夹紧时，会导致工件的同一个转动自由度被重复限制，即过定位，从而会导致工件产生夹紧变形，但过定位可以提高工件的刚性。

在该夹具中，由于工件是以孔缘在削边圆锥销上定位，为提高工件的定位刚性，在工件定位夹紧后，采用 4 个气缸使 4 个支承螺钉 16 同时顶在缸体的顶面上。铣左侧凸台面的两把铣刀分别采用对刀块 11 和 14 进行对刀调整。

(2) 铣顶、底面和右侧凸台面夹具

图 3-34 所示是用于工序 10 铣缸体顶、底面和右侧放水阀安装凸台面的夹具。夹具上的支承板 19、26 和 24、25 共同构成阶梯大平面，对工件已经铣出的左侧面定位；以支承钉 16、27 对缸体的曲轴轴承孔分开面定位，该定位由气缸 20 和铰链压板 21 协助完成。为保证工件上的工艺窗孔能对准铰链压板 21，工件装入时以预定位导板 2、18 对工件进行预定位。该夹具共限制工件 5 个自由度，属不完全定位。

夹具采用原理相同的 4 套夹紧机构对工件实现四点夹紧，夹紧机构主要由气缸、连杆、铰链压板等构成。夹紧时，气缸活塞杆 5 上移，连杆 9 会推动铰链压板 3 绕销轴 11 顺时针旋转，从而实现对工件的夹紧。挡铁 6 用于平衡连杆 9 的水平反作用力，以避免活塞杆 5 的受力变形，滚轮 7 用于避免连杆 9 与挡铁 6 之间的滑动摩擦。

(3) 钻铰工艺定位孔夹具

工序 15 用于钻、铰两个 $\phi26^{+0.023}_{0}$ mm 工艺定位孔，该工序采用卧式两轴专用钻床，借助专用转位辅具实现钻孔和铰孔工步的切换。图 3-35 所示是用于该工序加工的夹具装配简图。夹具体顶面上有两个支承板 7 和 2 个 L 形支承板 8，用于安放工件并对工件预定位。夹具右侧支架 10 上安装有 4 个支承板 19、两个刀具导引钻套 9 和 4 套浮动滚动轴承 20 组成的机构。在气缸 4 的作用下，削边圆锥销 2、5 的圆锥面会同时插入缸体的第一、四缸套孔，首先将缸体底平面推压在滚动轴承 20 上，在水平面内对工件位置进行找正，当气缸 4 继续作用时，缸体底平面将会紧贴在 4 个支承板 19 上完成定位和夹紧。

夹具采用原理相同的 2 套夹紧机构，对缸体右侧面垂直向下夹紧，以防止工件定位过程中发生垂直方向的偏转。夹紧机构主要由气缸、连杆、铰链压板等构成。夹紧时，气缸活塞杆 11 上移，连杆 15 会推动铰链压板 17 绕销轴 18 顺时针旋转，从而实现对工件的夹紧。挡板 12 用于平衡连杆 15 的水平反作用力，以避免活塞杆 11 的受力变形，滚轮 14 用于避免连杆 15 与挡板 12 之间的滑动摩擦。

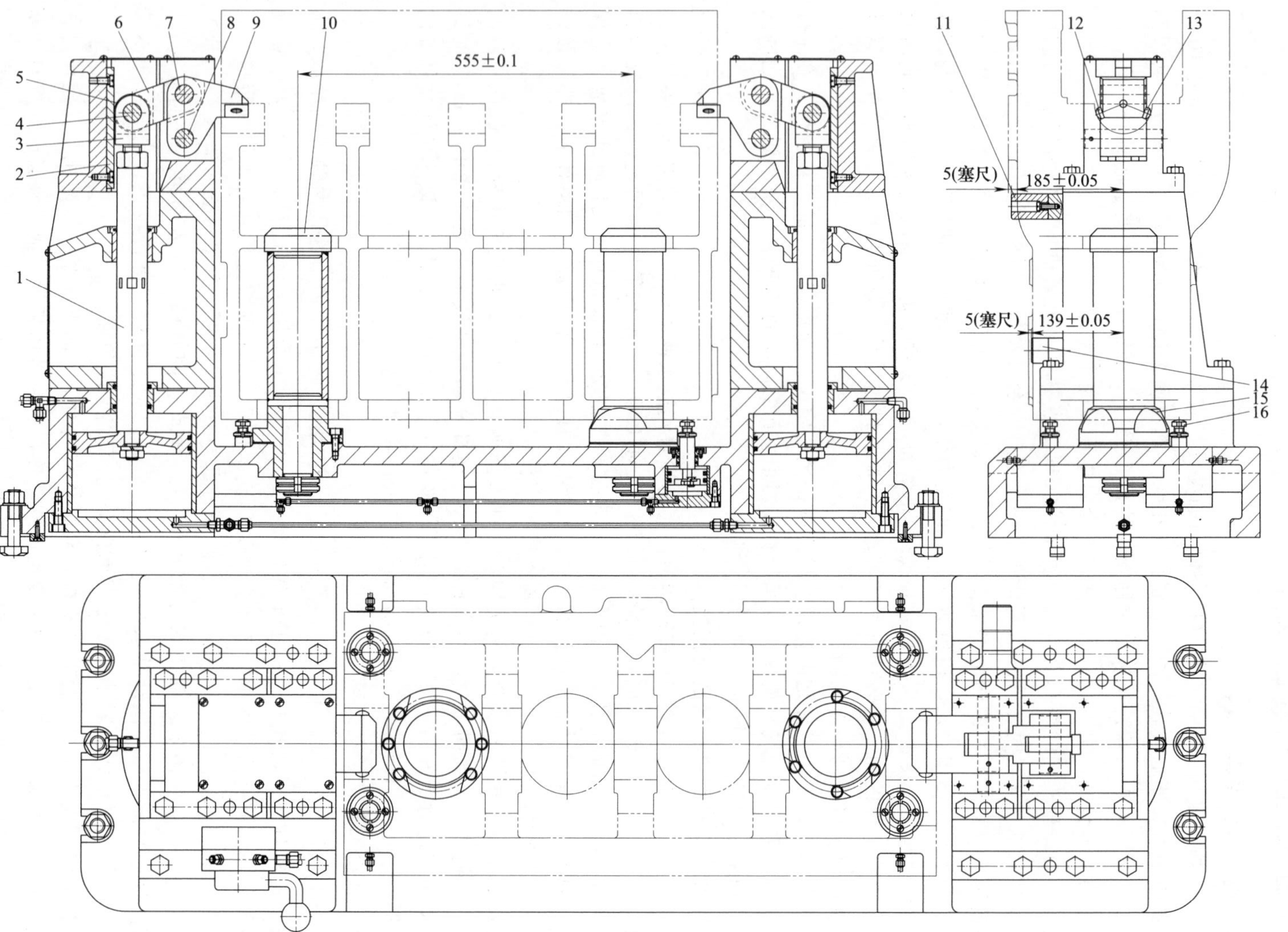

图 3-33　铣左侧面夹具

1—活塞杆；2—挡铁；3—铰链支座；4,7,8—销轴；5—滚动轴承；6—连杆；9—铰链压板；10—导柱；11,14—对刀块；12,13—夹紧支承钉；15—削边圆锥销；16—支承螺钉

定位工艺孔加工时，需保证对缸体底平面的垂直度，即缸体底平面应为主要定位面。因此缸体右侧面的垂直夹紧力有违夹紧力设计原则。

(4) 镗曲轴轴承孔及凸轮轴孔夹具

图 3-36 所示是用于工序 30、170 和 180 粗、半精、精镗曲轴轴承孔和凸轮轴孔及钻、铰惰轮轴孔的夹具。夹具由 49、51、52、57 四块支承板构成大平面，对缸体底平面定位，由圆柱销 56 和削边销 53 分别与工件上两个 $\phi 26^{+0.023}_{0}$mm 工艺孔配合，从而构成一面双销完全定位方式。

由于曲轴轴承孔由 5 个等直径孔组成，沿轴线分布距离大，为缩短加工时间，采用 5 组刀具分别加工 5 个轴承孔，这就需要加工前镗刀杆必须进入曲轴轴承孔，使 5 组刀具停留在相应的预备位置。因此需要如下功能配合：机床主轴必须具有刹车、定位功能，以保证机床停机时，镗刀刀尖必须保持垂直向上；夹具必须具有抬起、落下工件的功能。在镗刀杆进入轴承孔时，工件需处于抬起状态，以保证镗刀杆进入时，待加工轴承孔能避让镗刀。在镗刀到达预定位置后，工件再落下，以保证工件进入定位状态，并获得准确的加工位置。工件的抬起、落下由凸轮和抬升销实现：当气缸 34 的活塞杆 44 向右移动时，使与齿条轴 43、33 分别啮合的齿轮 41、32 旋转，通过凸轮轴 54、26 和凸轮 27、29（另两个未标出）使抬升销 28、30、50、55 同时上抬工件，其抬升极限高度由死挡铁 38 限制，抬升销落下的位置由行程开关 47 控制。

由于工件重量大，且夹具结构尺寸紧凑，为避免工件装入夹具时，造成对刀具导引支架和定位销的冲击碰撞，夹具上采用 12、14、16、17 预定位块对工件的装入位置进行限制。在工件安装时，工件需由夹具前上方，沿预定位块 12、17 滑下，然后使缸体右侧面靠向预定位块 14、16，再滑落至底部预备位置。

装卸工件时，夹紧压板需避让工件。为减轻工人劳动强度，压板 11、18 的避让动作由曲柄-连杆机构联动实现，且压板避让动作与工件的抬升和落下也联动，图示为工件落下定位、压板夹紧状态。当工件夹紧松开后，活塞杆 44 向右移动，抬升销升起，同时由齿条轴 33 和齿轮 31 啮合，使俯视图中的回转轴 13 顺时针旋转，借助曲柄 46、39 和连杆 42 机构，回转轴 25 也按顺时针旋转，从而通过曲柄-连杆机构使压板 11、18 同时沿顺时针旋转，为工件的装卸进行避让。

由上可知，该工序的机床动作与夹具动作需要关联，其动作和操作的循环过程及控制如下：机床停机原位、工件抬起、刀尖定位向上状态→装入工件→按下按钮→镗杆进入轴承孔预备位置→机床滑台行程开关闭合→活塞杆 44 左移→抬升销落下、压板逆时针旋转→行程开关 47 压下→工件完成定位，压板 11、18 夹紧工件→夹紧压力继电器闭合→主轴旋转→延时继电器闭合→机床滑台工进加工→滑台终点行程开关压下→机床主轴刹车、定位→主轴定位开关闭合→压板 11、18 松开→松开压力继电器闭合→活塞杆 44 右移→抬升销升起、压板顺时针旋转避让→行程开关 47 抬起、死挡铁 38 限位→镗刀杆退出轴承孔→机床原位开关闭合。机床的加工操作按上述循环可实现自动循环，若考虑安全性或其他问题，也可设置中间控制按钮。

该夹具采用两套结构原理完全相同的“气缸-斜楔-挺杆-压板”夹紧机构，夹紧机构分别安装在夹紧支架 3、24 的顶部，两个夹紧支架通过连接杆 15 相连，以增加刚性，平衡夹紧力反作用力造成的夹紧支架翻转趋势。在 $B—B$ 视图中，当气缸 2 推动斜楔 8 向右移动时，滚轮 10 沿斜楔面滚动上移，通过销轴 9 使挺杆 6 上抬，实现杠杆式压板 11 对工件的夹紧。

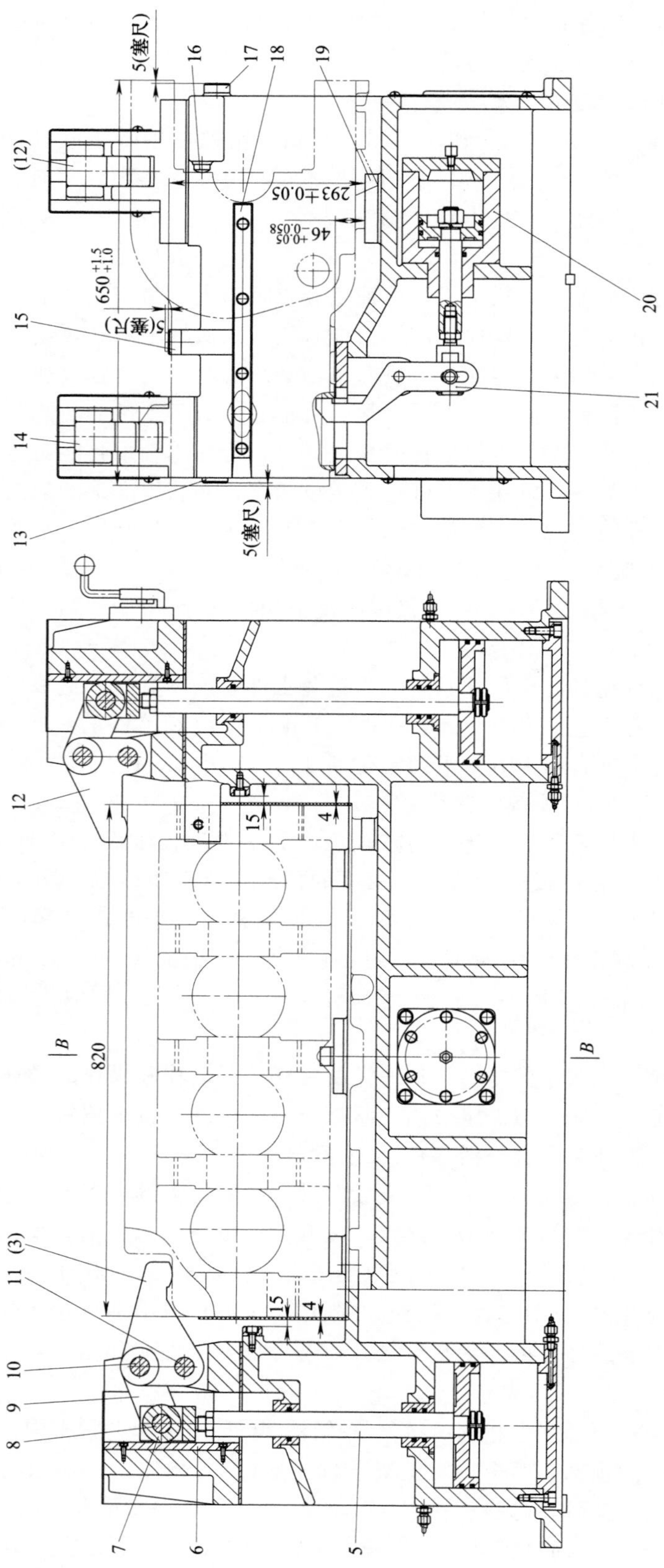

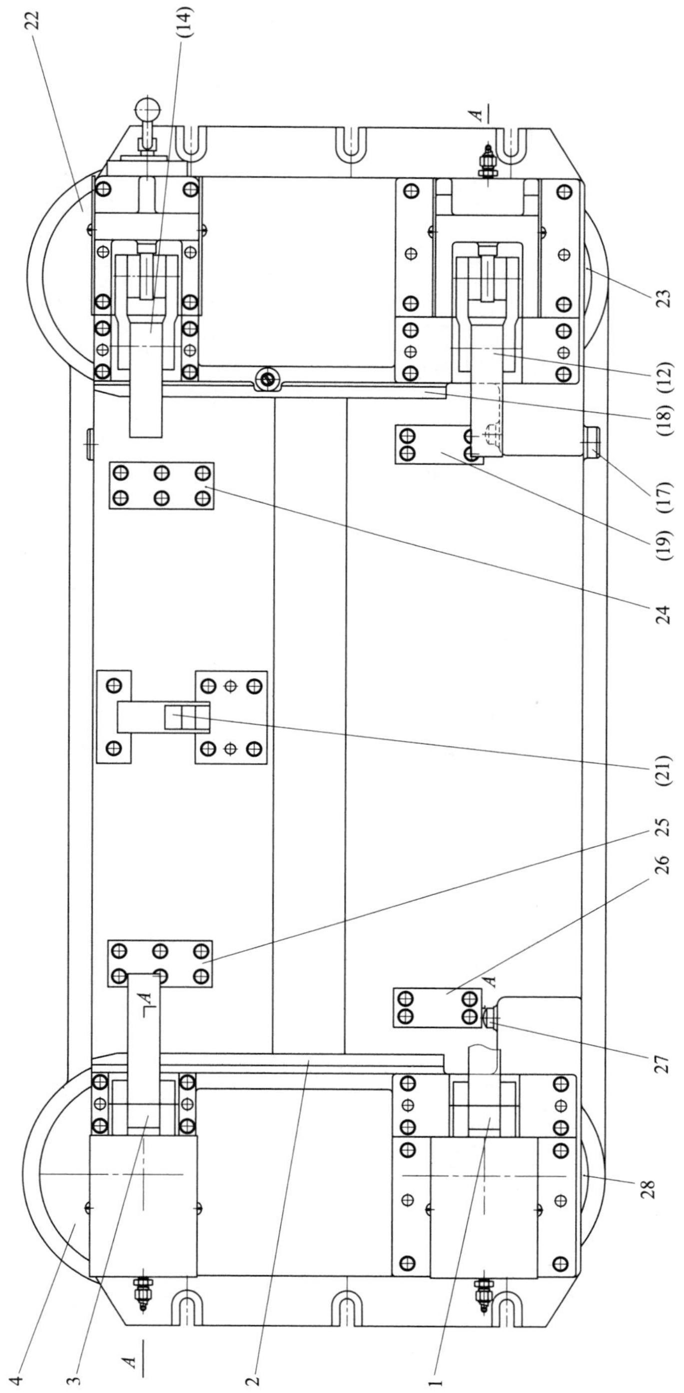

图 3-34　铣顶、底面和右侧凸台面夹具

1,3,12,14,21—铰链压板；2,18—预定位导板；4,22,23,28,20—气缸；5—活塞杆；6—挡铁；7—滚轮；8,10,11—销轴；
9—连杆；13,15,17—对刀块；16,27—支承钉；19,24~26—支承板

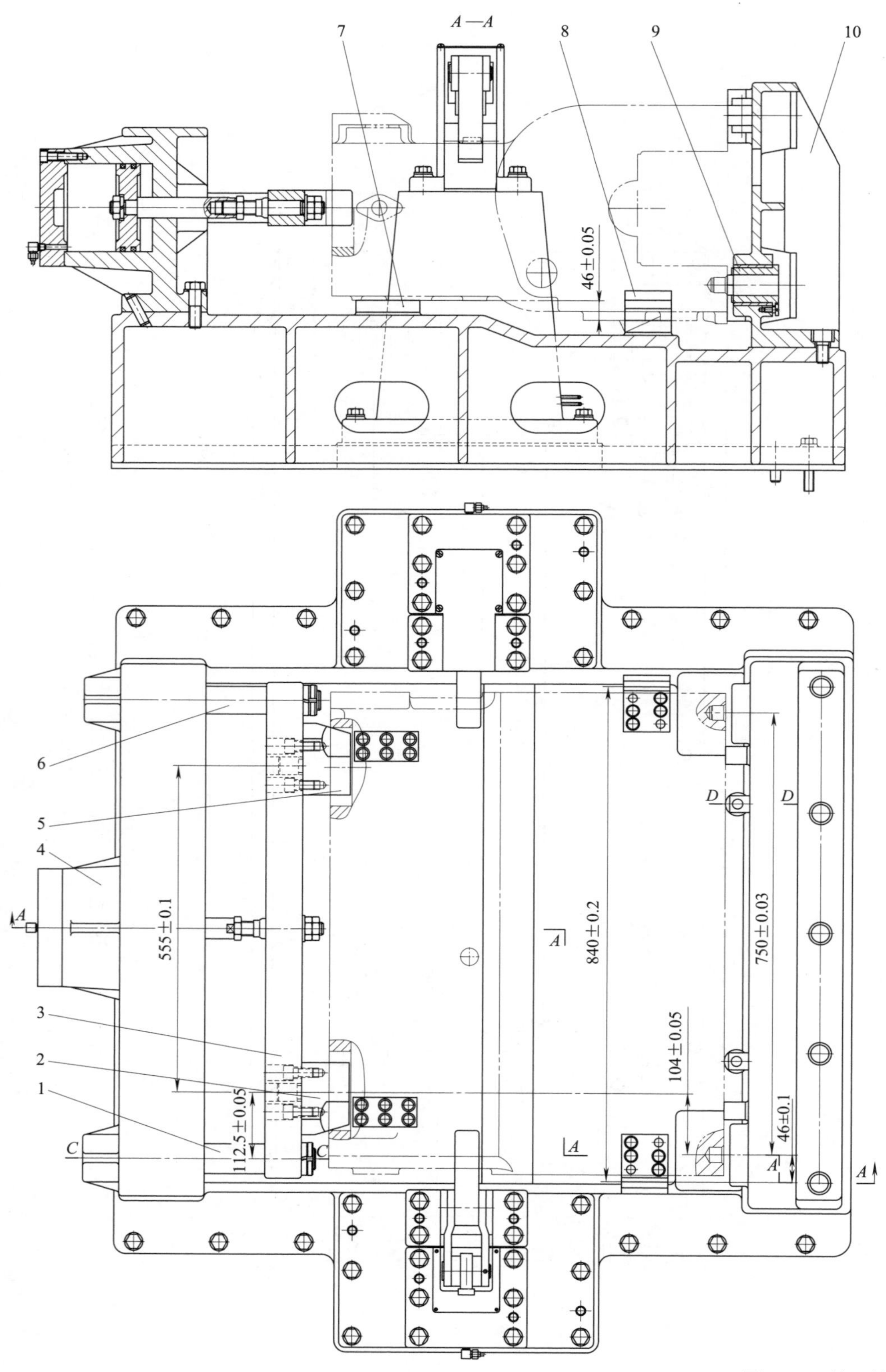

图 3-35 钻、铰工艺

1,6—导杆；2,5—削边圆锥销；3—支架板；4—气缸；7,19—支承板；8—L形支承板；9—钻套；10—支架；

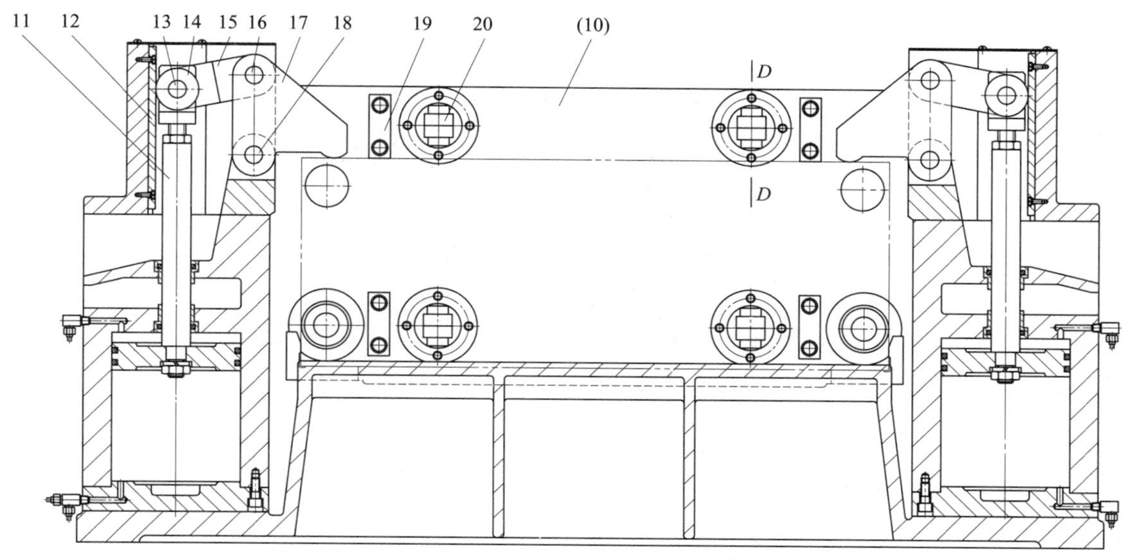

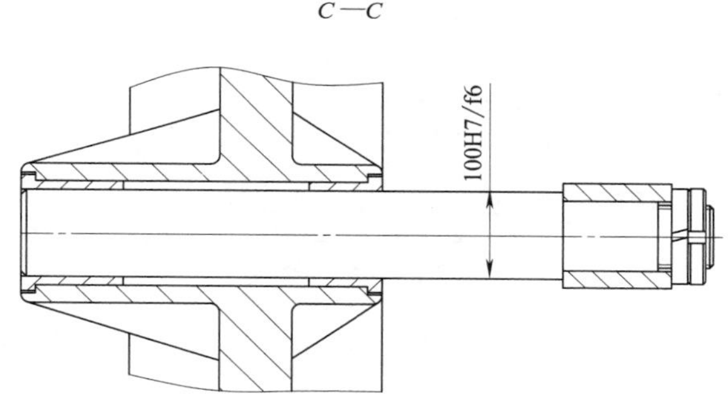

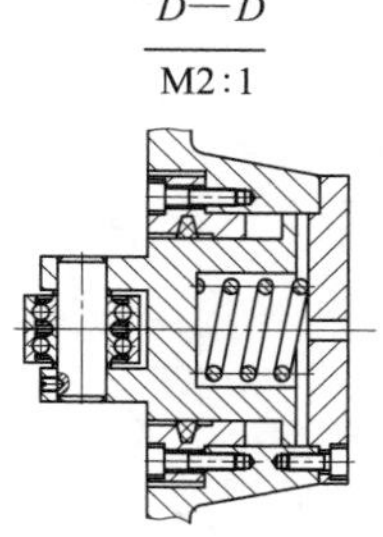

定位孔夹具

11—活塞杆；12—挡板；13,16,18—销轴；14—滚轮；15—连杆；17—铰链压板；20—浮动滚动轴承

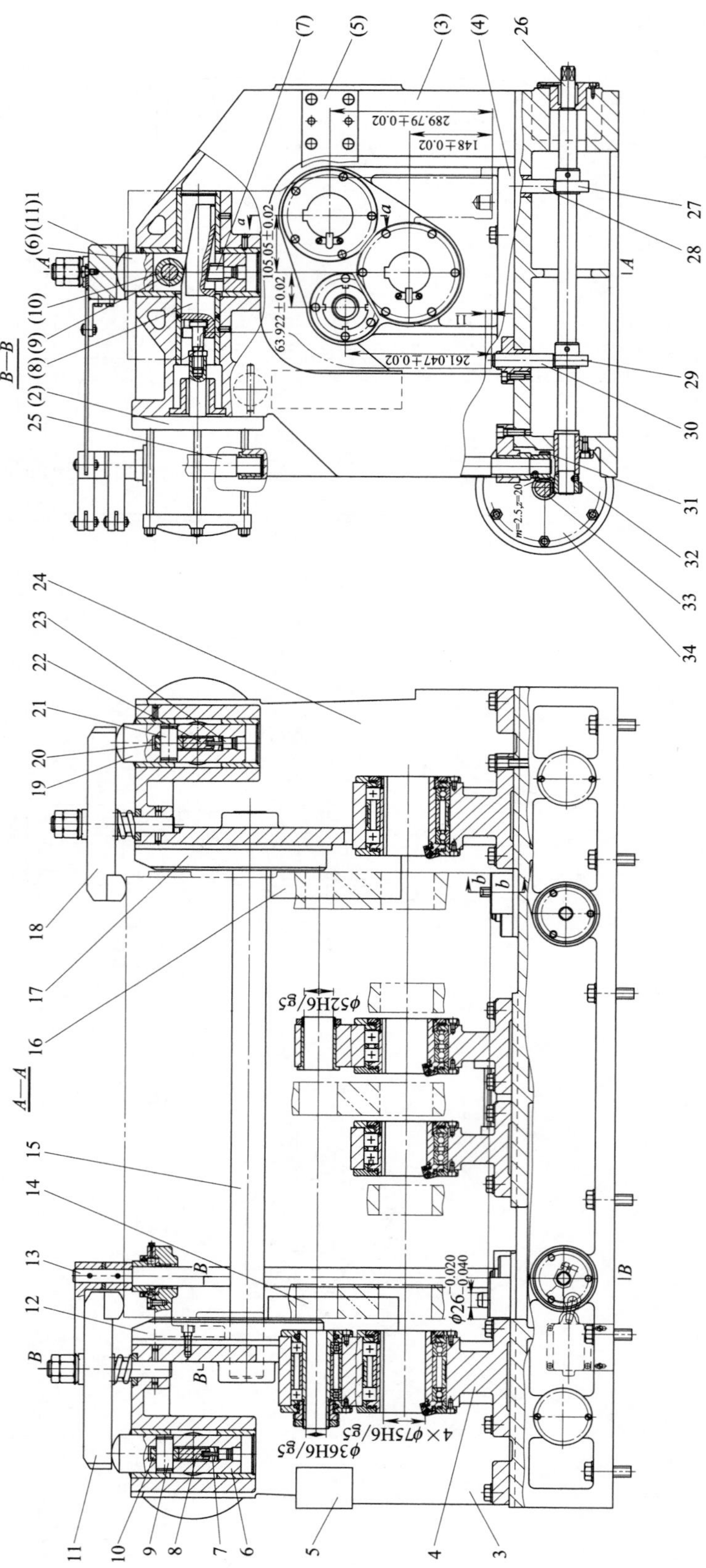
A—A
B—B
289.79±0.02
148±0.02
105.05±0.02
63.922±0.02
261.047±0.02
φ52H6/g5
φ36H6/g5
4×φ75H6/g5
m=2.5,z=20

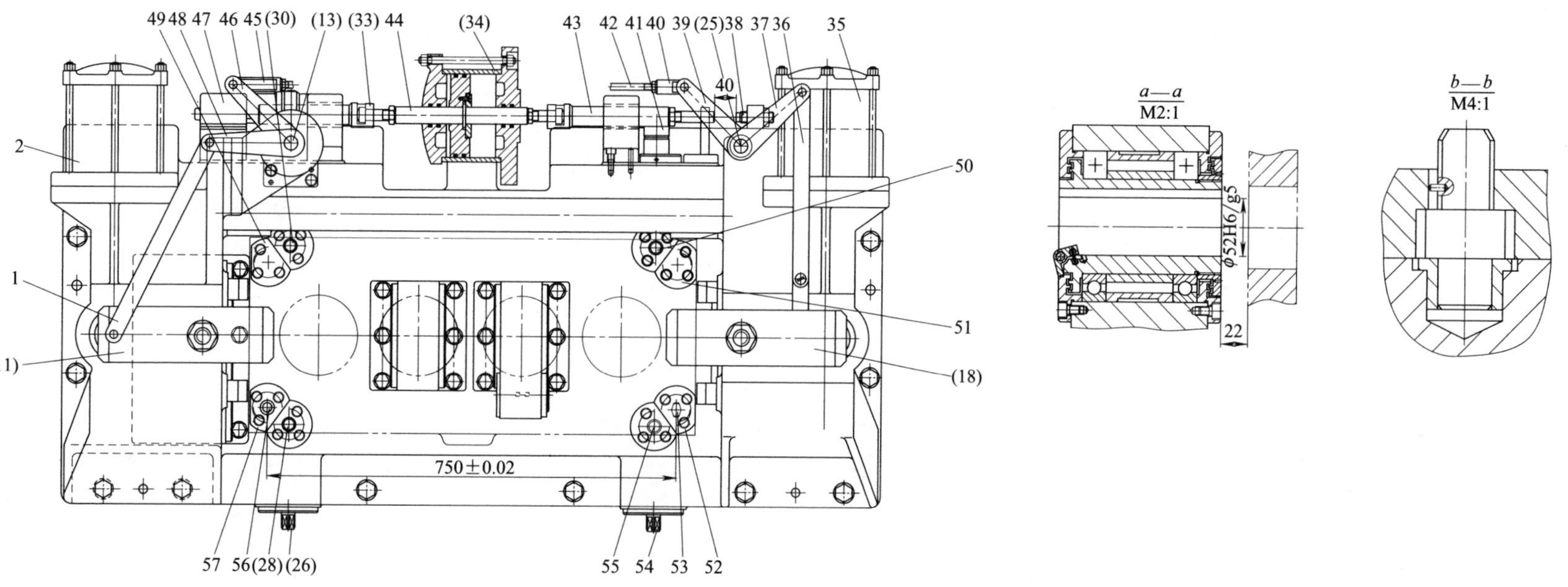

图 3-36 镗曲轴轴承孔、凸轮轴孔夹具

1,36,42—连杆；2,34,35—气缸；3,24—夹紧支架；4—导引支架；5—托架；6,19—挺杆；7,23—随动销；8,22—斜楔；9,21—销轴；10,20—滚轮；11,18—压板；12,14,16,17—预定位块；13,25—回转轴；15—连接杆；26,54—凸轮轴；27,29—凸轮；28,30,50,55—抬升销；31,32,41—齿轮；33,43—齿条轴；37,39,46,48—曲柄；38—死挡铁；40,45—活节；44—活塞杆；47—行程开关；49,51,52,57—支承板；53—削边销；56—圆柱销

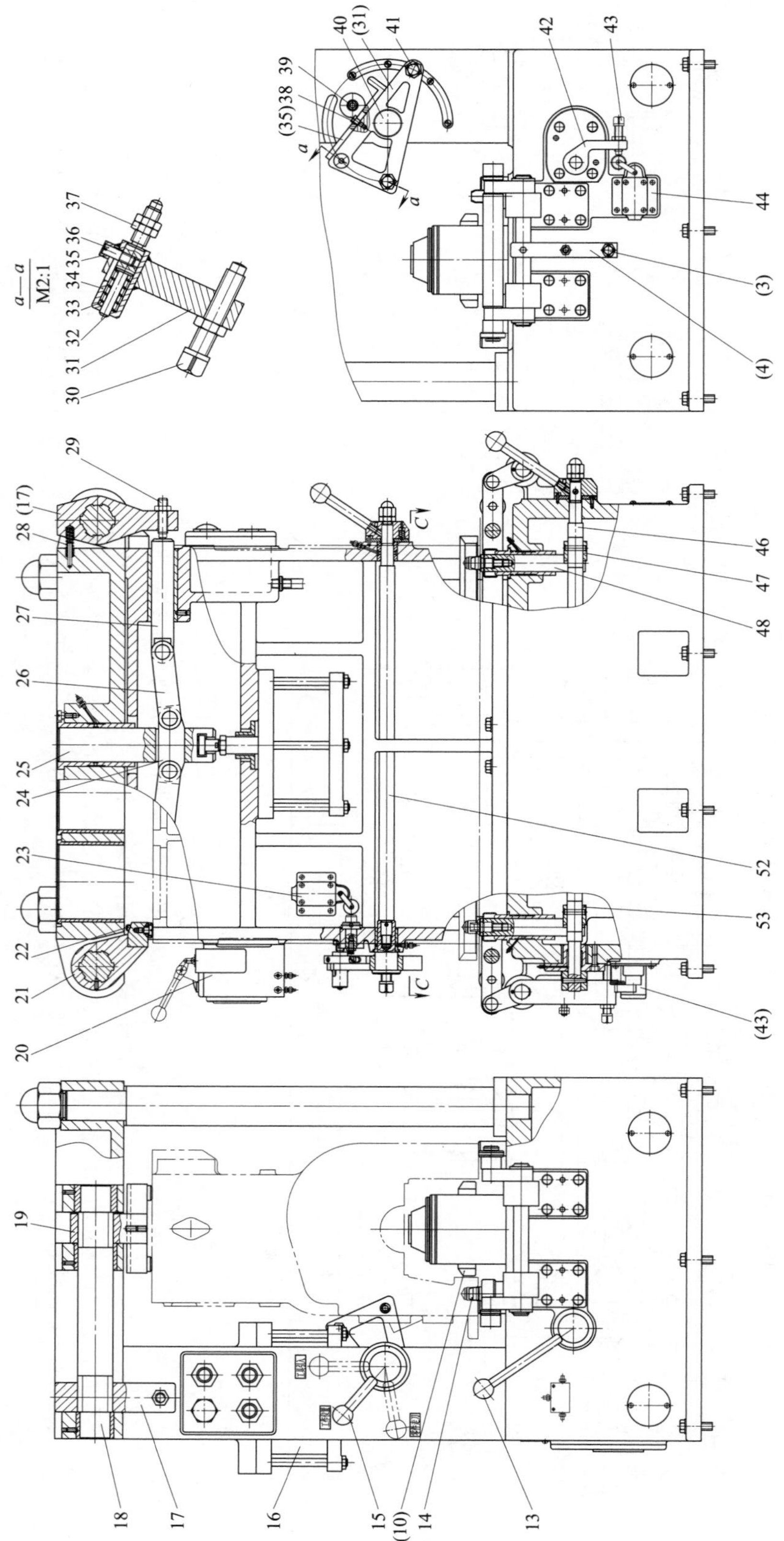
a—a
M2:1
30 31 32 33 34 35 36 37
(35)38 39
40 (31) 41
42 43 44 (3) (4)
18 17 16 15 (10) 14 13
19
20 21 22 23 24 25 26 27 28 (17) 29
46 47 48 52 53 (43)
C

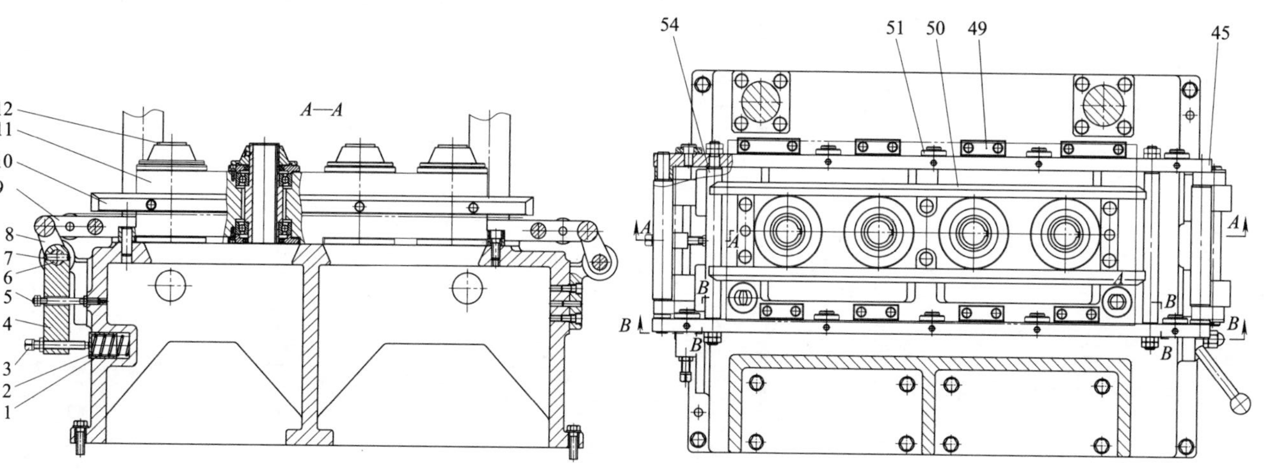

图 3-37　镗缸套孔夹具

1,28,33—弹簧；2—浮动套；3,29—调整螺钉；4,8—杠杆；5,22,30,43—限位螺钉；6—铰链轴；7,36—销钉；9,45—托板；10,50—导向板；11—支座；12—导引套；13,15—手柄；14—定位销；16—气缸；17—花键臂；18—花键轴；19,21—压板；20—手动润滑泵；23,44—行程开关；24—浮动滑块；25—滑柱；26—连杆；27—挺杆；31—三角板；32—浮动杆；34—限位套；35,39,42—挡铁；37—调整螺母；38—铰链螺钉；40—轴头；41—支承螺钉；46,52—回转轴；47,53—拨杆；48—导柱；49—支承板；51—滚轮；54—连接轴

在该工序中，镗杆与机床主轴采用柔性连接，镗杆进入导引前的位置由托架 5 上的导套进行预定位。镗孔位置精度完全由夹具导引套保证，为便于导引套位置的调整，导引支架 4 与夹紧支架 3 采用分体结构。

(5) 镗缸套孔夹具

图 3-37 所示是用于工序 35、125 粗、精镗 4 个缸套孔的夹具。该夹具采用“龙门式”贯通结构，由于工件重量较大，需借助滚道送进和拉出工件。滚道包括托板 9、45，每个托板上各安装有 5 个滚轮 51，两个托板由两根连接轴 54 结合为一个整体。杠杆 4 采用销钉 7 与铰链轴 6 连接成铰链杠杆机构，两个杠杆 8 也采用销钉与铰链轴 6 连接成整体，两个杠杆 8 分别与托板 9、45 铰连。当弹簧 1 推动浮动套 2 和调整螺钉 3 时，杠杆 4、8 和铰链轴 6 顺时针旋转，托板-滚轮机构将会把工件抬起，使工件可以在 10 个滚轮 51 托举下轻松地送进和拉出。

该夹具采用相同结构的 4 个滚动导引套 12 对 4 个镗杆分别进行前导引，4 个滚动导引套安装在同一支座 11 上。加工时采用两组刀具分别加工同一轴线的两个缸套孔，当镗杆插入导引套 12 时，为避免刀具与待加工缸套孔的干涉，机床必须具有主轴定位功能。先行将手柄 15 扳到“工具引入”位置，在工件送进夹具时，工件会挤压浮动杆 32，浮动杆 32 在限位套 34 内滑动并压缩弹簧 33，销钉 36 会带动挡铁 35 一起滑动，从而使挡铁 35 相对铰链螺钉 38 产生相对转动，挡铁 35 将会推动挡铁 39 使行程开关 23 发出信号，此时镗杆方可下移并插入导引套 12 内，可通过调整螺母 37 的调整，使工件送进位置与镗杆插入前导引的信号获取进行关联，以保证镗杆引入时工件位置的准确性。

为保证工件送进夹具后能顺利定位，在送进工件时，缸体轴承座两侧面会在导向板 10、50 的引导下对工件进行左、右方向预定位，在完成镗杆前引导插入后，将手柄 15 扳到“工作位置”后，再继续将工件向前推动，使工件靠在限位螺钉 30 上，完成工件前后方向预定位。

为避免工件进、出夹具时与定位销发生干涉，该夹具采用伸缩定位销。在完成工件的预定位后，逆时针转动手柄 13，回转轴 46 带动拨杆 47、53 一起转动，它们分别推动导柱 48 向上移动，使圆柱销和削边销分别插入工件的工艺定位孔中。此时挡铁 42 上的限位螺钉 43 会压下行程开关 44 的滚轮，发出销孔定位完成信号。

销孔定位完成信号会接通气缸 16 的夹紧电磁铁，活塞杆将推动滑柱 25 上移，带动浮动滑块 24 一起上移，通过连杆 26 推动挺杆 27 向右移动，并通过调整螺钉 29 使花键臂 17 逆时针转动，从而使花键轴带动压板完成对缸体后端顶面的夹紧。缸体前端顶面的夹紧原理与此相同，是由浮动滑块 24 通过另一侧的连杆实现。在夹紧力的作用下，工件会压下托板-滚轮机构，使缸体底平面在 8 块支承板 49 上进行定位，从而最终完成工件的“一面双销”定位。在完成工件最终定位后，需将手柄扳到“零件走刀”位置，就可开始工件的切削加工，也为工件加工后的送出让开通道，为下一个工件的加工循环完成准备。

(6) 镗缸套安装止孔端面辅具

图 3-38 所示是用于工序 130 精镗缸套安装止孔端面的辅具。为保证缸套安装后其端面与缸体顶面平齐，对缸体上缸套安装止孔深度 A 有较高的精度要求，而止孔端面加工时是以缸体下底面定位，加工顶部止孔，如果采用定位基准（下底面）做调刀基准，直接保证的工序尺寸是 B，止孔深度尺寸 A 只能间接获得，由于误差累积的影响，尺寸 A 的精度要求将无法保证，为此需采用图示专用辅具，以导向套 2 对刀具进行定心，调刀挡套 4 可靠在工件顶面，通过调刀挡套 4 改变刀具 3 到工件顶面的距离，从而可直接保证止孔深度尺寸 A

的加工精度。

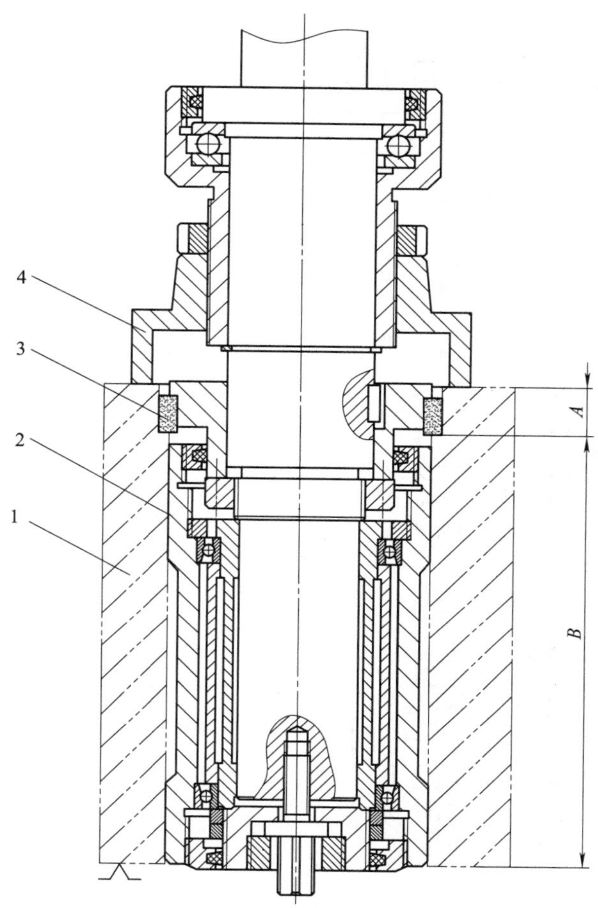

图 3-38　镗缸套安装止孔端面辅具

1—气缸体；2—导向套；3—刀具；4—调刀挡套

(7) 镗阻水密封槽辅具

图 3-39 所示是用于工序 135 在 4 个缸套孔内镗阻水密封槽的辅具。镗刀 4、26 分别安装在滑动板 2、27 的刀孔中，为实现缸套孔内密封环槽的加工，镗刀在缸套孔径向必须能够进行伸缩，镗刀的伸缩是通过“推杆 25→钢球 24→上推杆 21→球头螺栓 14→连接套 13→球头螺栓 11→球铰螺柱 8→下推杆 7→销轴 5”的下推和上拉，销轴 5 相对滑动板 2、27 的斜槽孔产生上下移动，使滑动板 2、27 沿径向相向移动。

镗孔时，切削扭矩是通过“传动轴 19→传扭板 17→锥套 20→拨头 12→镗杆 1→滑动板 2、27→镗刀 4、26”传递。销钉 23 用于限制推杆 25 相对上推杆 21 的转动。键 22 用于限制上推杆 21 相对锥套 20 的转动。销轴 5 与下推杆 7 上的销孔采用过盈配合，滑动板 2、27 上的斜槽孔采用动配合，因此下推杆 7 相对滑动板 2、27 不会旋转；滑动板 2、27 与镗杆 1 上的扁孔为动配合，即滑动板 2、27 相对镗杆 1 只能径向移动，而不能相对转动。因此下推杆 7 相对镗杆 1 可以沿轴线相对移动，而不能转动。

加工时，套筒 6 插入缸套孔内定位，限制刀具相对工件的 4 个自由度，轴向移动自由度通过调整辅具相对支架（未画出）的行程进行定位。

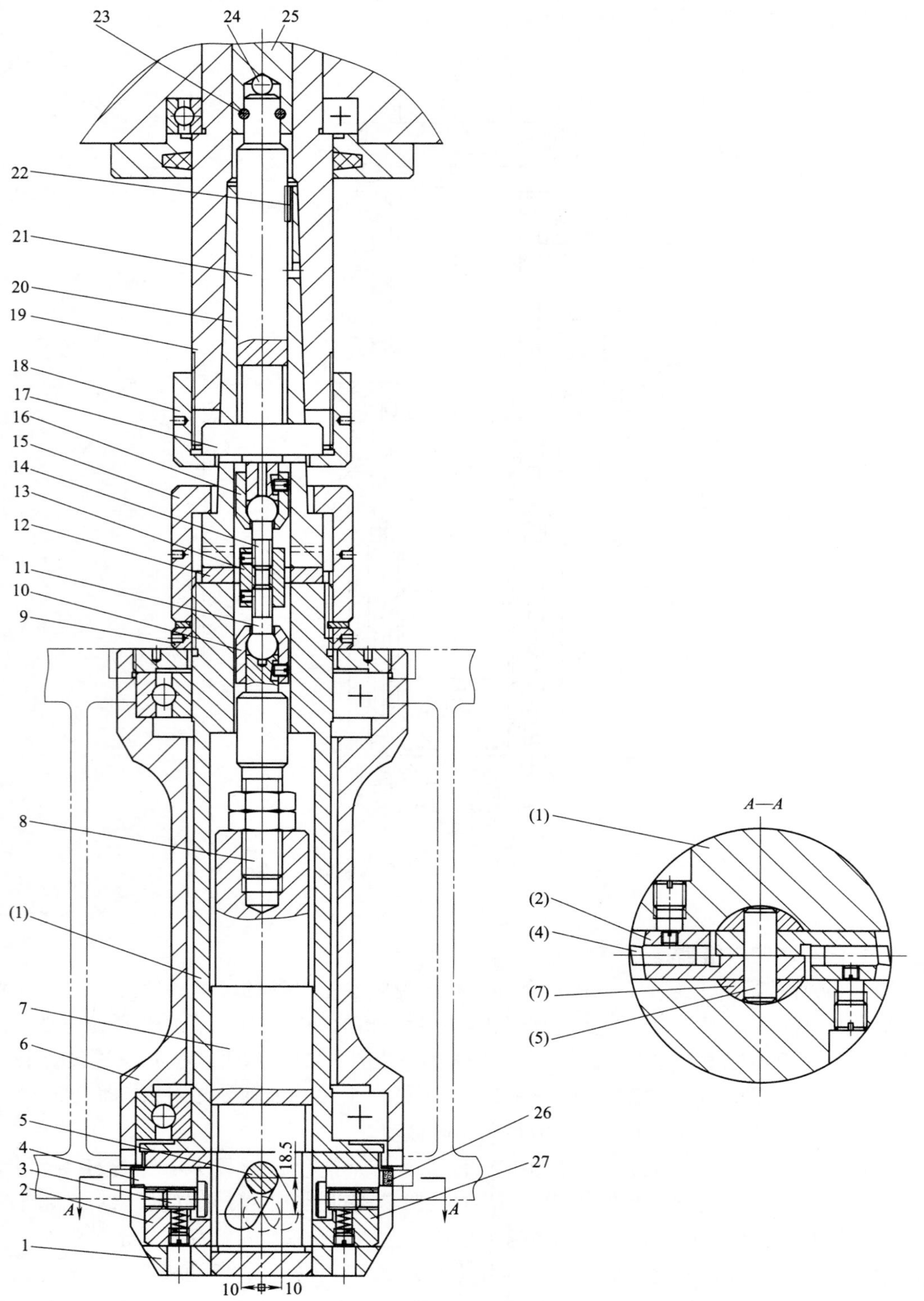

图 3-39 镗阻水密封槽辅具

1—镗杆；2,27—滑动板；3—调刀螺钉；4,26—镗刀；5—销轴；6—套筒；7—下推杆；8—球铰螺柱；9—锁紧螺母；10,16—球铰套；11,14—球头螺栓；12—拨头；13—连接套；15,18—固定套；17—传扭板；19—传动轴；20—锥套；21—上推杆；22—键；23—销钉；24—钢球；25—推杆

第4章

训练题目零件图

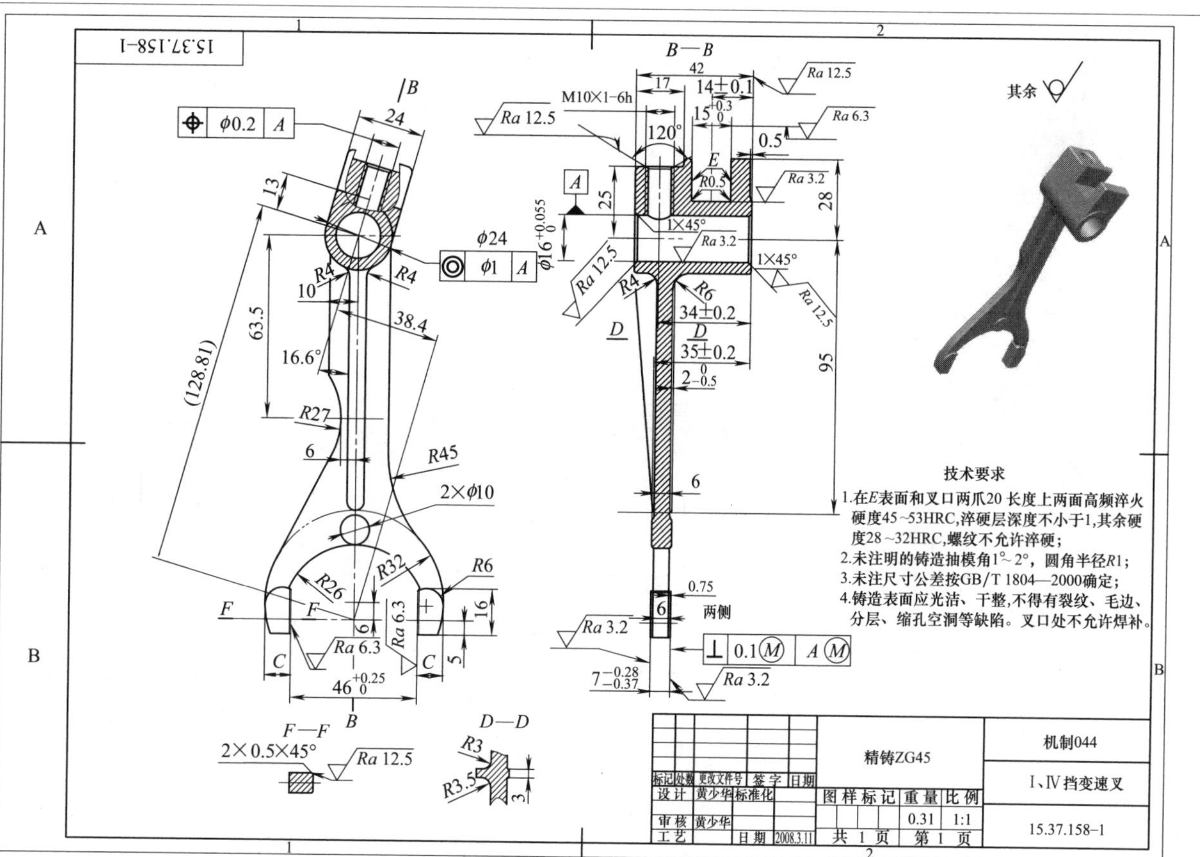

图 4-1　Ⅰ～Ⅳ挡变速叉

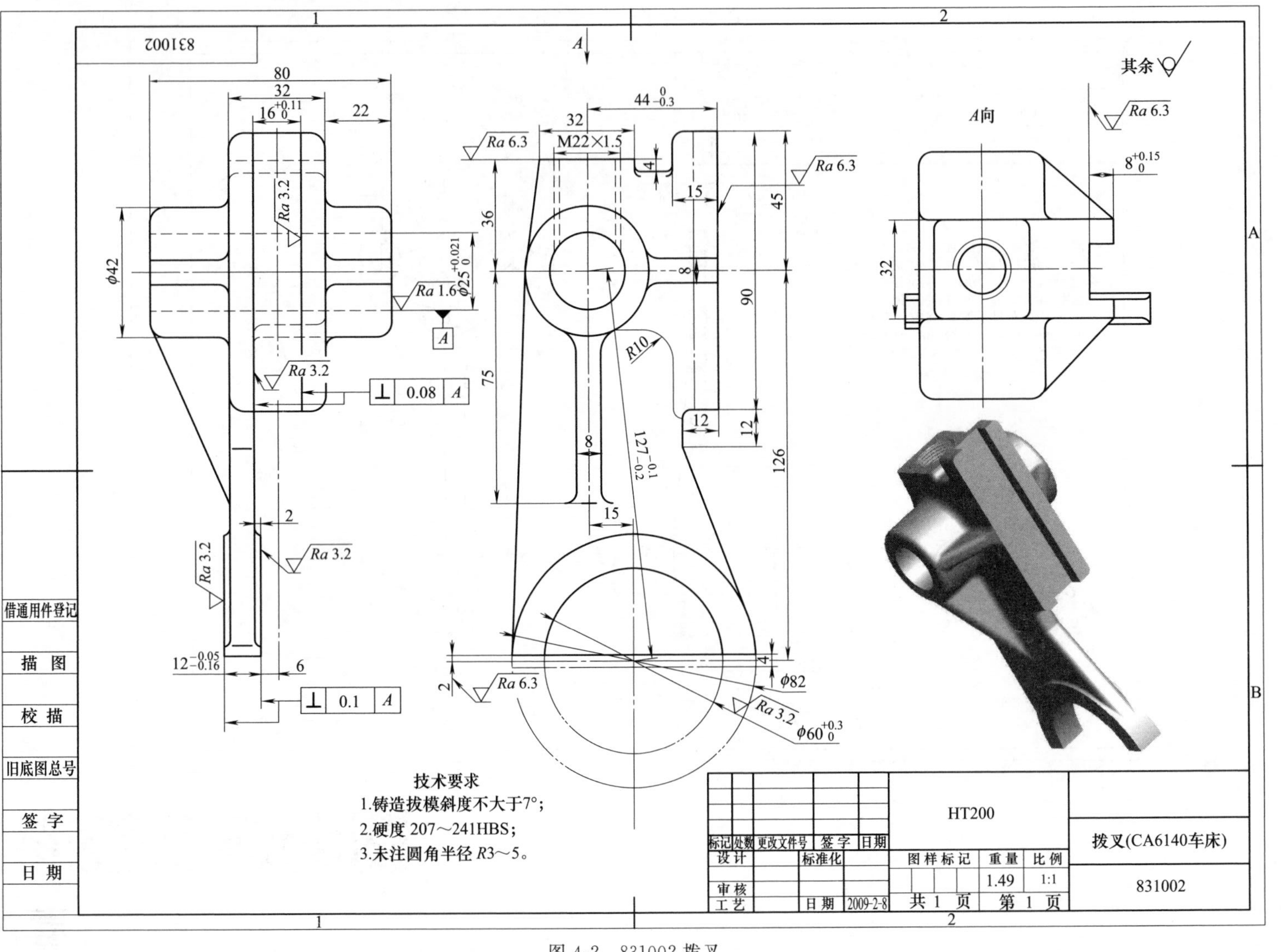

图 4-2 831002 拨叉

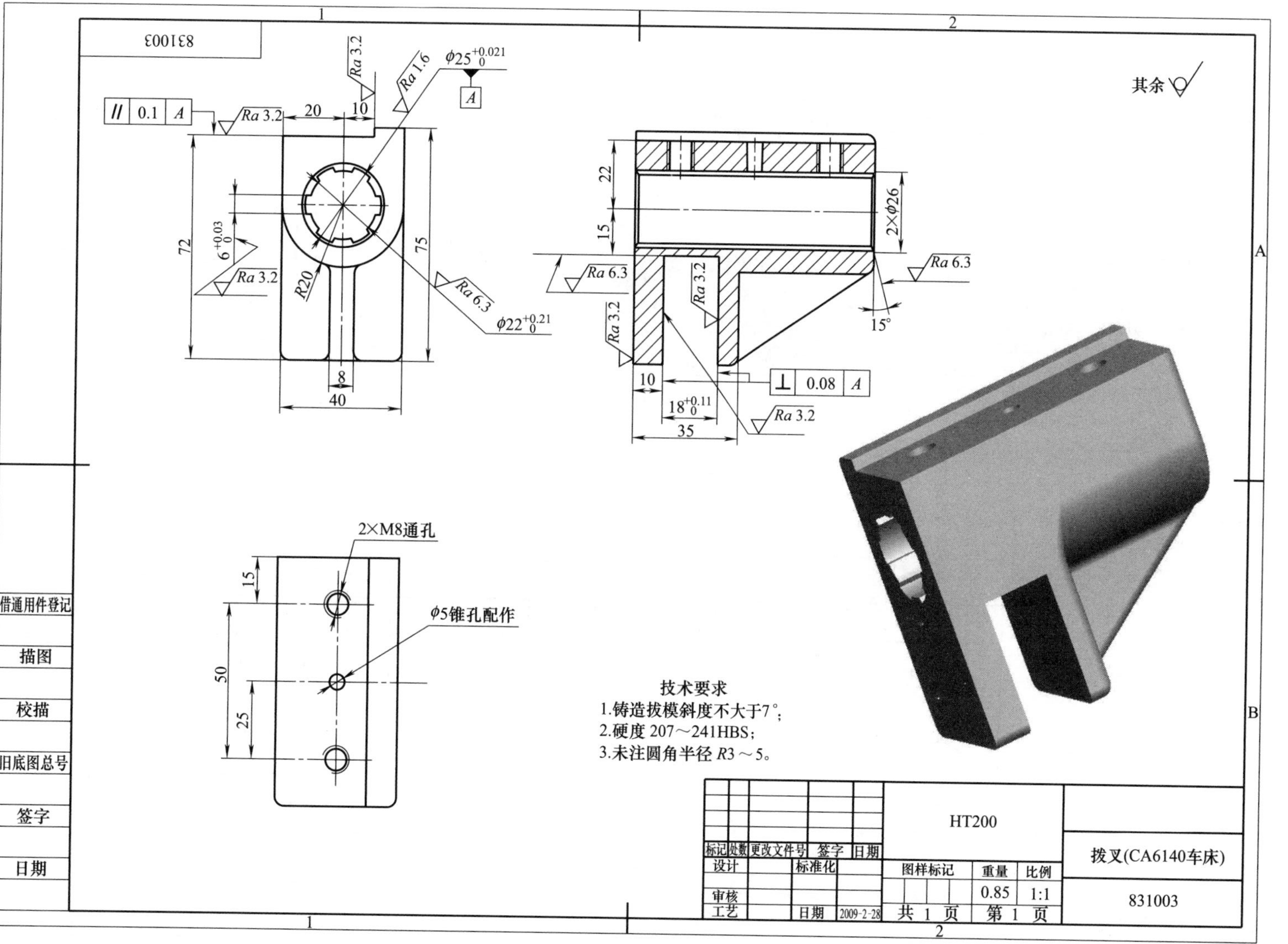

图 4-3　831003 拨叉

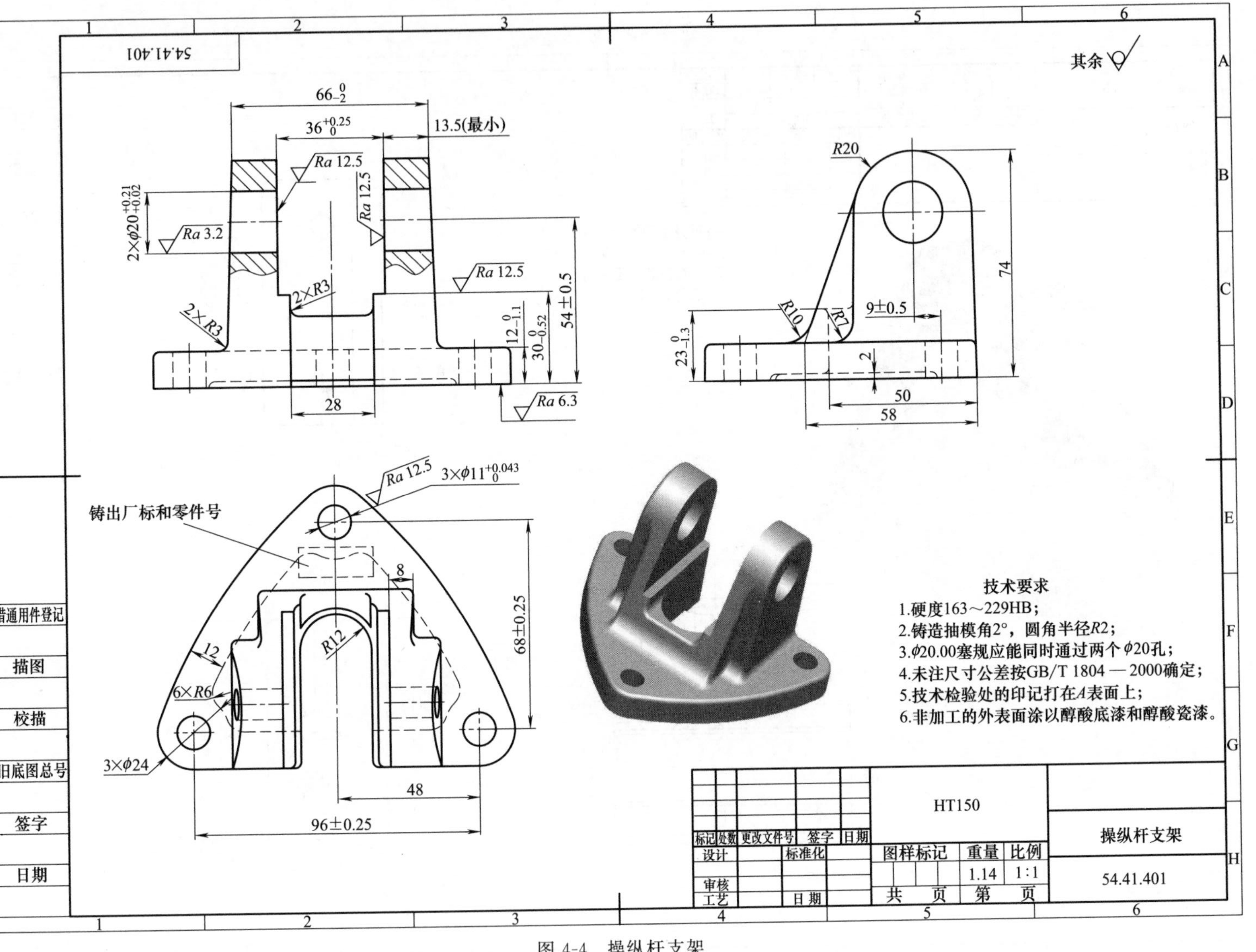
54.41.401
其余
技术要求
1.硬度163～229HB；
2.铸造抽模角2°，圆角半径R2；
3.φ20.00塞规应能同时通过两个φ20孔；
4.未注尺寸公差按GB/T 1804—2000确定；
5.技术检验处的印记打在A表面上；
6.非加工的外表面涂以醇酸底漆和醇酸瓷漆。
铸出厂标和零件号
HT150
操纵杆支架
54.41.401
标记 处数 更改文件号 签字 日期
设计 标准化
审核
工艺 日期
图样标记 重量 比例
1.14 1:1
共 页 第 页
借通用件登记
描图
校描
旧底图总号
签字
日期

图 4-4　操纵杆支架

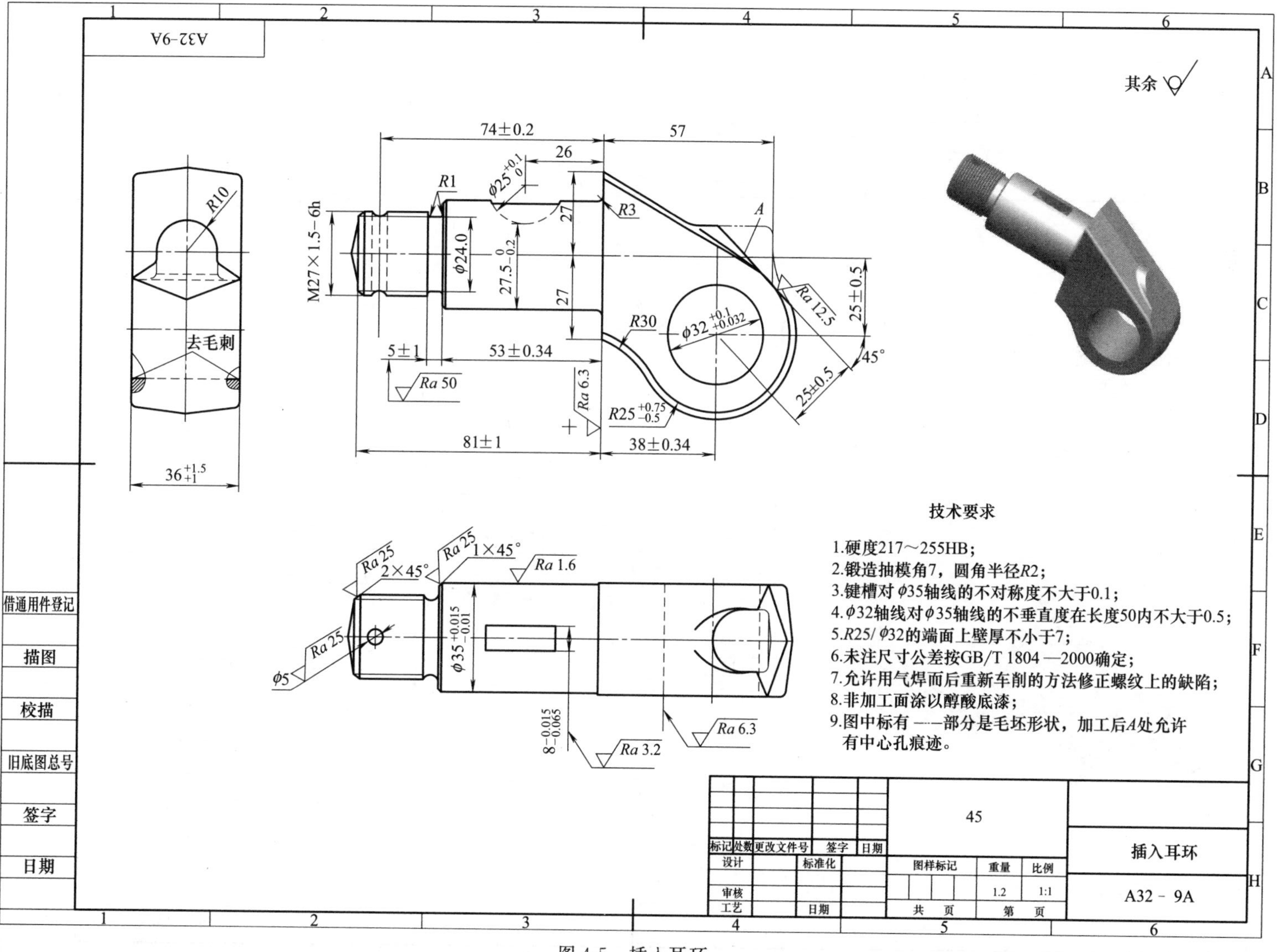
A32-9A
其余
74±0.2
57
26
R1
φ25 $^{+0.1}_{0}$
R3
A
M27×1.5-6h
φ24.0
27.5 $^{0}_{-0.2}$
27
27
R30
φ32 $^{+0.1}_{+0.032}$
Ra 12.5
25±0.5
45°
25±0.5
R10
去毛刺
5±1
53±0.34
Ra 50
Ra 6.3
R25 $^{+0.75}_{-0.5}$
81±1
38±0.34
36 $^{+1.5}_{+1}$
技术要求
1.硬度217～255HB；
2.锻造拔模角7，圆角半径R2；
3.键槽对φ35轴线的不对称度不大于0.1；
4.φ32轴线对φ35轴线的不垂直度在长度50内不大于0.5；
5.R25/φ32的端面上壁厚不小于7；
6.未注尺寸公差按GB/T 1804—2000确定；
7.允许用气焊而后重新车削的方法修正螺纹上的缺陷；
8.非加工面涂以醇酸底漆；
9.图中标有——部分是毛坯形状，加工后A处允许有中心孔痕迹。
Ra 25
2×45°
Ra 25
1×45°
Ra 1.6
Ra 25
φ5
φ35 $^{+0.015}_{-0.01}$
8 $^{-0.015}_{-0.065}$
Ra 3.2
Ra 6.3
借通用件登记
描图
校描
旧底图总号
签字
日期
45
标记　处数　更改文件号　签字　日期
设计　标准化
审核
工艺　日期
图样标记　重量　比例
1.2　1:1
共　页　第　页
插入耳环
A32 - 9A

图 4-5　插入耳环

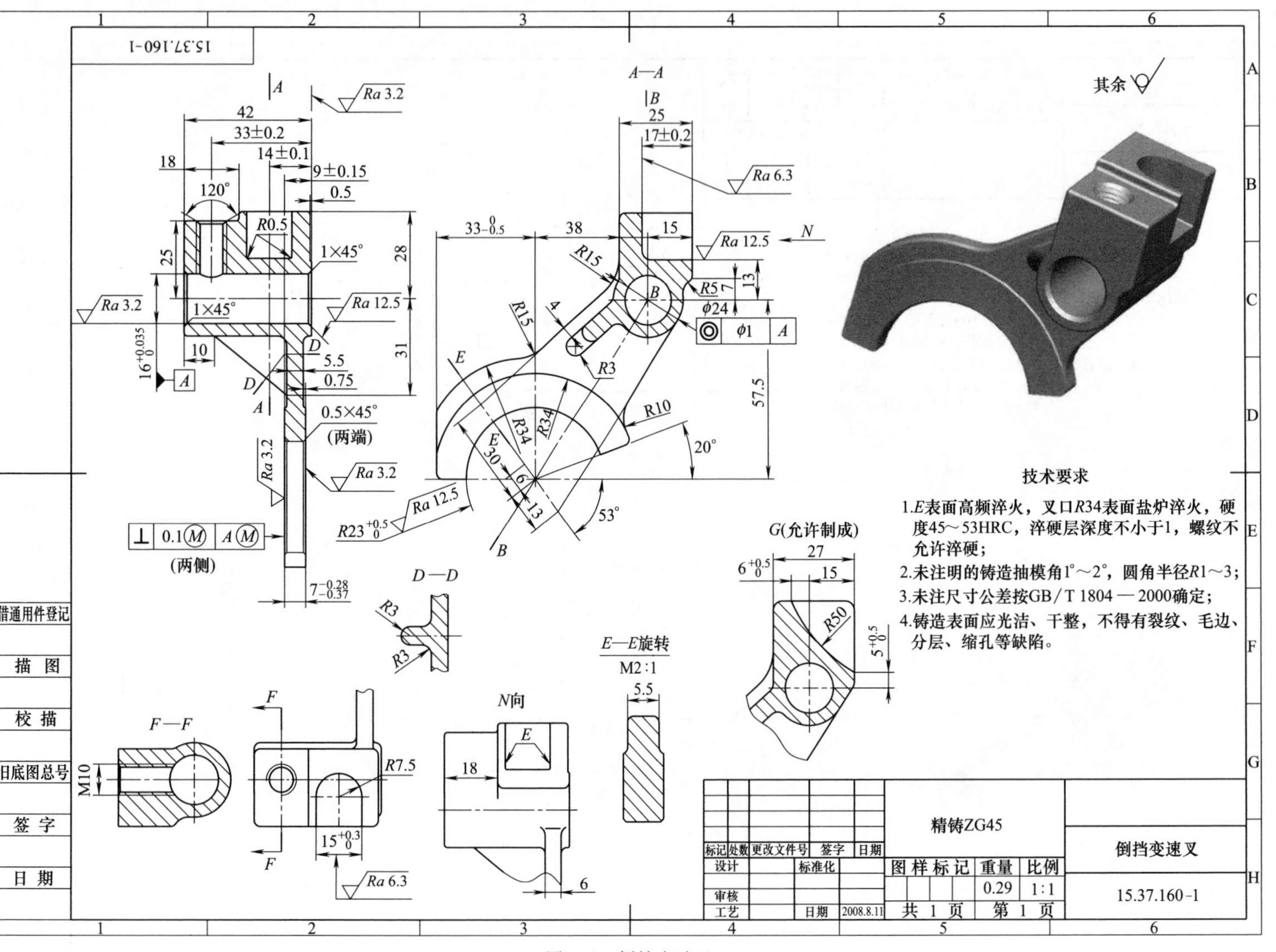
其余
A—A
D—D
E—E旋转
M2:1
N向
F—F
G(允许制成)
技术要求
1.E表面高频淬火，叉口R34表面盐炉淬火，硬度45～53HRC，淬硬层深度不小于1，螺纹不允许淬硬；
2.未注明的铸造抽模角1°～2°，圆角半径R1～3；
3.未注尺寸公差按GB/T 1804—2000确定；
4.铸造表面应光洁、干整，不得有裂纹、毛边、分层、缩孔等缺陷。
精铸ZG45
倒挡变速叉
15.37.160-1
图样标记 重量 比例
0.29 1:1
共 1 页 第 1 页
标记 处数 更改文件号 签字 日期
设计 标准化
审核
工艺 日期 2008.8.11
借通用件登记
描 图
校 描
旧底图总号
签 字
日 期

图 4-6 倒挡变速叉

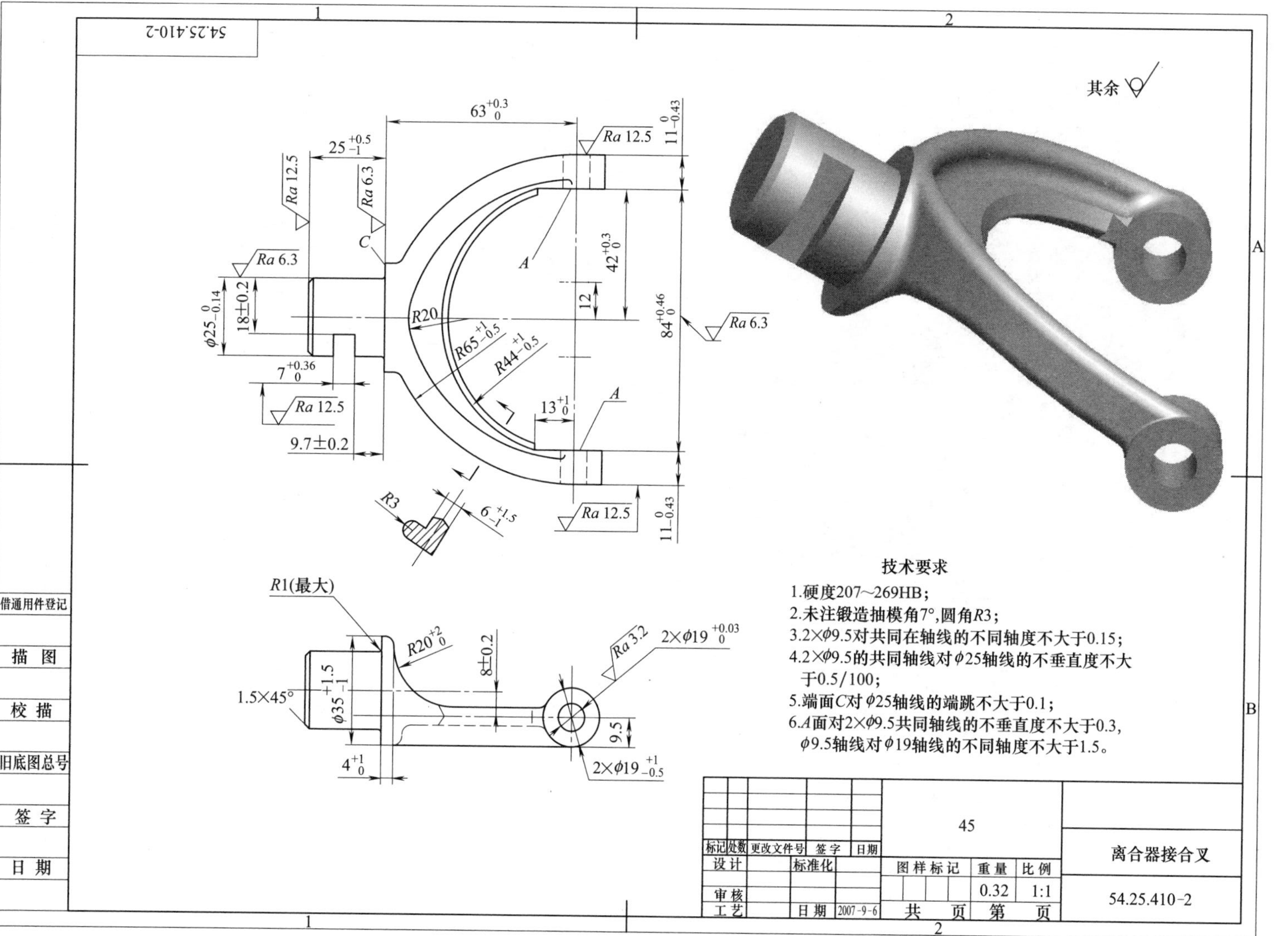
其余
技术要求
1.硬度207~269HB;
2.未注锻造抽模角7°,圆角R3;
3.2×φ9.5对共同在轴线的不同轴度不大于0.15;
4.2×φ9.5的共同轴线对φ25轴线的不垂直度不大于0.5/100;
5.端面C对φ25轴线的端跳不大于0.1;
6.A面对2×φ9.5共同轴线的不垂直度不大于0.3,φ9.5轴线对φ19轴线的不同轴度不大于1.5。
45
离合器接合叉
54.25.410-2
标记　处数　更改文件号　签字　日期
设计　标准化
审核
工艺　日期　2007-9-6
图样标记　重量　比例
0.32　1:1
共　页　第　页
借通用件登记
描图
校描
旧底图总号
签字
日期

图 4-7　离合器接合叉

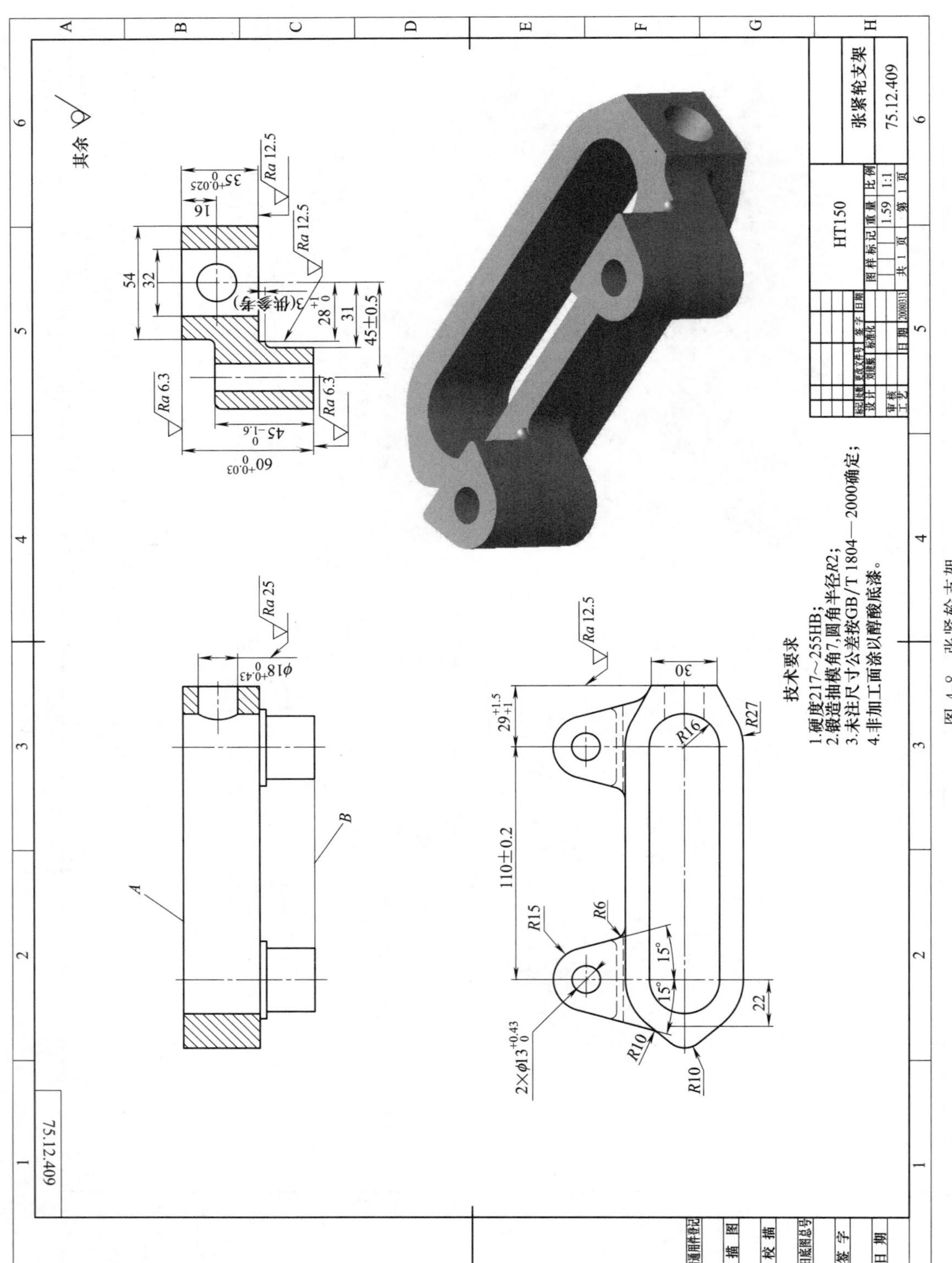
其余
技术要求
1.硬度217~255HB;
2.锻造抽模角7,圆角半径R2;
3.未注尺寸公差按GB/T 1804—2000确定;
4.非加工面涂以醇酸底漆。
HT150
张紧轮支架
75.12.409

图 4-8 张紧轮支架

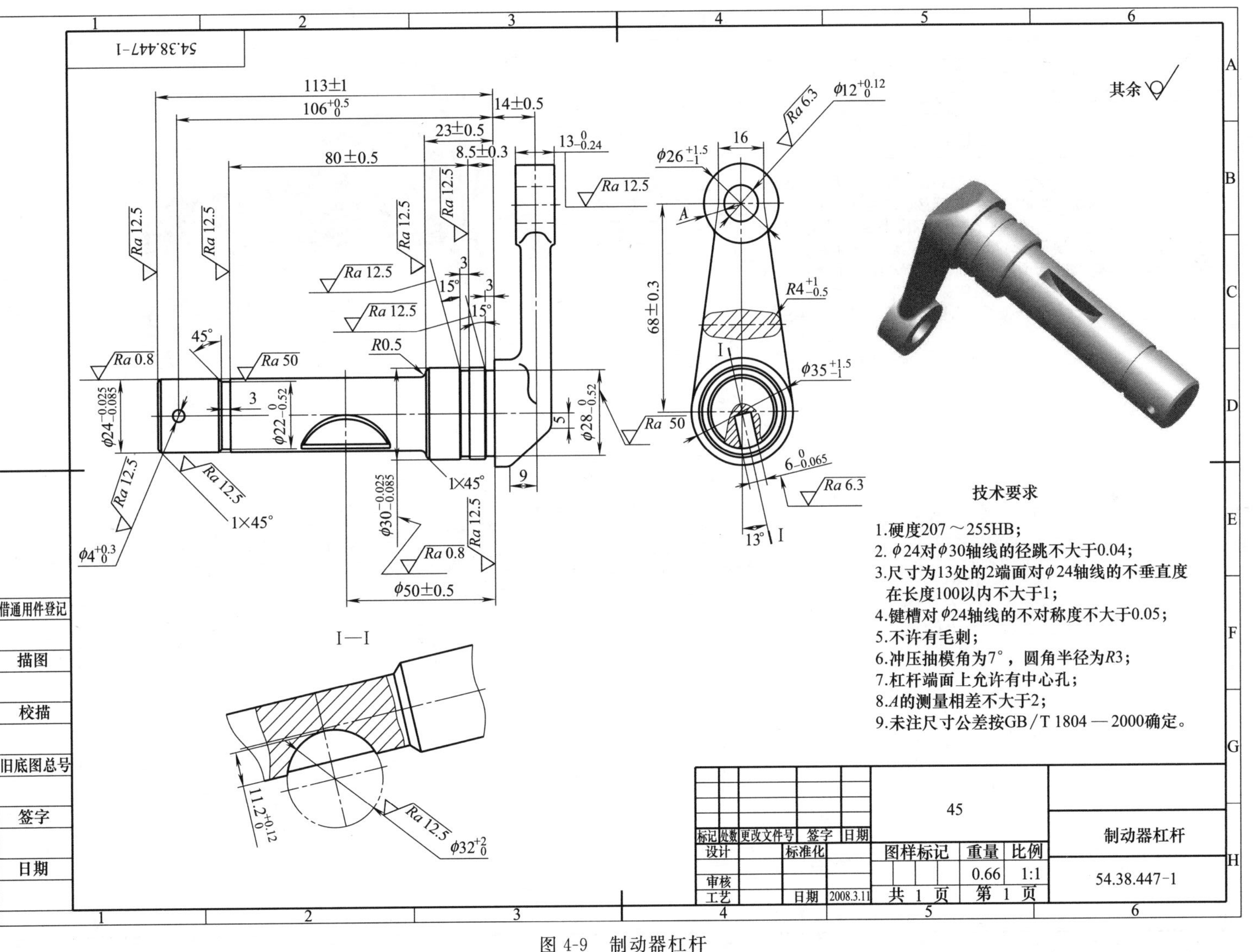

其余
技术要求
1.硬度207～255HB；
2. φ24对φ30轴线的径跳不大于0.04；
3.尺寸为13处的2端面对φ24轴线的不垂直度在长度100以内不大于1；
4.键槽对φ24轴线的不对称度不大于0.05；
5.不许有毛刺；
6.冲压抽模角为7°，圆角半径为R3；
7.杠杆端面上允许有中心孔；
8.A的测量相差不大于2；
9.未注尺寸公差按GB/T 1804—2000确定。
I—I
45
标记
处数
更改文件号
签字
日期
设计
标准化
审核
工艺
日期
2008.3.11
图样标记
重量
比例
0.66
1:1
共 1 页
第 1 页
制动器杠杆
54.38.447-1
54.38.447-1
借通用件登记
描图
校描
旧底图总号
签字
日期

图 4-9　制动器杠杆

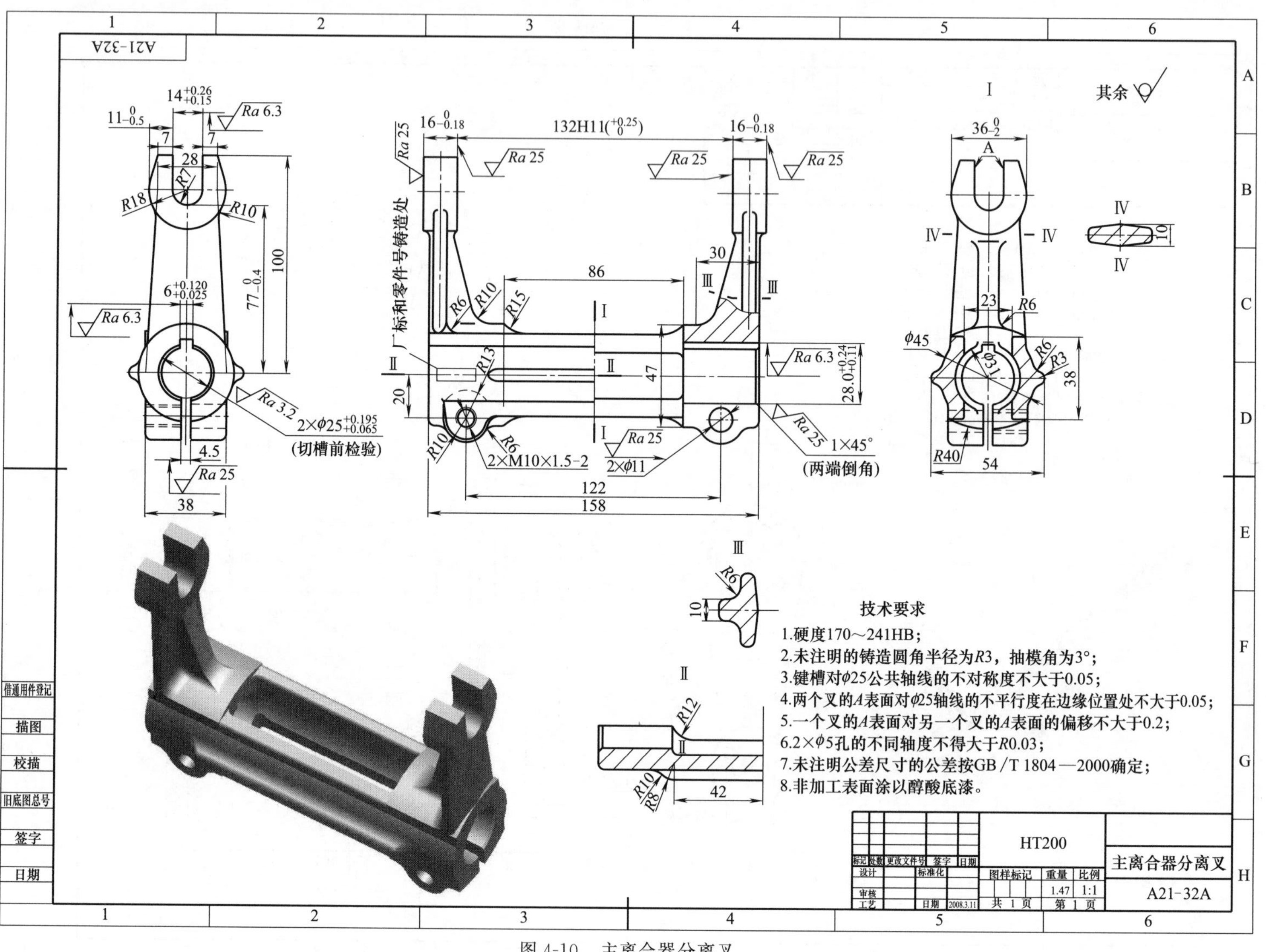

图 4-10 主离合器分离叉

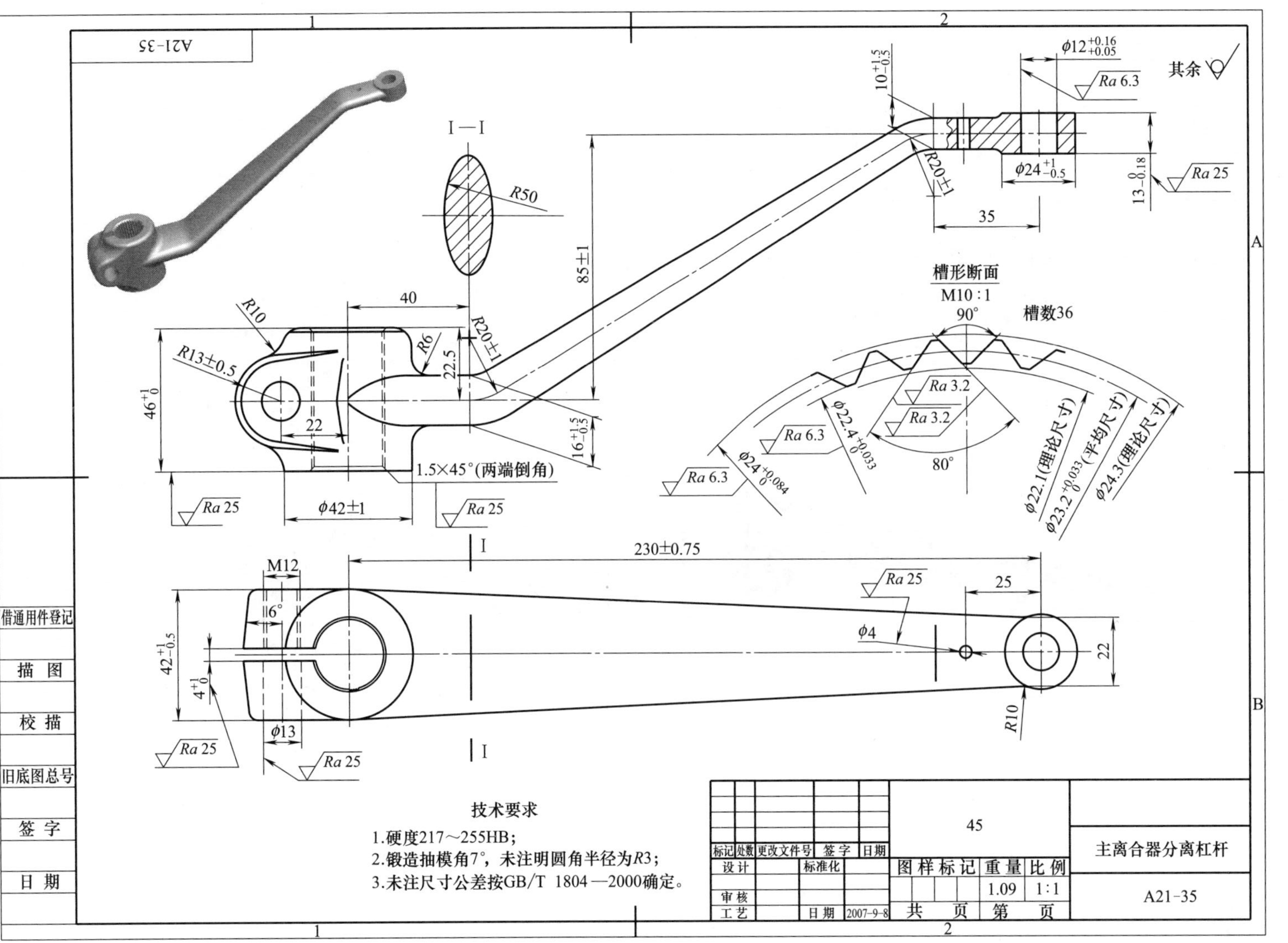

图 4-11　主离合器分离杠杆

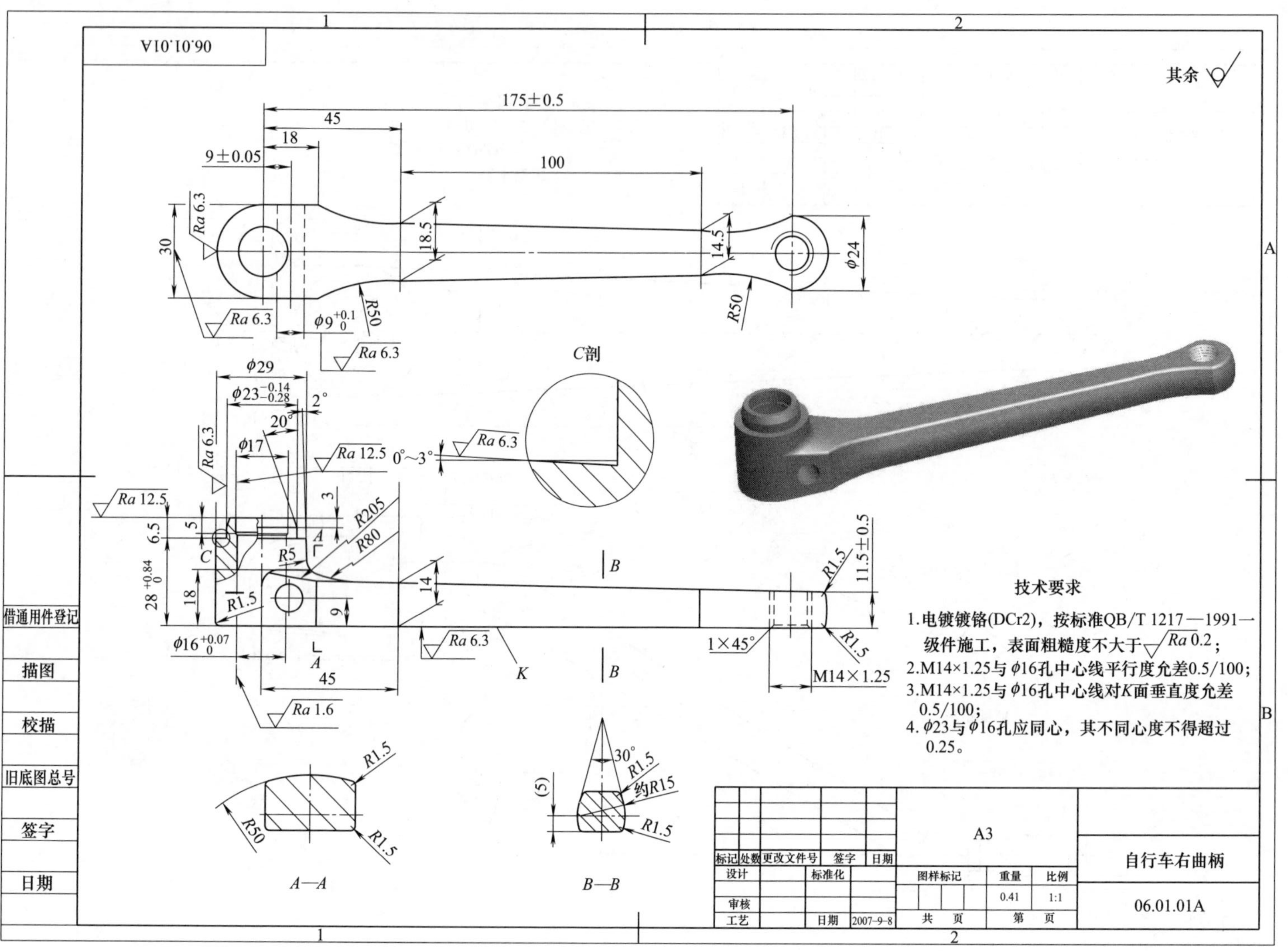
06.01.01A
其余
C剖
技术要求
1.电镀镀铬(DCr2)，按标准QB/T 1217—1991一级件施工，表面粗糙度不大于Ra 0.2；
2.M14×1.25与φ16孔中心线平行度允差0.5/100；
3.M14×1.25与φ16孔中心线对K面垂直度允差0.5/100；
4.φ23与φ16孔应同心，其不同心度不得超过0.25。
A—A
B—B
借通用件登记
描图
校描
旧底图总号
签字
日期
标记
处数
更改文件号
签字
日期
设计
标准化
审核
工艺
日期
2007-9-8
A3
图样标记
重量
比例
0.41
1:1
共 页
第 页
自行车右曲柄
06.01.01A

图 4-12 自行车右曲柄

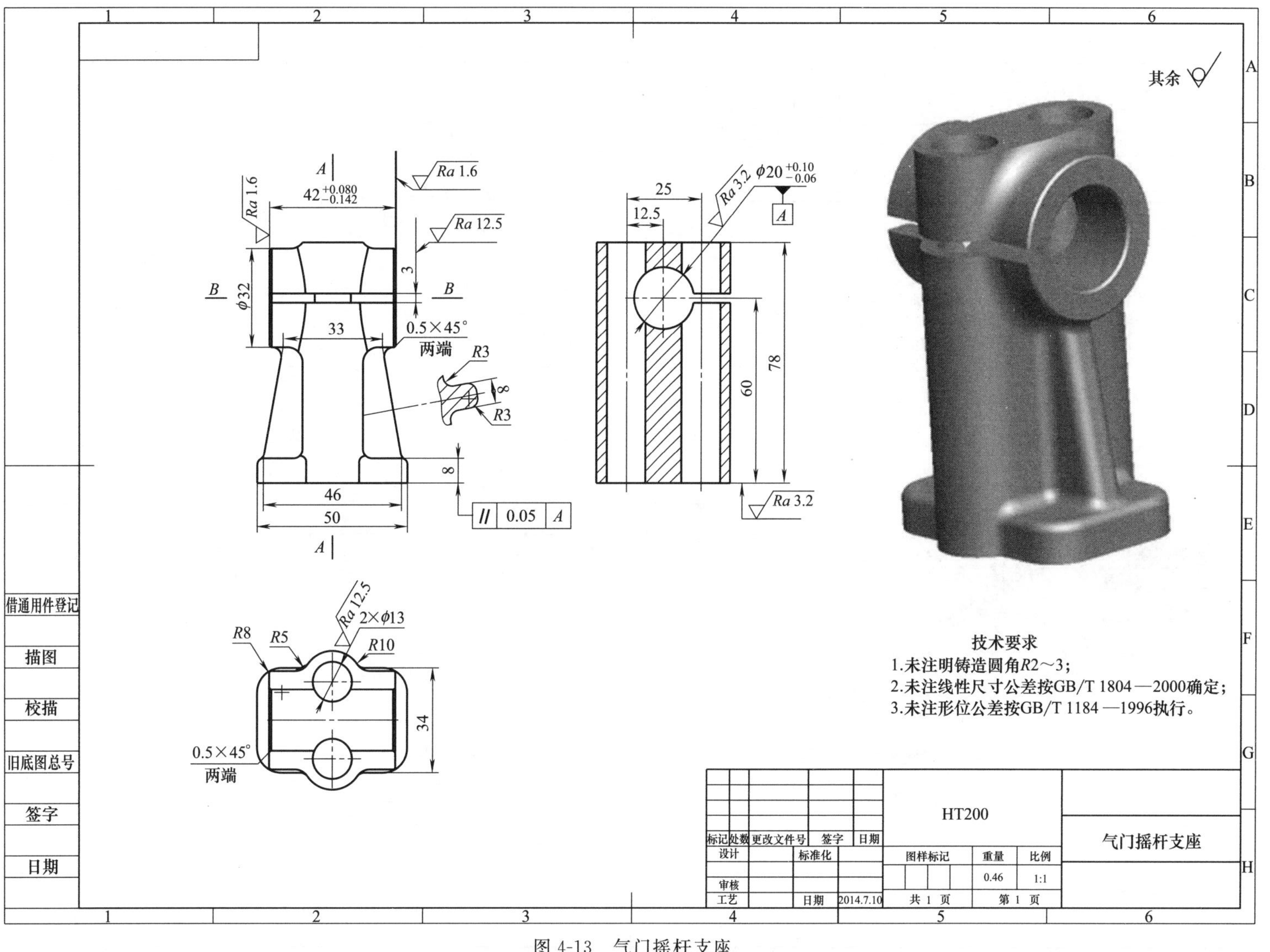

其余
A
42 +0.080 -0.142
Ra 1.6
Ra 12.5
B
φ32
3
33
0.5×45°
两端
R3
8
46
50
0.05
25
12.5
Ra 3.2
φ20 +0.10 -0.06
60
78
R8
R5
Ra 12.5
2×φ13
R10
34
技术要求
1.未注明铸造圆角R2～3;
2.未注线性尺寸公差按GB/T 1804—2000确定;
3.未注形位公差按GB/T 1184—1996执行。
借通用件登记
描图
校描
旧底图总号
签字
日期
标记
处数
更改文件号
签字
日期
设计
标准化
审核
工艺
日期
2014.7.10
HT200
图样标记
重量
比例
0.46
1:1
共 1 页
第 1 页
气门摇杆支座

图 4-13　气门摇杆支座

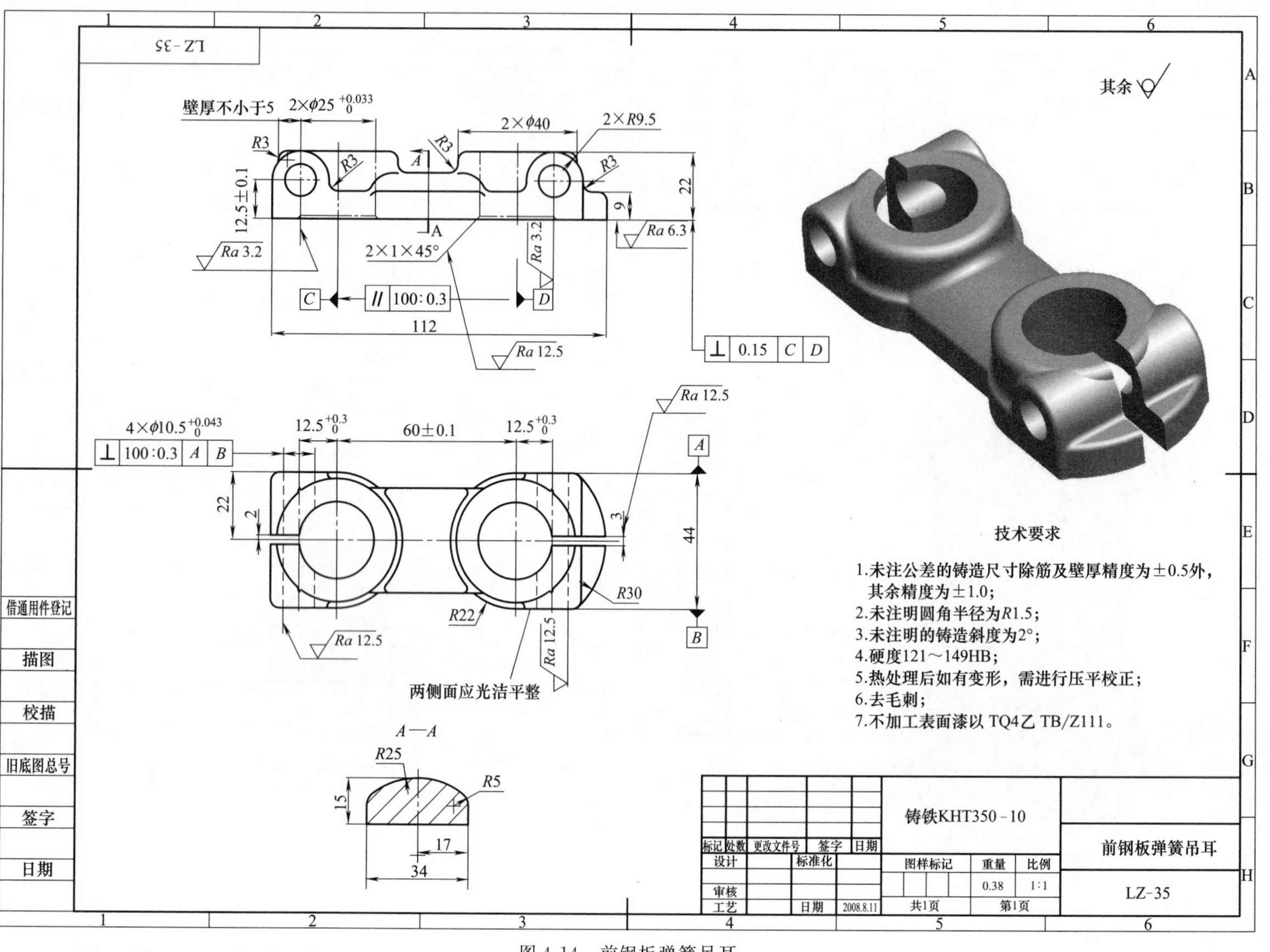

图 4-14 前钢板弹簧吊耳

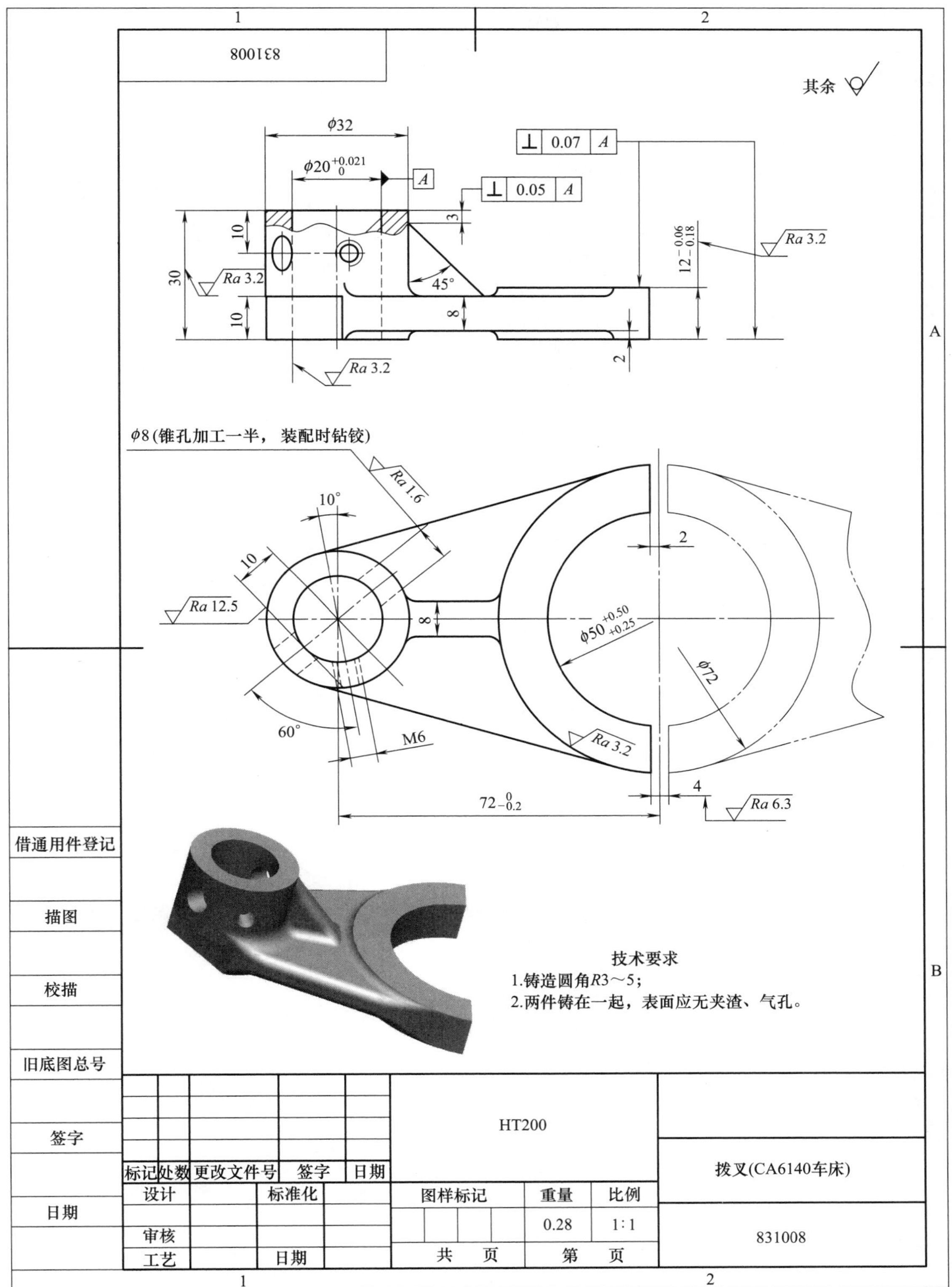

图 4-15　831008 拨叉

参考文献

[1] 赵如福. 金属机械加工工艺人员手册 [M]. 上海：上海科学技术出版社，2006.

[2] 王先逵. 机械加工工艺手册 [M]. 北京：机械工业出版社，2007.

[3] 吴拓. 简明机床夹具设计手册 [M]. 北京：化学工业出版社，2010.

[4] 王光斗，王春福. 机床夹具设计手册 [M]. 上海：上海科学技术出版社，2000.

[5] 陈宏钧. 机械加工工艺装备设计人员手册 [M]. 北京：机械工业出版社，2008.

[6] 成大先. 机械设计手册 [M]. 北京：化学工业出版社，2008.

[7] 李大磊，杨丙乾. 机械制造工艺学课程设计指导书 [M]. 北京：机械工业出版社，2019.

[8] 杨丙乾. 机械制造技术基础 [M]. 北京：化学工业出版社，2016.